Lambacher Schweizer

Mathematik

Basistraining 12

erarbeitet von
Heike Jacoby-Schäfer, Peter Neumann, Sven Rempe, Michaela Ruckh,
Dr. Torsten Schatz, Marc Zeller

Ernst Klett Verlag
Stuttgart · Leipzig

Liebe Schülerinnen und Schüler,

mit diesem Basistraining für Klasse 12 können Sie sich begleitend zum Unterricht oder konzentriert vor der Prüfungsphase auf alle Themenbereiche im Mathematik-Abitur vorbereiten.

Die Kapitel
In den einzelnen Kapiteln werden die Basisthemen aus Ihrem Mathematik-Unterricht behandelt. Wir haben zusammengestellt, was für eine sichere Grundlage im Mathematik-Abitur notwendig ist.

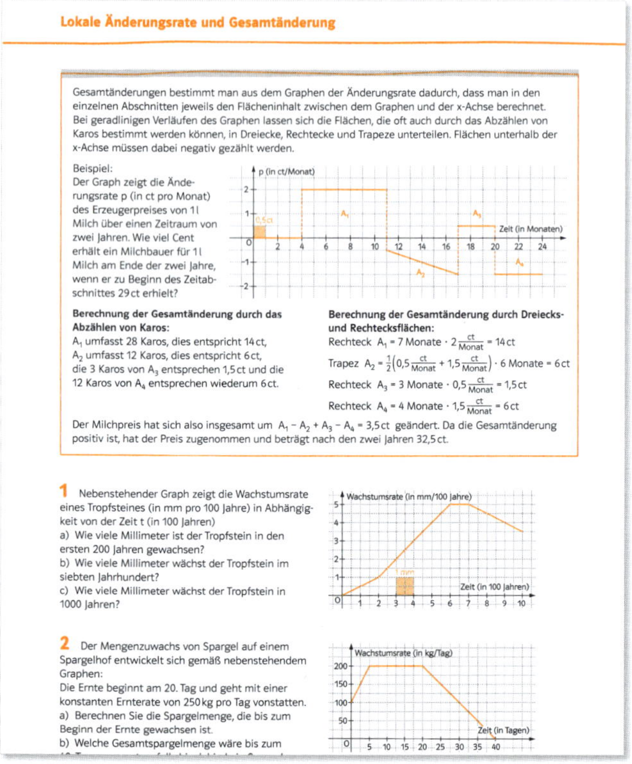

Lokale Änderungsrate und Gesamtänderung

Gesamtänderungen bestimmt man aus dem Graphen der Änderungsrate dadurch, dass man in den einzelnen Abschnitten jeweils den Flächeninhalt zwischen dem Graphen und der x-Achse berechnet. Bei geradlinigen Verläufen des Graphen lassen sich die Flächen, die oft auch durch das Abzählen von Karos bestimmt werden können, in Dreiecke, Rechtecke und Trapeze unterteilen. Flächen unterhalb der x-Achse müssen dabei negativ gezählt werden.

Beispiel:
Der Graph zeigt die Änderungsrate p (in ct pro Monat) des Erzeugerpreises von 1 l Milch über einen Zeitraum von zwei Jahren. Wie viel Cent erhält ein Milchbauer für 1 l Milch am Ende der zwei Jahre, wenn er zu Beginn des Zeitabschnittes 29 ct erhielt?

Berechnung der Gesamtänderung durch das Abzählen von Karos:
A_1 umfasst 28 Karos, dies entspricht 14 ct,
A_2 umfasst 12 Karos, dies entspricht 6 ct,
die 3 Karos von A_3 entsprechen 1,5 ct und die 12 Karos von A_4 entsprechen wiederum 6 ct.

Berechnung der Gesamtänderung durch Dreiecks- und Rechtecksflächen:
Rechteck $A_1 = 7\,\text{Monate} \cdot 2\frac{\text{ct}}{\text{Monat}} = 14\,\text{ct}$
Trapez $A_2 = \frac{1}{2}\left(0{,}5\frac{\text{ct}}{\text{Monat}} + 1{,}5\frac{\text{ct}}{\text{Monat}}\right) \cdot 6\,\text{Monate} = 6\,\text{ct}$
Rechteck $A_3 = 3\,\text{Monate} \cdot 0{,}5\frac{\text{ct}}{\text{Monat}} = 1{,}5\,\text{ct}$
Rechteck $A_4 = 4\,\text{Monate} \cdot 1{,}5\frac{\text{ct}}{\text{Monat}} = 6\,\text{ct}$

Der Milchpreis hat sich also insgesamt um $A_1 - A_2 + A_3 - A_4 = 3{,}5\,\text{ct}$ geändert. Da die Gesamtänderung positiv ist, hat der Preis zugenommen und beträgt nach den zwei Jahren 32,5 ct.

1 Nebenstehender Graph zeigt die Wachstumsrate eines Tropfsteines (in mm pro 100 Jahre) in Abhängigkeit von der Zeit t (in 100 Jahren)
a) Wie viele Millimeter ist der Tropfstein in den ersten 200 Jahren gewachsen?
b) Wie viele Millimeter wächst der Tropfstein im siebten Jahrhundert?
c) Wie viele Millimeter wächst der Tropfstein in 1000 Jahren?

2 Der Mengenzuwachs von Spargel auf einem Spargelhof entwickelt sich gemäß nebenstehendem Graphen:
Die Ernte beginnt am 20. Tag und geht mit einer konstanten Ernterate von 250 kg pro Tag vonstatten.
a) Berechnen Sie die Spargelmenge, die bis zum Beginn der Ernte gewachsen ist.
b) Welche Gesamtspargelmenge wäre bis zum

Die Lerneinheiten
Zu allen zentralen Lerneinheiten finden Sie hier jeweils beispielgestützte Zusammenfassungen der wichtigsten Verfahren und Begriffe.

Direkt im Anschluss haben Sie dann selbst die Möglichkeit, an weiteren Beispielen Ihr Wissen zu festigen und abiturähnliche Aufgaben zu lösen.
Die Lösungen schreiben Sie direkt ins Heft. Manchmal brauchen Sie zusätzliche Blätter für grafische Darstellungen oder Nebenrechnungen.

Die Aufgaben mit schwarzer Aufgabenziffer können Sie mit dem grafikfähigen Taschenrechner (GTR) oder geeigneter Software bearbeiten.

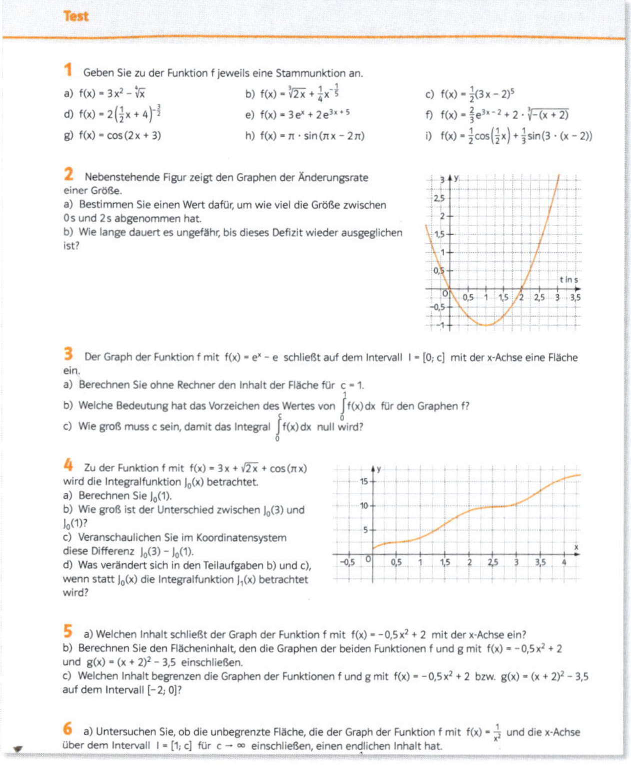

Test

1 Geben Sie zu der Funktion f jeweils eine Stammunktion an.
a) $f(x) = 3x^2 - \sqrt[4]{x}$
b) $f(x) = \sqrt[3]{2x} + \frac{1}{4}x^{-\frac{1}{5}}$
c) $f(x) = \frac{1}{2}(3x-2)^5$
d) $f(x) = 2\left(\frac{1}{2}x + 4\right)^{-\frac{3}{2}}$
e) $f(x) = 3e^x + 2e^{3x+5}$
f) $f(x) = \frac{2}{3}e^{3x-2} + 2 \cdot \sqrt[3]{-(x+2)}$
g) $f(x) = \cos(2x+3)$
h) $f(x) = \pi \cdot \sin(\pi x - 2\pi)$
i) $f(x) = \frac{1}{2}\cos\left(\frac{1}{2}x\right) + \frac{1}{3}\sin(3 \cdot (x-2))$

2 Nebenstehende Figur zeigt den Graphen der Änderungsrate einer Größe.
a) Bestimmen Sie einen Wert dafür, um wie viel die Größe zwischen 0 s und 2 s abgenommen hat.
b) Wie lange dauert es ungefähr, bis dieses Defizit wieder ausgeglichen ist?

3 Der Graph der Funktion f mit $f(x) = e^x - e$ schließt auf dem Intervall $I = [0; c]$ mit der x-Achse eine Fläche ein.
a) Berechnen Sie ohne Rechner den Inhalt der Fläche für $c = 1$.
b) Welche Bedeutung hat das Vorzeichen des Wertes von $\int_0^1 f(x)\,dx$ für den Graphen f?
c) Wie groß muss c sein, damit das Integral $\int_0^c f(x)\,dx$ null wird?

4 Zu der Funktion f mit $f(x) = 3x + \sqrt{2x} + \cos(\pi x)$ wird die Integralfunktion $J_0(x)$ betrachtet.
a) Berechnen Sie $J_0(1)$.
b) Wie groß ist der Unterschied zwischen $J_0(3)$ und $J_0(1)$?
c) Veranschaulichen Sie im Koordinatensystem diese Differenz $J_0(3) - J_0(1)$.
d) Was verändert sich in den Teilaufgaben b) und c), wenn statt $J_0(x)$ die Integralfunktion $J_1(x)$ betrachtet wird?

5 a) Welchen Inhalt schließt der Graph der Funktion f mit $f(x) = -0{,}5x^2 + 2$ mit der x-Achse ein?
b) Berechnen Sie den Flächeninhalt, den die Graphen der beiden Funktionen f und g mit $f(x) = -0{,}5x^2 + 2$ und $g(x) = (x+2)^2 - 3{,}5$ einschließen.
c) Welchen Inhalt begrenzen die Graphen der Funktionen f und g mit $f(x) = -0{,}5x^2 + 2$ bzw. $g(x) = (x+2)^2 - 3{,}5$ auf dem Intervall $[-2; 0]$?

6 a) Untersuchen Sie, ob die unbegrenzte Fläche, die der Graph der Funktion f mit $f(x) = \frac{1}{x^2}$ und die x-Achse über dem Intervall $I = [1; c]$ für $c \to \infty$ einschließen, einen endlichen Inhalt hat.

Die Tests
Am Ende jedes größeren Kapitels gibt es einen Test, der die wichtigsten Inhalte noch einmal zusammenstellt und mit abiturähnlichen Aufgaben abprüft. So bekommen Sie eine Rückmeldung, ob und wo Sie noch Übungsbedarf haben.

Die Lösungen
Die Lösungen zu allen Aufgaben und den Tests finden Sie am Ende des Heftes.

Viel Erfolg!

Gesamtänderungen bestimmt man aus dem Graphen der Änderungsrate dadurch, dass man in den einzelnen Abschnitten jeweils den Flächeninhalt zwischen dem Graphen und der x-Achse berechnet. Bei geradlinigen Verläufen des Graphen lassen sich die Flächen, die oft auch durch das Abzählen von Karos bestimmt werden können, in Dreiecke, Rechtecke und Trapeze unterteilen. Flächen unterhalb der x-Achse müssen dabei negativ gezählt werden.

Beispiel:
Der Graph zeigt die Änderungsrate p (in ct pro Monat) des Erzeugerpreises von 1 l Milch über einen Zeitraum von zwei Jahren. Wie viel Cent erhält ein Milchbauer für 1 l Milch am Ende der zwei Jahre, wenn er zu Beginn des Zeitabschnittes 29 ct erhielt?

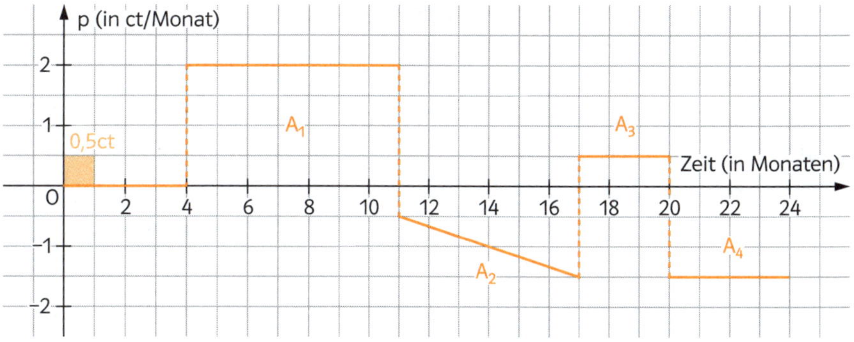

Berechnung der Gesamtänderung durch das Abzählen von Karos:
A_1 umfasst 28 Karos, dies entspricht 14 ct,
A_2 umfasst 12 Karos, dies entspricht 6 ct,
die 3 Karos von A_3 entsprechen 1,5 ct und die 12 Karos von A_4 entsprechen wiederum 6 ct.

Berechnung der Gesamtänderung durch Dreiecks- und Rechtecksflächen:

Rechteck $A_1 = 7\text{ Monate} \cdot 2\frac{\text{ct}}{\text{Monat}} = 14\text{ ct}$

Trapez $A_2 = \frac{1}{2}\left(0{,}5\frac{\text{ct}}{\text{Monat}} + 1{,}5\frac{\text{ct}}{\text{Monat}}\right) \cdot 6\text{ Monate} = 6\text{ ct}$

Rechteck $A_3 = 3\text{ Monate} \cdot 0{,}5\frac{\text{ct}}{\text{Monat}} = 1{,}5\text{ ct}$

Rechteck $A_4 = 4\text{ Monate} \cdot 1{,}5\frac{\text{ct}}{\text{Monat}} = 6\text{ ct}$

Der Milchpreis hat sich also insgesamt um $A_1 - A_2 + A_3 - A_4 = 3{,}5\text{ ct}$ geändert. Da die Gesamtänderung positiv ist, hat der Preis zugenommen und beträgt nach den zwei Jahren 32,5 ct.

1 Nebenstehender Graph zeigt die Wachstumsrate eines Tropfsteines (in mm pro 100 Jahre) in Abhängigkeit von der Zeit t (in 100 Jahren)
a) Wie viele Millimeter ist der Tropfstein in den ersten 200 Jahren gewachsen?
b) Wie viele Millimeter wächst der Tropfstein im siebten Jahrhundert?
c) Wie viele Millimeter wächst der Tropfstein in 1000 Jahren?

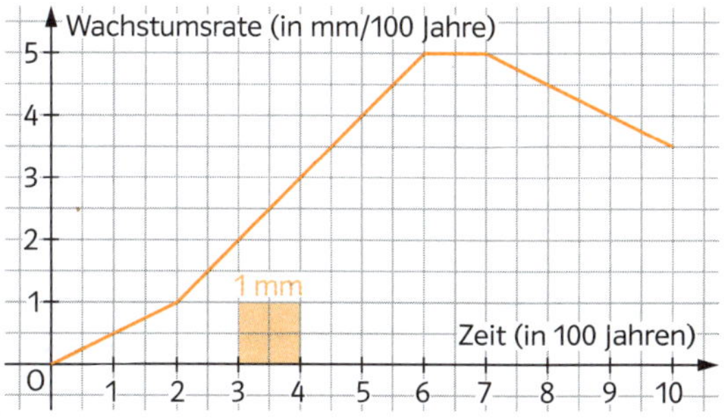

2 Der Mengenzuwachs von Spargel auf einem Spargelhof entwickelt sich gemäß nebenstehendem Graphen:
Die Ernte beginnt am 20. Tag und geht mit einer konstanten Ernterate von 250 kg pro Tag vonstatten.
a) Berechnen Sie die Spargelmenge, die bis zum Beginn der Ernte gewachsen ist.
b) Welche Gesamtspargelmenge wäre bis zum 40. Tag zu erwarten, falls bis dahin kein Spargel abgeerntet würde?
c) Wie lange dauert die Ernte?

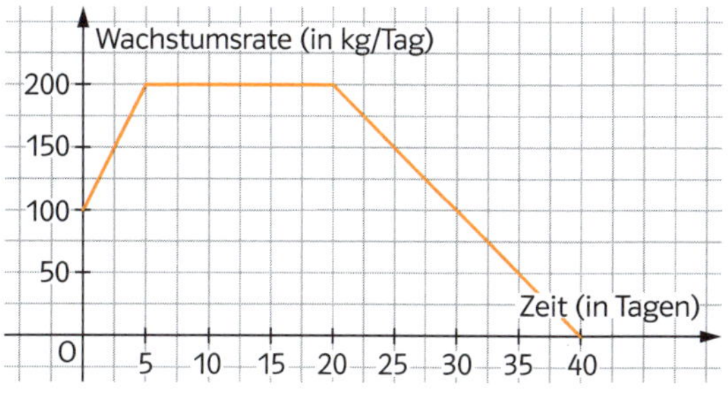

3 In einen zu Beginn leeren Eimer tropft 30 Stunden lang Wasser. Der Graph zeigt die Tropfrate in Liter pro Stunde.
Wie viel Liter muss der Eimer mindestens fassen, damit er in dieser Zeit nicht überläuft?

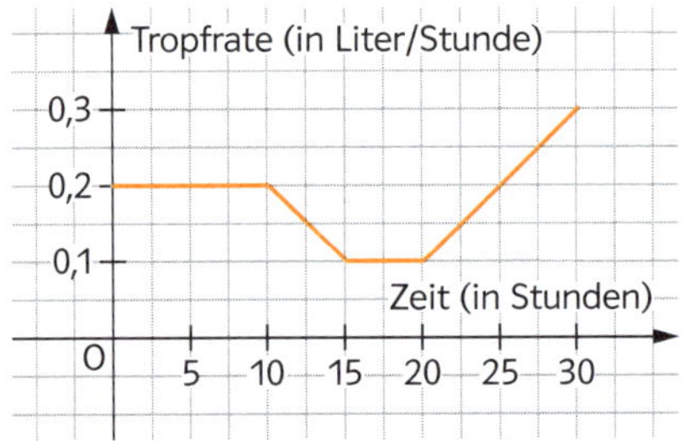

4 Aus einem bis an den Rand gefüllten 12-Liter-Eimer läuft gemäß folgendem Schaubild durch ein Loch im Boden Wasser aus.
Wie viel Wasser befindet sich nach 20 Stunden noch im Eimer?

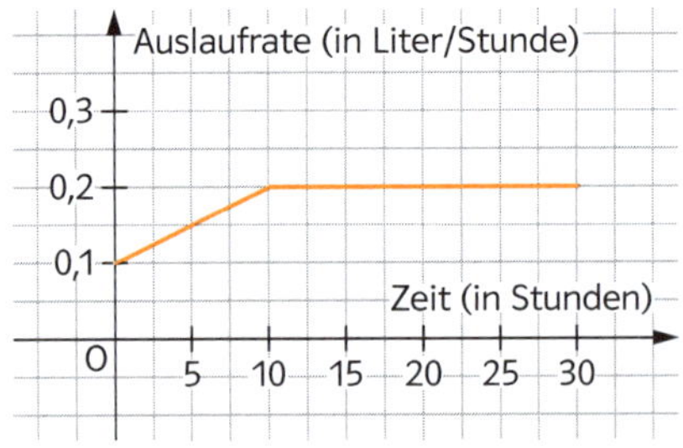

5 Zwei Züge fahren auf der knapp 100 km langen Strecke von Stuttgart nach Ulm einander entgegen, Göppingen liegt fast genau in der Mitte der Strecke. Die beiden Züge starten zur selben Zeit und fahren gemäß den gezeichneten Zeit-Geschwindigkeits-Graphen.

Zug 1: Stuttgart → Ulm

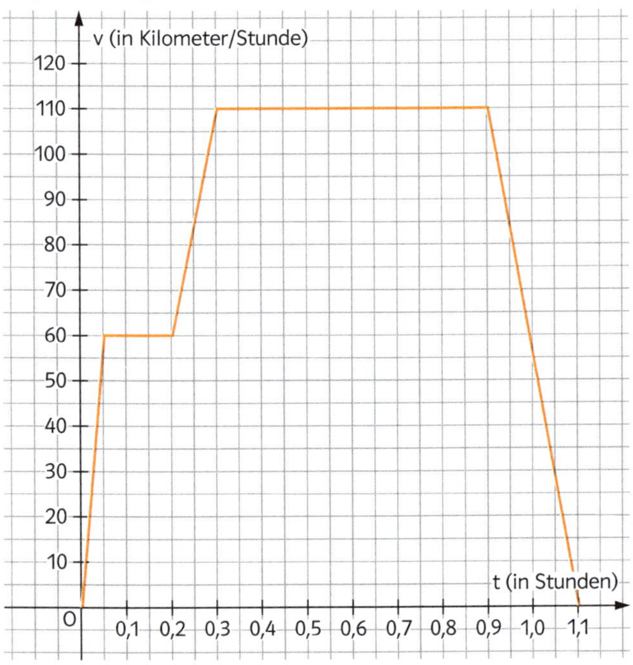

Zug 2: Ulm → Stuttgart

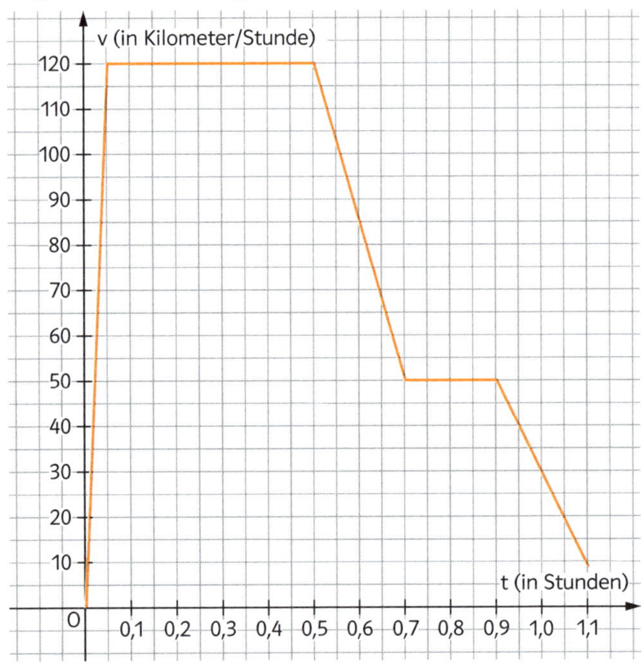

a) Welche Strecke legen die Züge in den ersten 0,05 Stunden zurück?

Zug 1: ______________________ Zug 2: ______________________

b) Wie weit fährt Zug 1 in den ersten 0,3 Stunden seiner Fahrt?

____

c) Wie lange benötigen die Züge, um eine Strecke von 50 km zurückzulegen?

Zug 1 muss nach 0,3 Stunden noch ________ km fahren, um 50 km zurückgelegt zu haben.
Dazu benötigt er noch ________ Stunden.
Insgesamt fährt Zug 1 also ________ Stunden für 50 km.

Zug 2 muss nach 0,05 Stunden noch ________ km fahren, um 50 km zurückgelegt zu haben.
Dazu benötigt er noch ________ Stunden.
Insgesamt fährt Zug 2 also ________ Stunden für 50 km.

d) Begegnen sich die Züge zwischen Göppingen und Stuttgart oder zwischen Göppingen und Ulm?

____

Ist f eine Funktion, die im Intervall [a; b] nur positive Funktionswerte hat, so kann man den Inhalt der Fläche über dem Intervall [a; b] auch bei krummlinigen Graphen bestimmen.

Man schreibt für den **Inhalt der Fläche** das Symbol $\int_1^4 \sqrt{x}\,dx$ (sprich: „Integral von 1 bis 4 von $\sqrt{x}dx$").

Mithilfe von Dreiecks- bzw. Rechtecksflächen, die die Fläche ausschöpfen, lässt sich näherungsweise ein Wert für dieses Integral finden.

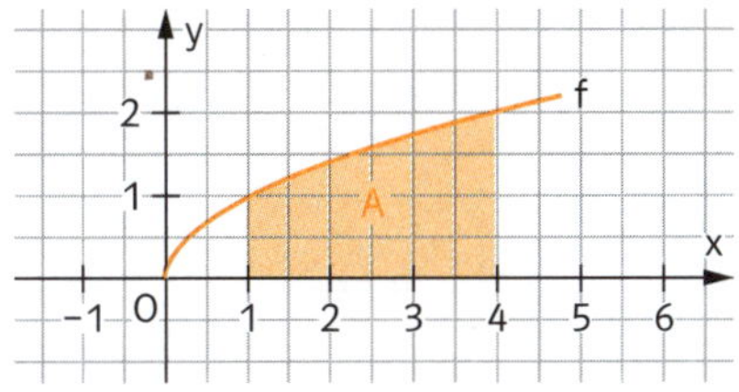

1 Füllen Sie passend zu den Skizzen die Lücken aus.

a) $f(x) = x^2$

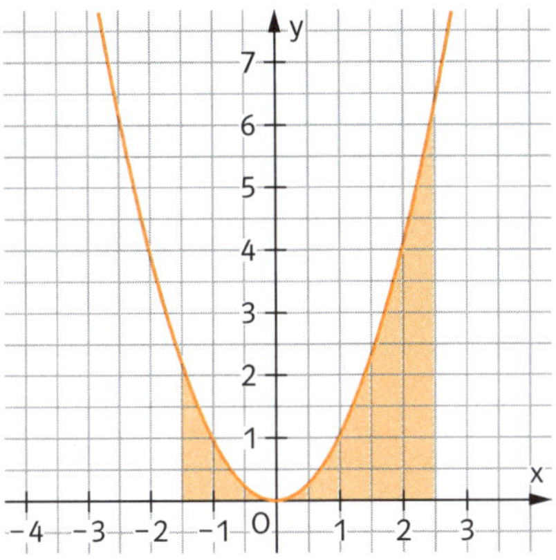

$\int_{\_}^{\_} x^2\,dx$

b) f(x) = ____

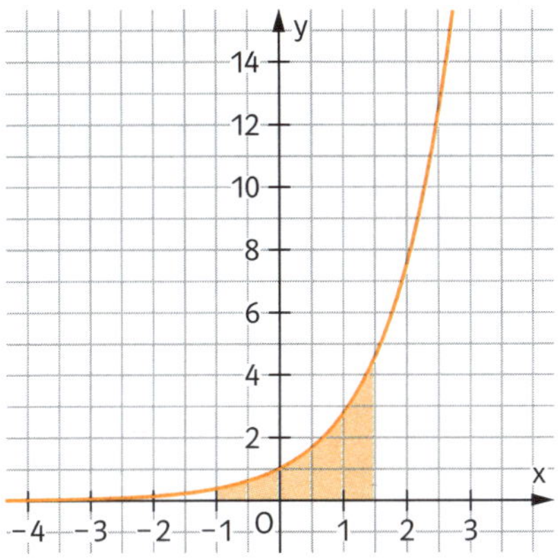

$\int_{\_}^{2,5} e^x dx$

c) f(x) = ____

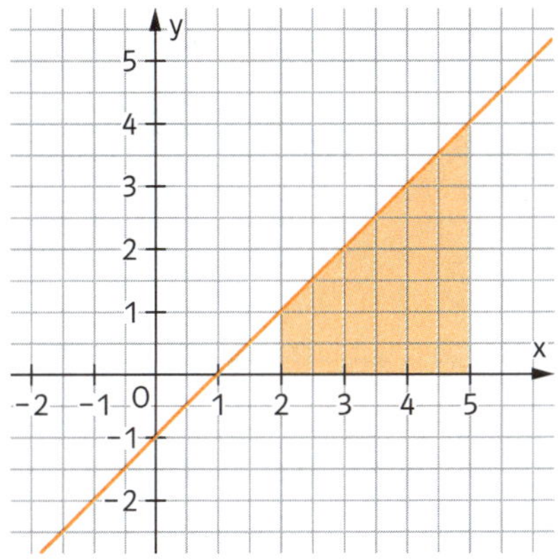

$\int_{\_}^{\_}$ ____ dx

2 Schreiben Sie den Inhalt der schraffierten Fläche mithilfe von Integralen und berechnen Sie ihn mithilfe von Dreiecks- und Rechtecksflächen. Bestimmen Sie die Flächeninhalte auch mit dem Rechner.

a) $f(x) = \frac{3}{4}$

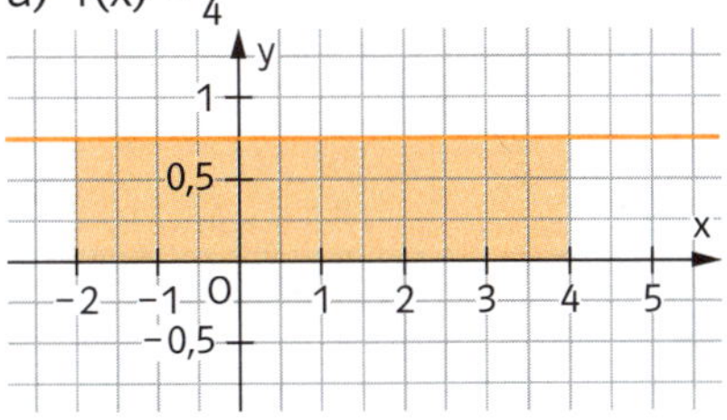

Integral:

Berechnung des Flächeninhalts mithilfe von Teilflächen:

Ergebnis der Berechnung des Flächeninhalts mit dem Rechner:

b) $g(x) = -\frac{1}{3}x + 1$

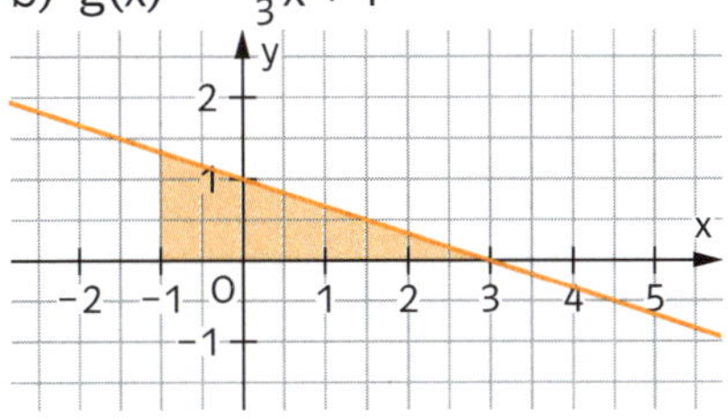

Integral:

Berechnung des Flächeninhalts mithilfe von Teilflächen:

Ergebnis der Berechnung des Flächeninhalts mit dem Rechner:

c) $h(x) = \frac{1}{2}x + 2$

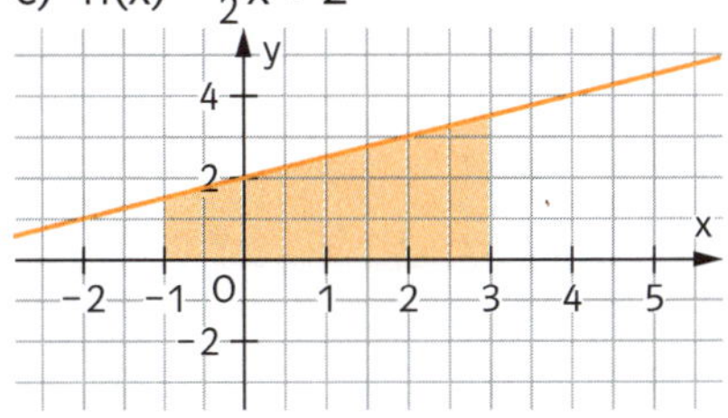

Integral:

Berechnung des Flächeninhalts mithilfe von Teilflächen:

Ergebnis der Berechnung des Flächeninhalts mit dem Rechner:

3 Skizzieren Sie den Graphen der Funktion f. Tragen Sie die Integralgrenzen passend ein, sodass das Integral den angegebenen Wert annimmt und markieren Sie die Fläche, die durch das Integral dargestellt wird.

a) $f(x) = 2{,}5;\ \int_{-1}^{\square} f(x)\,dx = 10$

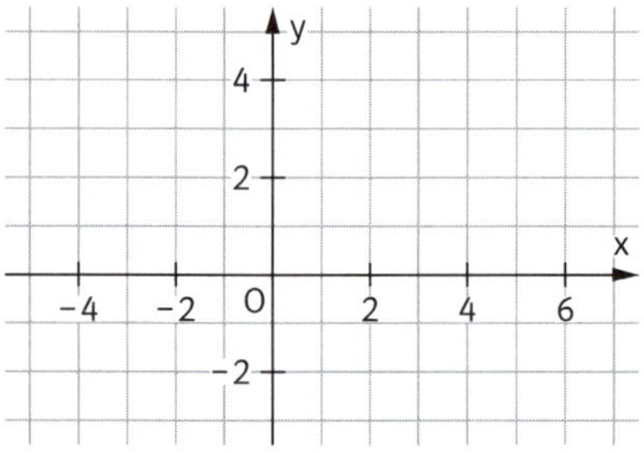

b) $f(x) = 3;\ \int_{\square}^{2} f(x)\,dx = 15$

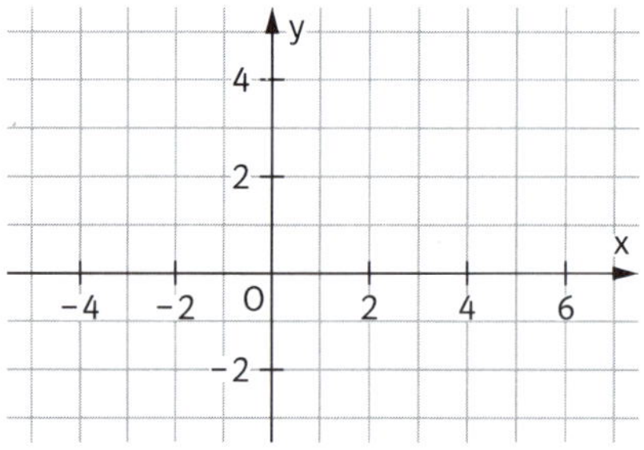

c) $f(x) = x;\ \int_{0}^{\square} f(x)\,dx = 12{,}5$

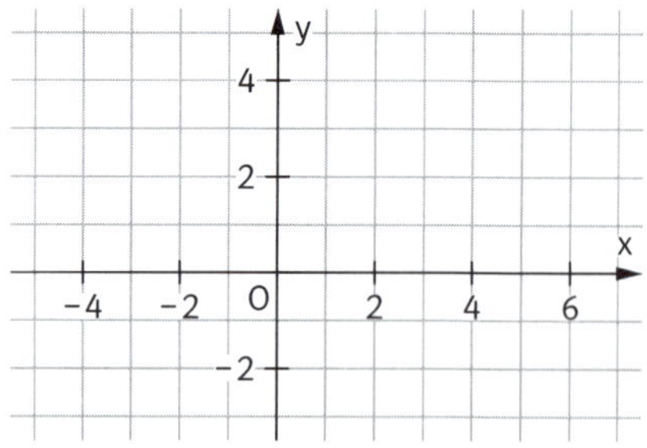

d) $f(x) = -\frac{1}{2} \cdot x;\ \int_{\square}^{0} f(x)\,dx = 4$

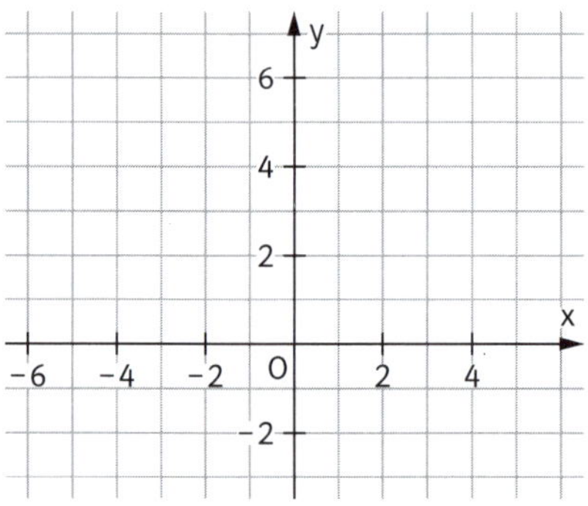

e) $f(x) = 2x - 2;\ \int_{2}^{\square} f(x)\,dx = 8$

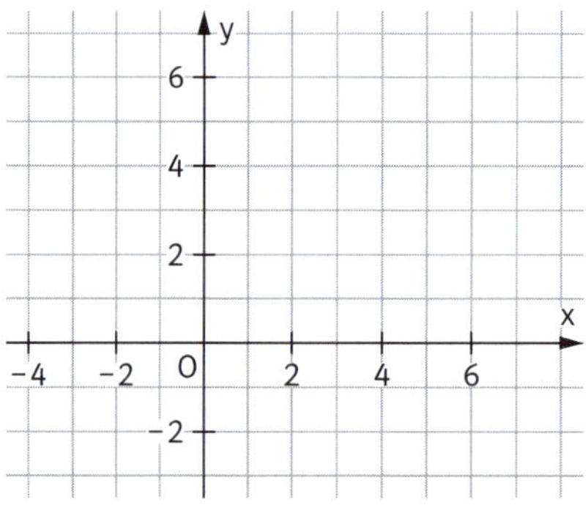

f) $f(x) = \begin{cases} 2 & \text{für } x \le 2 \\ x & \text{für } x > 2 \end{cases};\ \int_{\square}^{6} f(x)\,dx = 20$

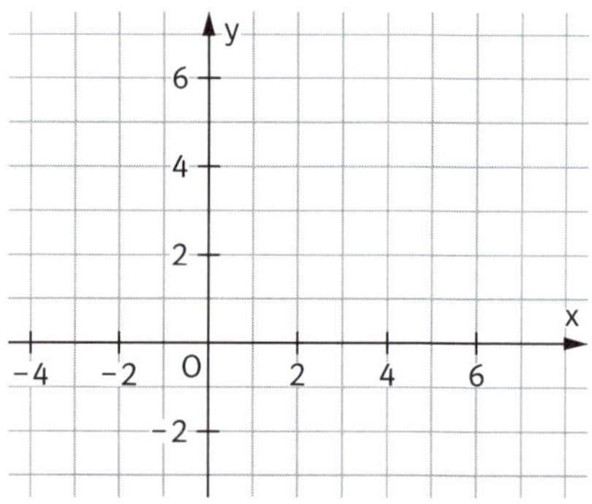

4 Die Tabelle enthält Funktionsgraphen mit schraffierten Flächen, die dazu gehörigen Integrale sowie die Werte dieser Integrale. Vervollständigen Sie die Sätze unter der Tabelle.

(1)	(2)	(3)	(4)
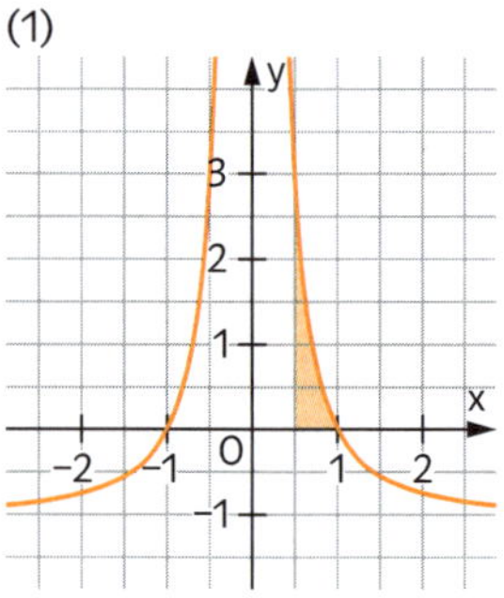	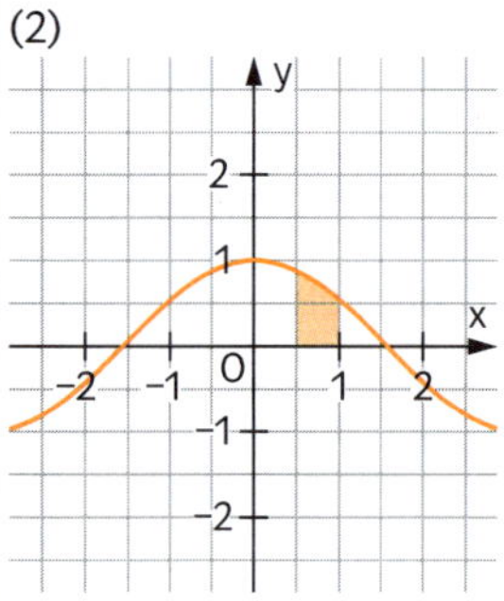	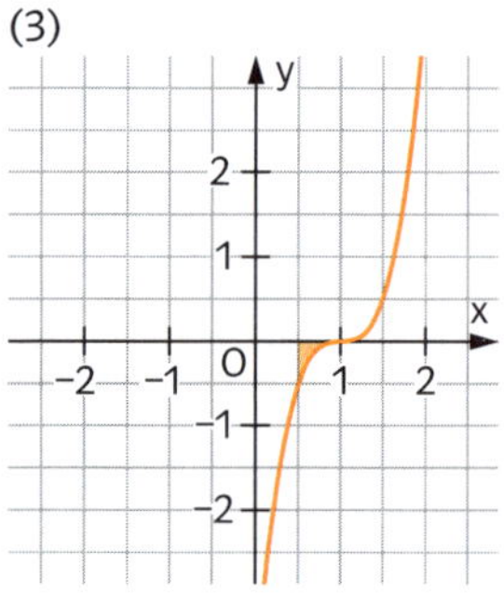	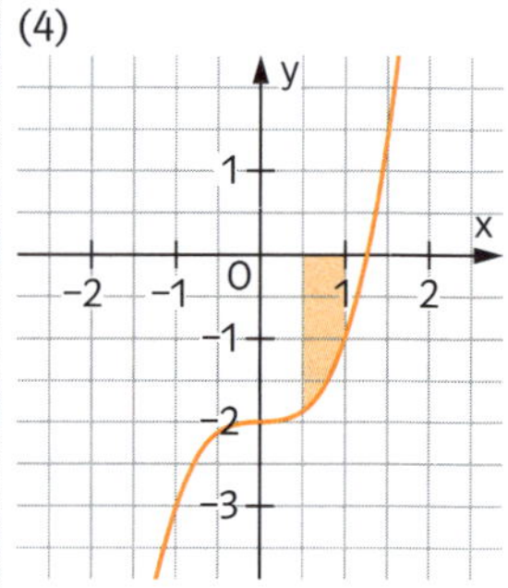
A) $\int_{0,5}^{1} (x^3 - 2)\,dx$	B) $\int_{0,5}^{1} \left(\frac{1}{x^2} - 1\right)dx$	C) $\int_{0,5}^{1} \cos(x)\,dx$	D) $\int_{0,5}^{1} 4(x-1)^3\,dx$
a) −0,77	b) −0,0625	c) 0,5	d) 0,36

Zur Fläche (1) gehört das Integral ______________________ mit dem Wert ______________.

Zur Fläche (2) gehört das Integral ______________________ mit dem Wert ______________.

Zur Fläche (3) gehört das Integral ______________________ mit dem Wert ______________.

Zur Fläche (4) gehört das Integral ______________________ mit dem Wert ______________.

Das Integral als Flächenbilanz; die Integralfunktion

Bei der **Berechnung des Integrals** werden Flächen **oberhalb der x-Achse positiv** gezählt und Flächen **unterhalb der x-Achse negativ**.

Mit $g(x) = \sin(x-2)$ berechnet man $A_1 = \int_1^2 \sin(x-2)\,dx \approx -0{,}4597$

und $A_2 = \int_2^4 \sin(x-2)\,dx \approx 1{,}4161$

Insgesamt erhält man also $\int_1^4 \sin(x-2)\,dx = A_1 + A_2 \approx 0{,}9564$

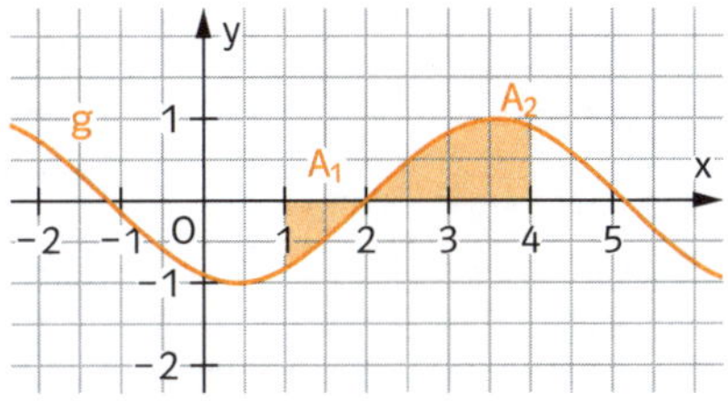

1 Beschreiben Sie die Fläche mithilfe eines Integrals und geben Sie dessen Wert an. Es ist $\int_0^{\pi} \sin(x)\,dx = 2$.

a)

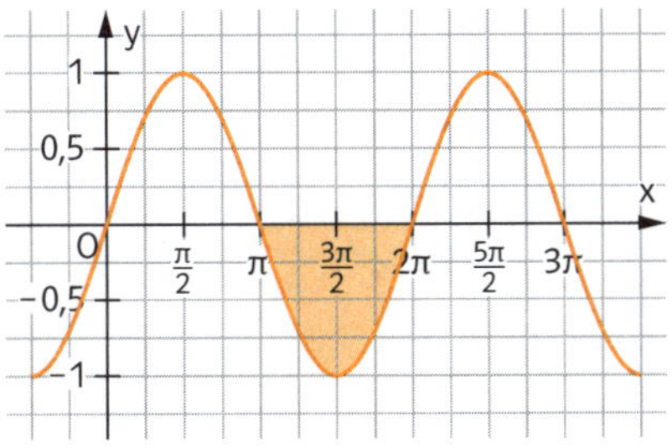

Integral: Wert:

b)

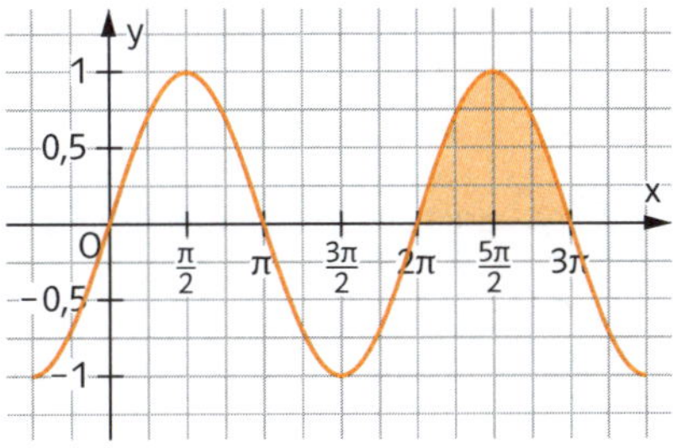

Integral: Wert:

c)

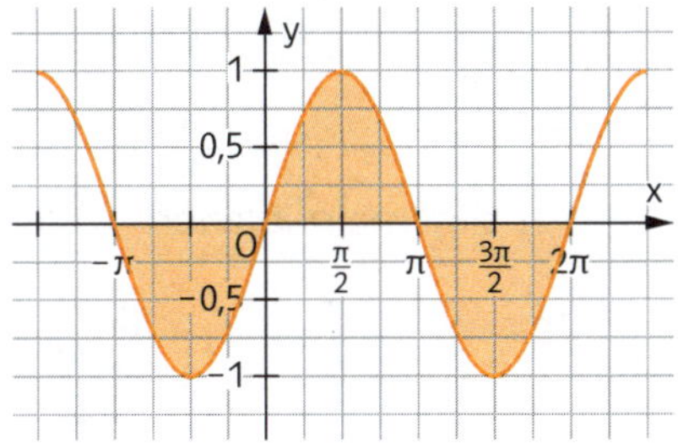

Integral: Wert:

2 Bestimmen Sie die obere Grenze des Integrals so, dass es jeweils den angegebenen Wert annimmt.

a) $f(x) = -2{,}5;\ \int_{-1}^{\square} f(x)\,dx = -12{,}5$

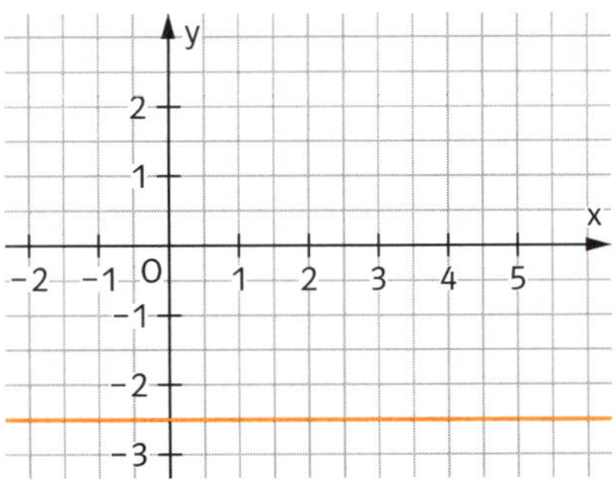

b) $f(x) = x - 2;\ \int_{0}^{\square} f(x)\,dx = 6$

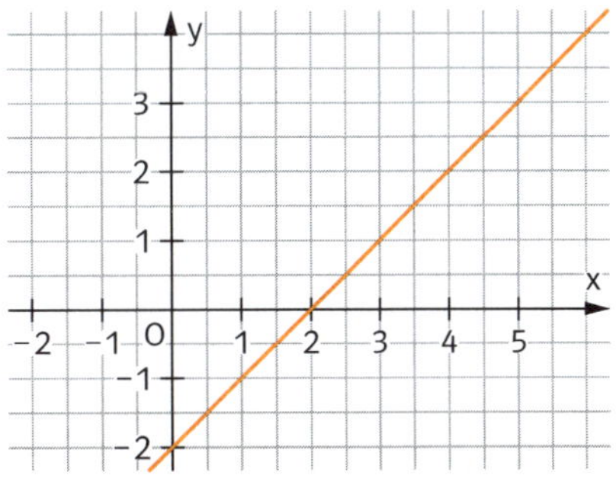

c) $f(x) = \begin{cases} x & \text{für } x \le 1 \\ 2 - x & \text{für } x > 1 \end{cases};\ \int_{-2}^{\square} f(x)\,dx = -9$

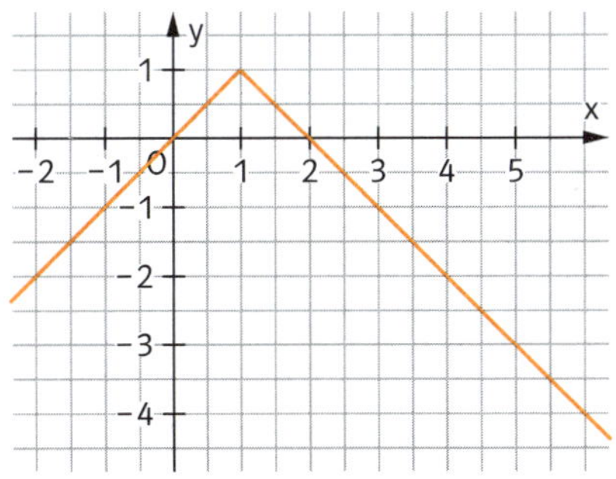

3 Gegeben ist der Graph einer Funktion f, der mit der x-Achse zwei orientierte Teilflächen A_1 und A_2 einschließt.

a) Das Integral $\int_a^b f(x)\,dx$ hat den Wert 2.

Kreuzen Sie an, ob die folgenden Aussagen wahr oder falsch sind.

	wahr	falsch
(1) $\lvert A_1\rvert$ ist doppelt so groß wie $\lvert A_2\rvert$	☐	☐
(2) $\lvert A_1\rvert = \lvert A_2\rvert + 2$	☐	☐
(3) $\lvert A_1\rvert = 2$	☐	☐
(4) $A_1 > 0$ und $A_2 < 0$	☐	☐
(5) $\lvert A_1\rvert$ ist um 2 größer als $\lvert A_2\rvert$	☐	☐

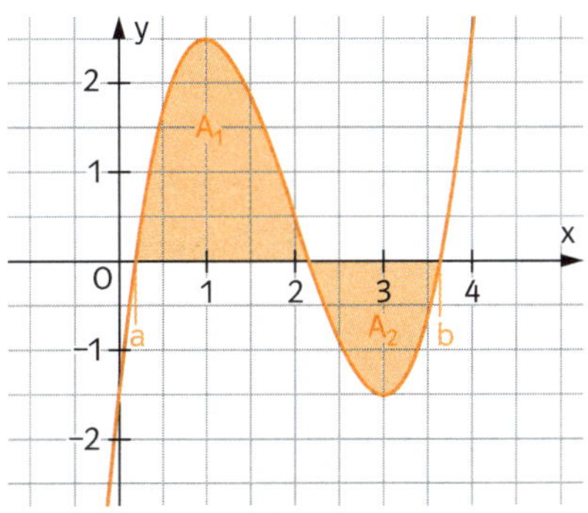

b) Was lässt sich allgemein über zwei Teilflächen A_1 (oberhalb der x-Achse) und A_2 (unterhalb der x-Achse) aussagen, wenn gilt: (i) $\int_a^b f(x)\,dx = -1$ oder (ii) $\int_a^b f(x)\,dx = 0$?

(i) ______________________ (ii) ______________________

Gegeben ist die Funktion f mit $f(x) = \frac{1}{2}x + 3$.

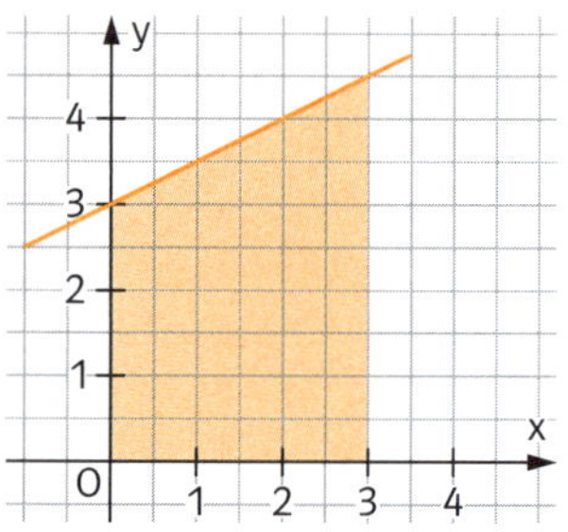

Mit dem Integral $J_0(3) = \int_0^3 \left(\frac{1}{2}t + 3\right)dt$ lässt sich die Fläche unterhalb des Graphen von f im Intervall [0; 3] berechnen. Verallgemeinert man dies, kann man zur Berechnung von Flächeninhalten unterhalb des Graphen von f im Intervall [0; x] jeweils ein Integral angeben:

$J_0(x) = \int_0^x \left(\frac{1}{2}t + 3\right)dt$. J_0 heißt **„Integralfunktion von f zur unteren Grenze 0"**.

Einen Funktionsterm für die Integralfunktion erhält man wieder über die Flächenberechnung:

$J_0(x) = \int_0^x \left(\frac{1}{2}t + 3\right)dt = \frac{1}{4}x^2 + 3x$

Die oben gezeichnete Fläche hat den Inhalt

$J_0(3) = \int_0^3 \left(\frac{1}{2}t + 3\right)dt = 11{,}25$

Noch allgemeiner liefert $J_a(x) = \int_a^x \left(\frac{1}{2}t + 3\right)dt$ den orientierten Flächeninhalt zwischen dem Graphen von f und der x-Achse im Intervall [a; x].

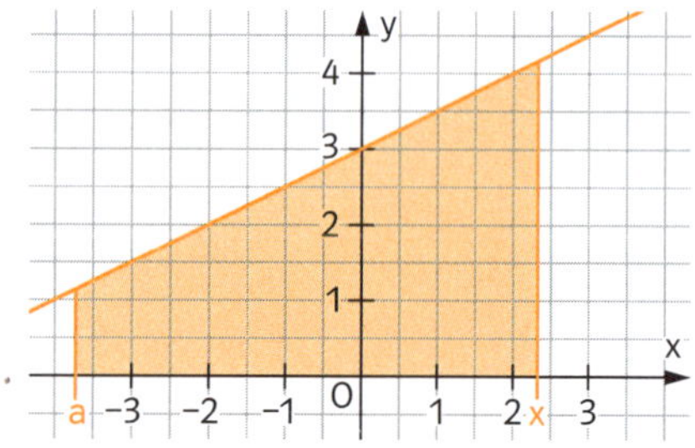

4 Bestimmen Sie die zu f gehörige Integralfunktion $J_0(x)$ und berechnen Sie damit $J_0(1)$ sowie $J_0(0)$.

a) $f(x) = 5$
b) $f(x) = -2$
c) $f(x) = x$
d) $f(x) = 2x$
e) $f(x) = -\frac{1}{2}x + 1$
f) $f(x) = \frac{3}{4}x - 2$

5 Bestimmen Sie die zu f gehörige Integralfunktion $J_a(x)$, berechnen Sie $J_a(-1)$, $J_a(0)$ und $J_a(1)$.

a) $f(x) = x + 1$, $a = -1$
b) $f(x) = x + 1$, $a = 0$
c) $f(x) = x + 1$, $a = 1$
d) Welcher der Graphen K, L und M gehört jeweils zu $J_{-1}(x)$, $J_0(x)$ und $J_1(x)$?

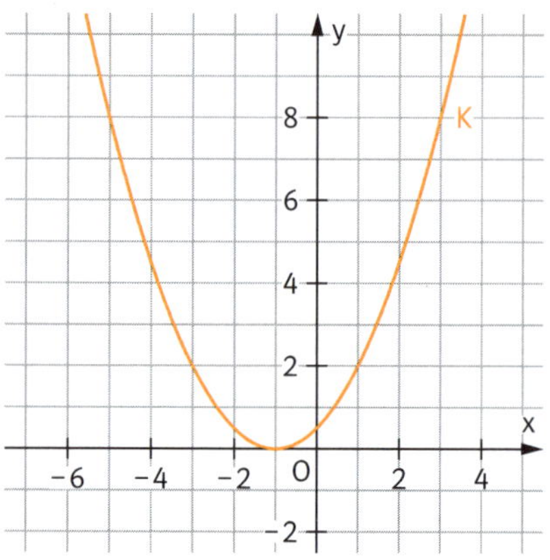

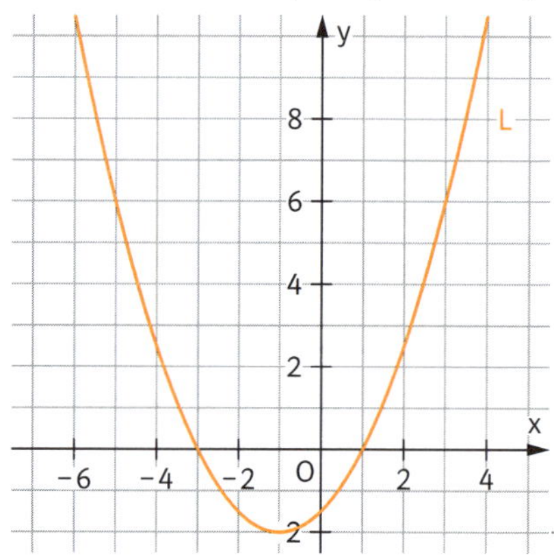

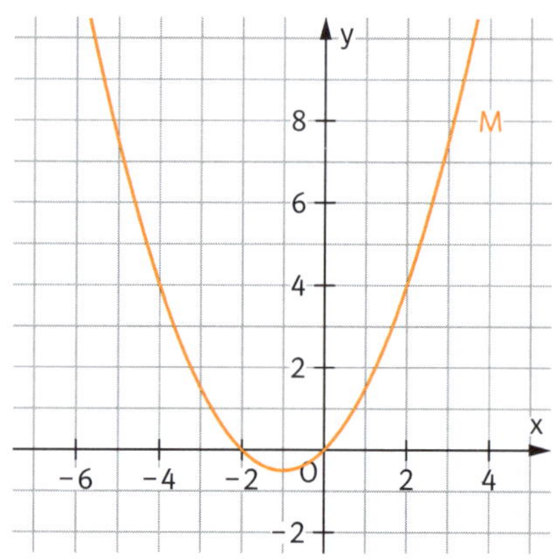

6 Welche allgemeinen Aussagen kann man über die Integralfunktion J_a zu einer Funktion f anhand der Beispiele aus Aufgabe 2 vermuten? Kreuzen Sie an.

	wahr	falsch
a) Für negative x-Werte sind die Funktionswerte der Integralfunktion auch immer negativ.	☐	☐
b) Der Funktionswert an der unteren Grenze ist stets Null.	☐	☐
c) Der Graph der Integralfunktion ist stets achsensymmetrisch zur y-Achse.	☐	☐
d) Der Graph der Integralfunktion muss nicht notwendigerweise eine Symmetrie aufweisen.	☐	☐
e) Für Integralfunktionen gilt: $J_a(b) = -J_b(a)$	☐	☐
f) Alle Integralfunktionen sind nur in y-Richtung gegeneinander verschoben.	☐	☐

Der Hauptsatz der Differential- und Integralrechnung

Das Integral einer Funktion f lässt sich mithilfe einer Stammfunktion F berechnen: $\int_a^b f(x)\,dx = F(b) - F(a)$

Diesen Zusammenhang nennt man **Hauptsatz der Differential- und Integralrechnung**.

Beispiel: Bei der Berechnung des Integrals $\int_1^2 x^3\,dx$ geht man folgendermaßen vor:

1. Man sucht eine Stammfunktion F von f: $F(x) = \frac{1}{4}x^4$ ist eine Stammfunktion von f mit $f(x) = x^3$
2. Man berechnet die Funktionswerte F(2) und F(1) und bildet die Differenz $F(2) - F(1)$:

$$\int_1^2 x^3\,dx = F(2) - F(1) = \frac{1}{4} \cdot 2^4 - \frac{1}{4} \cdot 1^4 = \frac{15}{4}$$

Für dieses Verfahren schreibt man abkürzend $\int_1^2 x^3\,dx = \left[\frac{1}{4}x^4\right]_1^2 = \frac{1}{4} \cdot 2^4 - \frac{1}{4} \cdot 1^4 = \frac{15}{4}$.

1 Berechnen Sie das Integral mit dem Hauptsatz der Differential- und Integralrechnung.

a) $\int_1^3 2\,dx$ b) $\int_3^5 x^5\,dx$ c) $\int_{-1}^3 x^5\,dx$ d) $\int_2^5 0{,}7x^4\,dx$ e) $\int_{-2}^{-1} \frac{2}{5}x^3\,dx$

f) $\int_0^{\frac{\pi}{2}} \cos(x)\,dx$ g) $\int_0^{\pi} \sin(x)\,dx$ h) $\int_{-\frac{\pi}{2}}^{\frac{\pi}{2}} \frac{1}{2}\cos(x)\,dx$ i) $\int_{-\pi}^{\pi} -\sin(x)\,dx$ j) $\int_2^4 \frac{2}{3}e^x\,dx$

2 Kreuzen Sie an, welche Werte zu welchem Integral gehören.

	−2	−1	0	2	4	6	15	33	−4a	4a
a) $\int_3^5 2\,dx$										
b) $\int_{-5}^{-2} 2\,dx$										
c) $\int_0^2 2x\,dx$										
d) $\int_2^5 (x^2 - 2)\,dx$										
e) $\int_{-1}^0 4t^3\,dt$										
f) $\int_{\pi}^{2\pi} \sin(t)\,dt$										
g) $\int_3^3 \frac{2}{3}x^5 \cdot \cos(x)\,dx$										
h) $\int_{-2}^2 a\,dx$										

3 Ein Behälter enthält zu Beobachtungsbeginn 100 Liter Wasser. Ab diesem Zeitpunkt fließt Wasser zu, wobei sich die Änderungsrate der Wassermenge gemäß $z(t) = 10 - 2t$ entwickelt ($t \leq 5$ in Minuten, z(t) in Liter pro Minute).

a) Welche Wassermenge befindet sich nach einer Minute im Behälter?

b) Der Behälter fasst 120 Liter. Läuft er über?

4 Berechnen Sie den Flächeninhalt der farbigen Fläche mit dem Hauptsatz der Differential- und Integralrechnung.

	a) $f(x) = x^2$	b) $f(x) = -\frac{1}{2}x^2 + 4$	c) $f(x) = \frac{1}{3}e^x$
	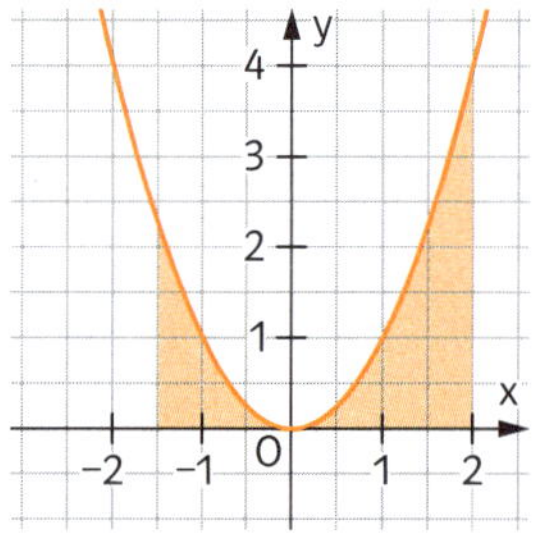	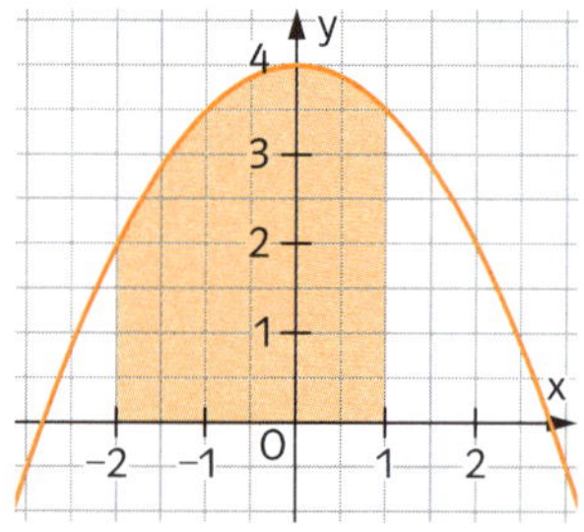	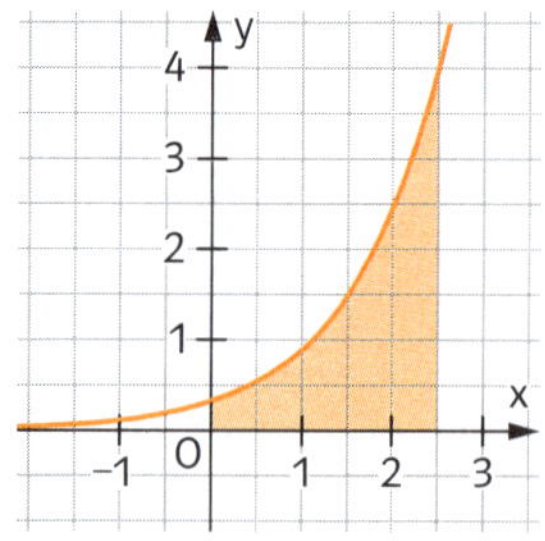
Stammfunktion von f	F(x) =	F(x) =	F(x) =
Grenzen	a = ______ b = ______	a = ______ b = ______	a = ______ b = ______
Integral			
Berechnung des Integrals			

	d) $f(x) = \sin(x)$	e) $f(x) = 5$	f) $f(x) = \frac{1}{2\sqrt{x}}$
	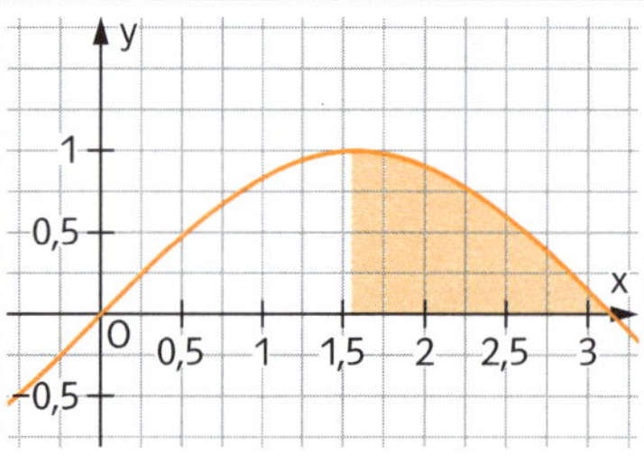	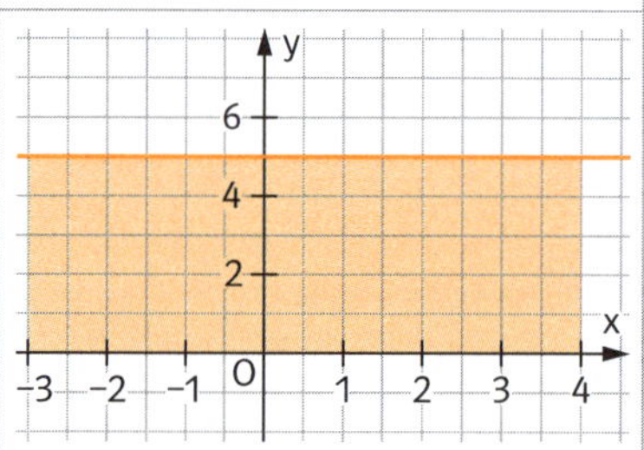	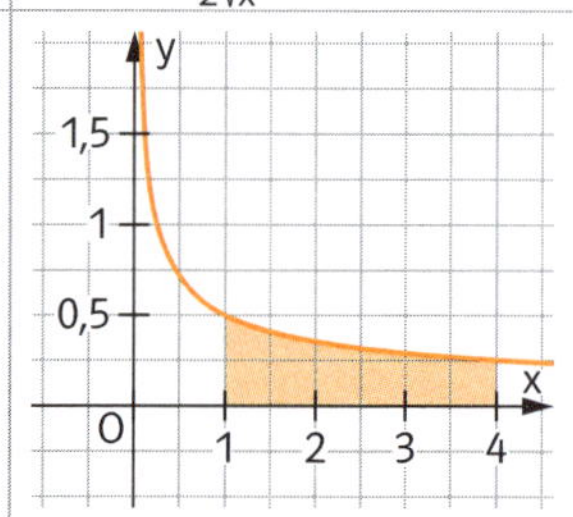
Stammfunktion von f	F(x) =	F(x) =	F(x) =
Grenzen	a = ______ b = ______	a = ______ b = ______	a = ______ b = ______
Integral			
Berechnung des Integrals			

5 In den folgenden Integralberechnungen stecken jeweils Fehler. Beschreiben Sie den oder die Fehler und führen Sie die Rechnung korrekt aus.

a)	$\int_1^3 x\,dx = [x]_1^3 = 3 - 1 = 2$ Fehlerbeschreibung:	Korrekte Rechnung:
b)	$\int_1^3 \frac{1}{2}x^2\,dx = \left[\frac{1}{6}x^3\right]_1^3 = \frac{1}{6}\cdot 1^3 - \frac{1}{6}\cdot 3^3 = \frac{1}{6} - \frac{27}{6} = -\frac{13}{3}$ Fehlerbeschreibung:	Korrekte Rechnung:
c)	$\int_0^{\pi} \frac{1}{2}\sin(x)\,dx = \left[-\frac{1}{2}\cdot\cos(x)\right]_0^{\pi}$ $= -\frac{1}{2}\cos(\pi) - \frac{1}{2}\cos(0) = \frac{1}{2} - \frac{1}{2} = 0$ Fehlerbeschreibung:	Korrekte Rechnung:
d)	$\int_0^1 \frac{1}{4}e^x\,dx = [e^x]_0^1 = e^1 - e^0 = e - 0 = e$ Fehlerbeschreibung:	Korrekte Rechnung:

6 Füllen Sie die Lücken richtig aus und berechnen Sie das Integral.

a) $\int_{\square}^{4} x^7\,dx = \left[\frac{1}{8}x^{\square}\right]_1^{\square} = \frac{1}{8}\square^{\square} - \frac{1}{8}\cdot 1^{\square} =$ ______________________

b) $\int_{\pi}^{\square} \square\,dx = [-\cos(x)]_{\square}^{\frac{3}{2}\pi} = -\cos\left(\frac{3}{2}\pi\right)\,\square\,\cos(\pi) =$ ______________________

c) $\int_0^{\square} \square \cdot e^x\,dx = \left[\frac{\square}{3}\cdot e^x\right]_0^1 = \frac{2}{3}\cdot e^{\square} - \square\cdot e^{\square} =$ ______________________

d) $\int_{\square}^{0} \cos(x)\,dx = [\,\square\,]_{\square}^{\square} = \sin(\square) - \sin\left(-\frac{\pi}{2}\right) =$ ______________________

Übersicht über wichtige Stammfunktionen:

Potenzfunktionen: $f(x) = x^r;\ r \neq -1 \Rightarrow F(x) = \frac{1}{r+1}x^{r+1}$ (dabei ist z.B. $\sqrt[3]{x^2} = x^{\frac{2}{3}}$ und $\frac{1}{x^4} = x^{-4}$)

Hyperbelfunktion: $f(x) = \frac{1}{x} \Rightarrow F(x) = \ln(|x|)$

Trigonometrische Funktionen: $f(x) = \sin(x) \Rightarrow F(x) = -\cos(x)$
$f(x) = \cos(x) \Rightarrow F(x) = \sin(x)$

Exponentialfunktion: $f(x) = e^x \Rightarrow F(x) = e^x$

Logarithmusfunktion: $f(x) = \ln(x) \Rightarrow F(x) = x \cdot \ln(x) - x$

Mit F(x) ist auch F(x) + C eine Stammfunktion von f, wenn C eine Konstante ist.

1 Geben Sie zu f eine Stammfunktion F an, die die angegebene Bedingung erfüllt.

a) $f(x) = x^{-2}$; $F(1) = 0$:

F(x) = ______ + C; 0 = F(1) = ______ + C ⇒ C = ______ ⇒ F(x) = ______.

b) $f(x) = -\frac{1}{x}$; $F(e) = 0$

F(x) = ______ + C; 0 = F(e) = ______ + C ⇒ C = ______ ⇒ F(x) = ______.

c) $f(x) = 2e^x$; $F(0) = 0$:

F(x) = ______ + C; ____ = F(__) = ______ + C ⇒ C = ______ ⇒ F(x) = ______.

d) $f(x) = \ln(x)$; $F(1) = e$

F(x) = ______ + C; ____ = F(__) = ______ + C ⇒ C = ______ ⇒ F(x) = ______.

Beim Skizzieren von Stammfunktionen F von Funktionen f nutzt man folgende Gesetzmäßigkeiten aus:

- Ist in einem Intervall I $f(x) > 0$ bzw. $f(x) < 0$ für alle x, so ist F in I streng monoton zunehmend bzw. abnehmend.
- Hat f an einer Stelle eine Nullstelle mit Vorzeichenwechsel von + nach − bzw. − nach +, so nimmt F an dieser Stelle ein Maximum bzw. Minimum an.
- Nimmt f an einer Stelle ein Maximum/Minimum an, so ist sie für F eine Wendestelle.

Kennt man den Graphen einer Stammfunktion F von f, so erhält man alle anderen durch Verschiebung des Graphen von F in y-Richtung.

2 Skizzieren Sie zwei verschiedene Graphen von Stammfunktionen F_1 und F_2 zu f.

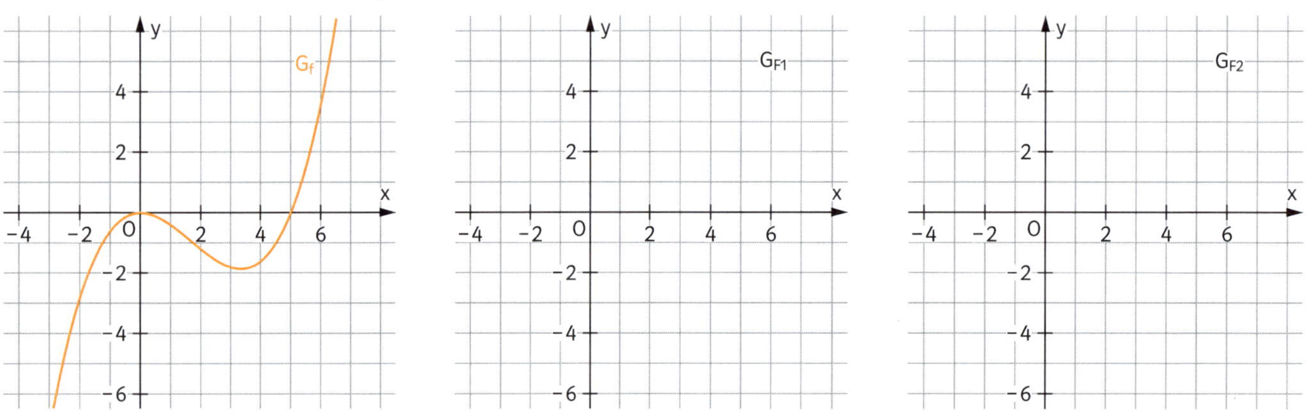

Eine Stammfunktion zu **Summen von Funktionen** wie f mit $f(x) = x^2 + \cos(x)$ findet man, indem man zu jedem der Summanden eine Stammfunktion sucht und diese dann addiert: $F(x) = \frac{1}{3}x^3 + \sin(x)$.

Damit lassen sich auch Stammfunktionen zu **Vielfachen von Funktionen** finden:
$f(x) = 3 \cdot \cos(x) = \cos(x) + \cos(x) + \cos(x)$ $\quad F(x) = \sin(x) + \sin(x) + \sin(x) = 3 \cdot \sin(x)$

Eine Stammfunktion zu **linearen Verkettungen** (mit einer linearen inneren Funktion v der Form $v(x) = mx + b$) wie f mit $f(x) = \cos(4x + 3)$ findet man, indem man zur äußeren Funktion u mit $u(x) = \cos(x)$ eine Stammfunktion U sucht ($U(x) = \sin(x)$), die innere Funktion v mit $v(x) = 4x + 3$ beibehält und das Ergebnis mit dem Kehrwert der Ableitung der inneren Funktion multipliziert:
$F(x) = \sin(4x + 3) \cdot \frac{1}{4}$

1 Geben Sie jeweils eine Stammfunktion an.

a) $f(x) = 2x + x^3$
F(x) =

b) $f(x) = -3x^2 + \frac{1}{2}x^3$
F(x) =

c) $f(x) = \frac{2}{3}x^{-4} + x^{-2}$
F(x) =

d) $f(x) = -\frac{1}{4}x^{-5} - 2x^{-4} + 2x^3$
F(x) =

e) $f(x) = \sqrt{x} + x^3$
F(x) =

f) $f(x) = 3x^{-4} - 2x^{-2} + 7x$
F(x) =

g) $f(x) = (2x + 3)^2$
F(x) =

h) $f(x) = \sqrt{3x - 4}$
F(x) =

i) $f(x) = e^{3x - 2}$
F(x) =

2 Welche Stammfunktionen gehören zu f?

a) $f(x) = (3x - 5)^2$: $\quad F(x) = 6(3x - 5)$; $G(x) = \frac{1}{3}(3x - 5)^3$; $H(x) = \frac{1}{9}(3x - 5)^3$; $K(x) = \frac{1}{9}(3x - 5)^2$

Stammfunktionen von f sind die Funktionen ______________________

b) $f(x) = \sqrt{4x + 2}$: $\quad F(x) = \frac{1}{4}\sqrt{4x + 2}$; $G(x) = \frac{1}{2}(4x + 2)^{-\frac{1}{2}}$; $H(x) = \frac{1}{6}(4x + 2)^{\frac{3}{2}}$; $K(x) = \frac{1}{6}\sqrt[3]{4x + 2} + 5$

Stammfunktionen von f sind die Funktionen ______________________

c) $f(x) = \cos(2x)$: $\quad F(x) = \frac{1}{2}\sin(2x)$; $G(x) = \frac{1}{2}\cos(2x)$; $H(x) = \frac{1}{2}\sin(2x) + 3$; $K(x) = \sin(2x) + 3$

Stammfunktionen von f sind die Funktionen ______________________

3 Füllen Sie die Lücken so aus, dass F eine Stammfunktion von f ist.

a) $f(x) = (x - 2)^{\square}$, $F(x) = \frac{\square}{\square}(x - 2)^3$

b) $f(x) = \frac{\square}{3}(x + 3)^4$, $F(x) = \frac{1}{\square}(x + 3)^{\square}$

c) $f(x) = (2x + 3)^{-3}$, $F(x) = \frac{1}{\square}(\square x + 3)^{-2}$

d) $f(x) = \square \cdot e^{3x - 4}$, $F(x) = e^{\square x - 4}$

e) $f(x) = \sin(2x - \pi)$, $F(x) = \square(\square x - \pi)$

f) $f(x) = -\cos(x + 1)$, $F(x) = \square \sin(\square)$

Für Integrale gelten Rechenregeln, die unter dem Begriff **Linearität des Integrals** zusammengefasst werden: $\int_0^3 4x^2\,dx = 4 \cdot \int_0^3 x^2\,dx$ und $\int_0^{\pi} \sin(x)\,dx + \int_{\pi}^{2\pi} \sin(x)\,dx = \int_0^{2\pi} \sin(x)\,dx$.
Damit lassen sich manchmal Integralberechnungen vereinfachen.

4 Berechnen Sie. Vereinfachen Sie vorher, indem Sie die Linearität des Integrals ausnutzen.

a) $\int_1^e \frac{2}{x}\,dx + \int_1^e \frac{1}{x}\,dx = \int_1^e \square\,dx = \square \cdot \int_1^e \square\,dx$
$= \square \cdot (\ln(\square) - \square) = \square$

b) $\int_{-\frac{\pi}{2}}^{0} 2 \cdot \cos(2x)\,dx + \int_0^{\frac{\pi}{2}} 2 \cdot \cos(2x)\,dx = \int_{\square}^{\square} \square\,dx$
$= \square \cdot \int_{\square}^{\square} \square\,dx = \square \cdot (\square - \square) = \square$

1. Die Funktion f mit $f(x) = x^2$ hat im Intervall $I = [-1; 2]$ nur positive Funktionswerte. Die Fläche, die der Graph von f in I mit der x-Achse einschließt, verläuft komplett oberhalb der x-Achse.
Für den Flächeninhalt A_1 gilt: $A_1 = \int_{-1}^{2} x^2\,dx$.
Hier beträgt $A_1 = \int_{-1}^{2} x^2\,dx = \left[\frac{1}{3}x^3\right]_{-1}^{2} = \frac{8}{5} + \frac{1}{3} = 3$.

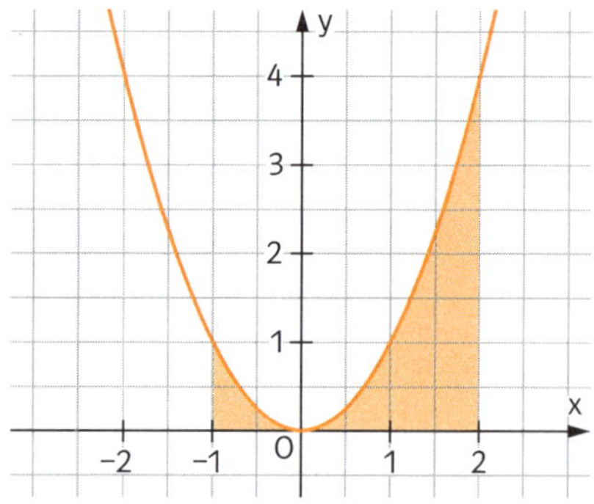

2. Der Graph der Funktion f mit $f(x) = x^2 - 9$ verläuft im Intervall $I = [-2; 1]$ komplett unterhalb der x-Achse, f hat also im Intervall I nur negative Funktionswerte.
Daher berechnet man den Inhalt der Fläche, die vom Graph und der x-Achse eingeschlossen wird, mittels $A_2 = -\int_{-2}^{1} (x^2 - 9)\,dx$.
Er beträgt hier
$A_2 = -\int_{-2}^{1} (x^2 - 9)\,dx = -\left[\frac{1}{3}x^3 - 9x\right]_{-2}^{1} = -\left(\frac{1}{3} - 9 - \left(-\frac{8}{3} + 18\right)\right) = 24$.

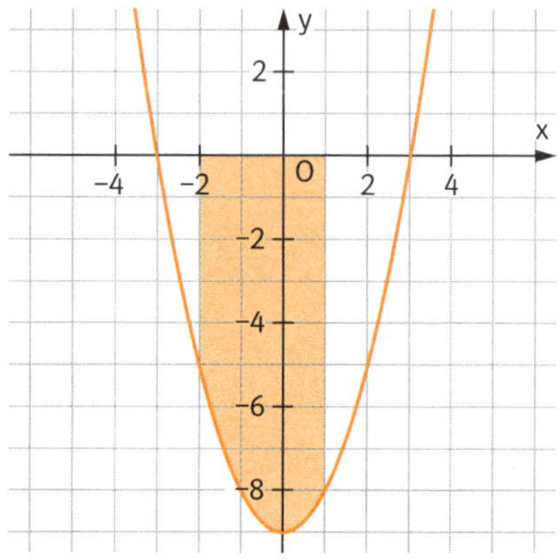

3. Im Intervall $I = [-4; 3]$ hat f mit $f(x) = x^2 - 9$ sowohl positive als auch negative Funktionswerte. Um den Inhalt der Fläche zu berechnen, die der Graph von f mit der x-Achse über dem Intervall I einschließt, geht man folgendermaßen vor:
- Nullstellenberechnung: $f(x) = 0$ liefert: $x_1 = -3$, $x_2 = 3$
- Teilintervalle festlegen und prüfen, ob f darin positiv oder negativ ist:
  Im Intervall $[-4; 3]$ gilt: $f(x) \geq 0$
  Im Intervall $[-3; 3]$ gilt: $f(x) \leq 0$
- Berechnung der Integrale:
  $A_1 = \int_{-4}^{-3} (x^2 - 9)\,dx = \left[\frac{1}{3}x^3 - 9x\right]_{-4}^{-3} = -9 + 27 + \frac{64}{3} - 36 = \frac{10}{3}$ bzw.
  $A_2 = -\int_{-3}^{3} (x^2 - 9)\,dx = \left[\frac{1}{3}x^3 - 9x\right]_{-3}^{3} = -(9 - 27 + 9 - 27) = 36$
- Der eingeschlossene Flächeninhalt beträgt dann $A = A_1 + A_2 = \frac{118}{3}$.

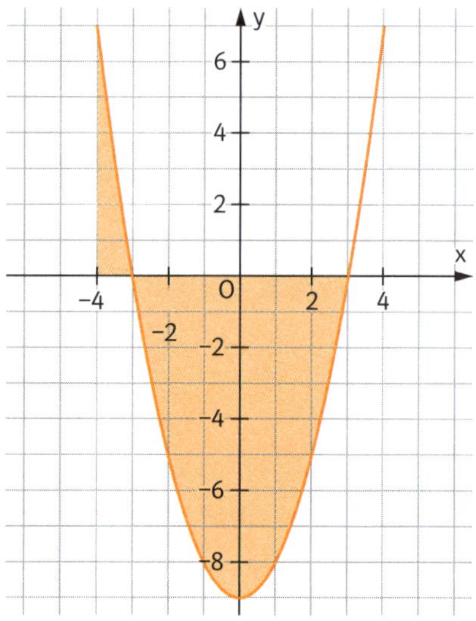

1 f ist im Intervall I entweder positiv oder negativ. Berechnen Sie den Flächeninhalt, den der Graph von f mit der x-Achse einschließt.

	f ist im Intervall I …	Flächenberechnung über dem Intervall I
a) $f(x) = x^3$, $I = [0; 5]$	positiv ☐ negativ ☐	
b) $f(x) = e^x - 5$, $I = [-2; 1]$	positiv ☐ negativ ☐	
c) $f(x) = \sin(x)$, $I = [0; \pi]$	positiv ☐ negativ ☐	
d) $f(x) = 2x^2 + 3$, $I = [-1; 2]$	positiv ☐ negativ ☐	

2 Bestimmen Sie den Flächeninhalt, den der Graph von f über dem Intervall I mit der x-Achse einschließt.

a) $f(x) = 3x - 6$, $I = [-2; 6]$ b) $f(x) = \cos(x)$, $I = [0; 2\pi]$

Mit dem Rechner ist es sehr einfach, Flächeninhalte zwischen dem Graphen von f und der x-Achse im Intervall $I = [a; b]$ zu bestimmen. Dazu lässt man das Integral $A = \int_a^b |f(x)|\,dx$ berechnen.

So liefert der Rechner für die Fläche, die der Graph von f mit $f(x) = x^2 - 9$ über dem Intervall $I = [-4; 3]$ mit der x-Achse einschließt, den Wert $A = \int_{-4}^{3} |x^2 - 9|\,dx \approx 39{,}333$

---

3 Berechnen Sie mit dem Rechner den Flächeninhalt, den der Graph von f mit $f(x) = \ln(x)$ mit der x-Achse über dem Intervall I einschließt.

a) $I = [0{,}5; 1]$ b) $I = [0{,}5; 1{,}5]$ c) $I = [1; e]$

Nun soll der Inhalt der Fläche berechnet werden, die von den beiden Funktionen f und g mit $f(x) = x^2 + x - 3$ und $g(x) = x^3 - 2x^2$ begrenzt wird.

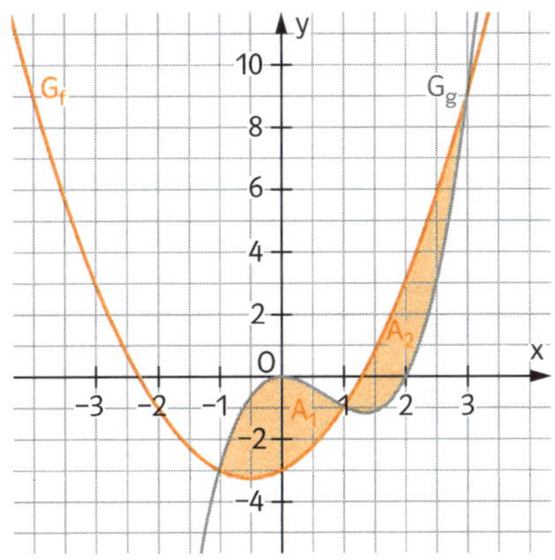

Dazu berechnet man die Schnittstellen. Der Ansatz $f(x) = g(x)$ liefert die Gleichung $x^3 - 3x^2 - x + 3 = 0$ mit den Lösungen $x_1 = -1$, $x_2 = 1$ und $x_3 = 3$. Damit ergeben sich die beiden Teilintervalle $I_1 = [-1; 1]$ und $I_2 = [1; 3]$.

Im Intervall $I_1 = [-1; 1]$ verläuft g oberhalb von f, da z.B. $g(0) > f(0)$ ist.

Im Intervall $I_2 = [1; 3]$ hingegen verläuft f oberhalb g, da beispielsweise $f(2) > g(2)$ ist. Nun sind folgende Integrale zu berechnen:

$A_1 = \int_{-1}^{1} (g(x) - f(x))\,dx$ und $A_2 = \int_{1}^{3} (f(x) - g(x))\,dx$.

Es ist $A_1 = 4$ und $A_2 = 4$; die beiden Graphen schließen also eine Fläche mit dem Inhalt $A_1 + A_2 = 8$ ein.

---

4 Berechnen Sie den Flächeninhalt, den die Graphen der Funktionen f und g miteinander einschließen.

	a) $f(x) = x^3 - x$, $g(x) = 3x$		b) $f(x) = x^2$, $g(x) = -x^3 + 3x^2$	
Schnittstellen				
Teilintervalle	$I_1 =$	$I_2 =$	$I_1 =$	$I_2 =$
$f(x) > g(x)$ oder $g(x) > f(x)$?				
Integrale, die zu berechnen sind				
Gesamtflächeninhalt				

5 Berechnen Sie den Flächeninhalt, den die Graphen der Funktionen f und g über dem Intervall $I = [a; b]$ miteinander einschließen.

a) $f(x) = x^2 + x - 3,\ g(x) = x^3 - 2x^2$

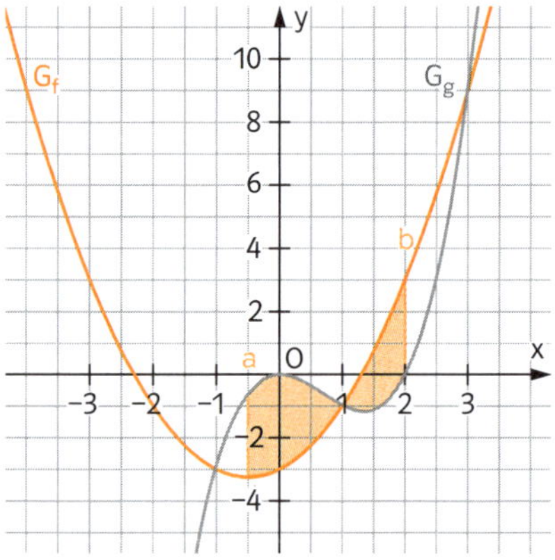

Rechnung:

b) $f(x) = x^3,\ g(x) = x^2 + 2x$

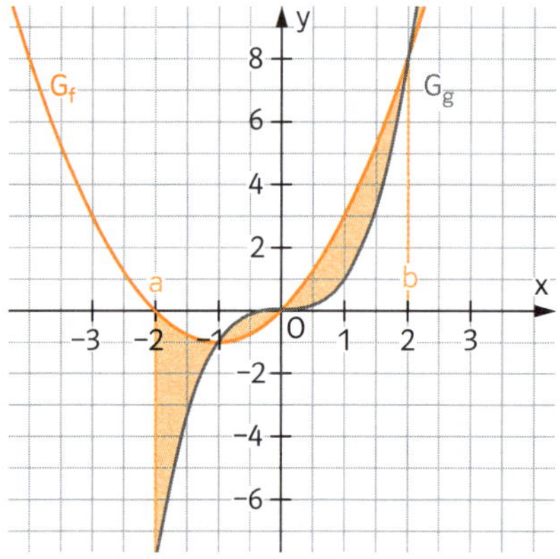

Rechnung:

c) $f(x) = -x^2 + 4x,\ g(x) = 0{,}5x$

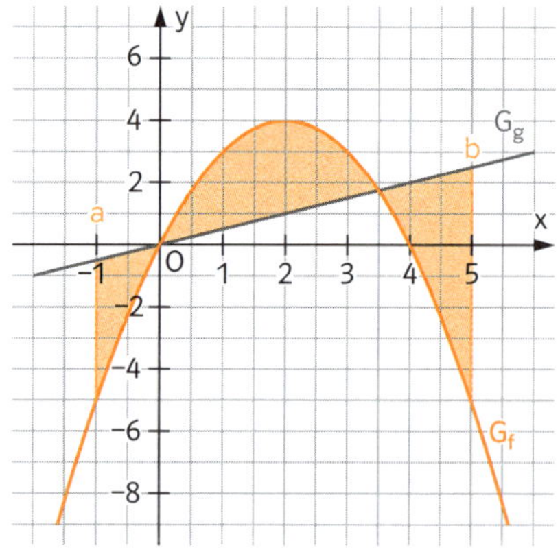

Rechnung:

Kontrollieren Sie das Ergebnis, indem Sie mit dem Rechner das Integral $A = \int_a^b |f(x) - g(x)|\,dx$ berechnen.

a)	b)	c)
A =	A =	A =

6 Die Graphen der Funktionen f mit $f(x) = x^2$ und g mit $g(x) = x$ schließen über dem Intervall $I = [0; 2]$ eine Fläche ein. Welche der Aussagen (a) bis (f) treffen auf diese Fläche zu?

(a) Der Inhalt der Fläche ist positiv.

(b) Der Inhalt der Fläche ist negativ.

(c) Den Flächeninhalt berechnet man mit dem Integral $\int_0^2 |f(x) - g(x)|\,dx$.

(d) Den Flächeninhalt berechnet man mit dem Ausdruck $\int_0^1 (f(x) - g(x))\,dx + \int_1^2 (g(x) - f(x))\,dx$.

(e) Der Flächeninhalt beträgt 1.

(f) Der Flächeninhalt beträgt $\frac{2}{3}$.

Die Aussagen ________________________ treffen auf die eingeschlossene Fläche zu.

Bisher sind nur Flächen über einem festen Intervall [a; b] betrachtet worden. Manche Fragestellungen führen jedoch auch zu **Flächen, die unbegrenzt sind**.

Beispiel 1:

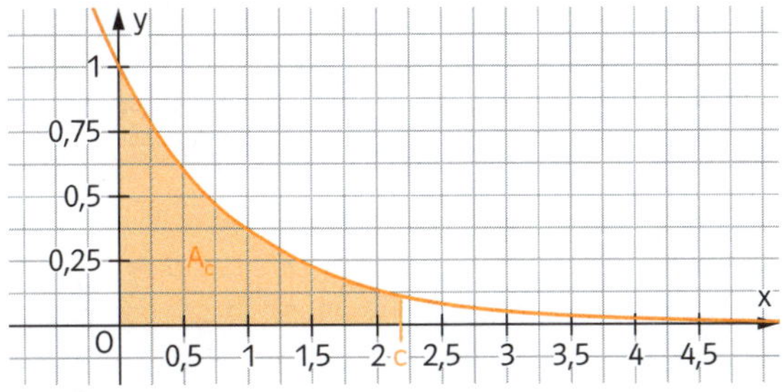

Schließt der Graph der Funktion f mit $f(x) = e^{-x}$ für positive x mit der x-Achse eine Fläche mit endlichem Flächeninhalt ein?
Mathematisch übersetzt bedeutet dies:

Existiert der Grenzwert von $\int_0^c f(x)\,dx$ für $c \to \infty$?
Berechnung von A_c:

$A_c = \int_0^c f(x)\,dx = \int_0^c e^{-x}\,dx = [-e^{-x}]_0^c = -e^{-c} + e^0 = -e^{-c} + 1$

Für $c \to \infty$ gilt $e^{-c} \to 0$ und somit $A_c \to 1$, der Inhalt der unbegrenzten Fläche beträgt also 1.

Beispiel 2:

$f(x) = \frac{1}{x}$, $I = [-2; c]$, $c \to 0$

$A_c = \int_{-2}^c f(x)\,dx = \int_{-2}^c \frac{1}{x}\,dx = [\ln|x|]_{-2}^c = \ln|c| - \ln|-2|$

Für $c \to 0$ wächst $\ln|c|$ unbegrenzt, sodass die gefärbte Fläche keinen endlichen Inhalt hat.

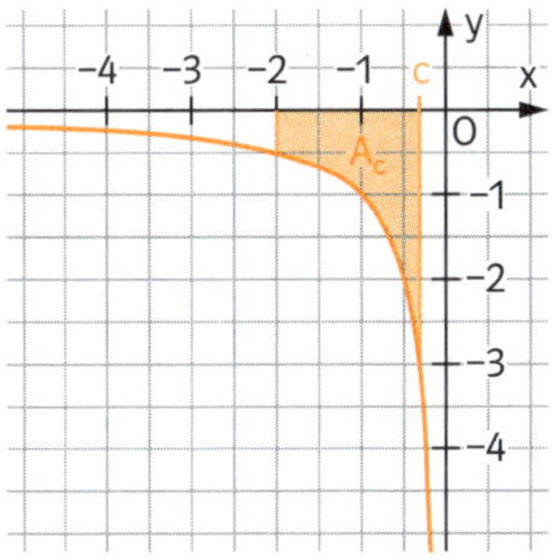

1 Berechnen Sie den Inhalt der unbegrenzten Fläche zwischen dem Graphen von f und der x-Achse.

a) $f(x) = \frac{3}{x^4}$, $I = [1; c]$	b) $f(x) = \frac{1}{(x+1)^2}$, $I = [0; c]$	c) $f(x) = e^{2x}$, $I = \left[c; \frac{1}{2}\right]$
A =	A =	A =
Für $c \to \infty$ gilt:	Für $c \to \infty$ gilt:	Für $c \to -\infty$ gilt:

2 Untersuchen Sie, ob die unbegrenzte Fläche zwischen dem Graphen von f und der x-Achse über dem Intervall I einen endlichen Inhalt hat. Geben Sie gegebenenfalls den Inhalt dieser unbegrenzten Fläche an.

	Term für den Flächeninhalt A_c	Für $c \to \dots$ gilt: $A_c \to \dots$
a) $f(x) = \frac{1}{\sqrt{x}}$, $I = [1; c]$, $c \to \infty$		
b) $f(x) = \frac{1}{x^2}$, $I = [c; 2]$, $c \to 0$		
c) $f(x) = \frac{-1}{x^2}$, $I = [c; -1]$, $c \to -\infty$		
d) $f(x) = \frac{2}{(x-4)^2}$, $I = [1; c]$, $c \to 4$		

1 Geben Sie zu der Funktion f jeweils eine Stammunktion an.

a) $f(x) = 3x^2 - \sqrt[4]{x}$
b) $f(x) = \sqrt[3]{2x} + \frac{1}{4}x^{-\frac{1}{5}}$
c) $f(x) = \frac{1}{2}(3x - 2)^5$
d) $f(x) = 2\left(\frac{1}{2}x + 4\right)^{-\frac{3}{2}}$
e) $f(x) = 3e^x + 2e^{3x+5}$
f) $f(x) = \frac{2}{3}e^{3x-2} + 2 \cdot \sqrt[3]{-(x+2)}$
g) $f(x) = \cos(2x + 3)$
h) $f(x) = \pi \cdot \sin(\pi x - 2\pi)$
i) $f(x) = \frac{1}{2}\cos\left(\frac{1}{2}x\right) + \frac{1}{3}\sin(3 \cdot (x - 2))$

2 Nebenstehende Figur zeigt den Graphen der Änderungsrate einer Größe.
a) Bestimmen Sie einen Wert dafür, um wie viel die Größe zwischen 0 s und 2 s abgenommen hat.
b) Wie lange dauert es ungefähr, bis dieses Defizit wieder ausgeglichen ist?

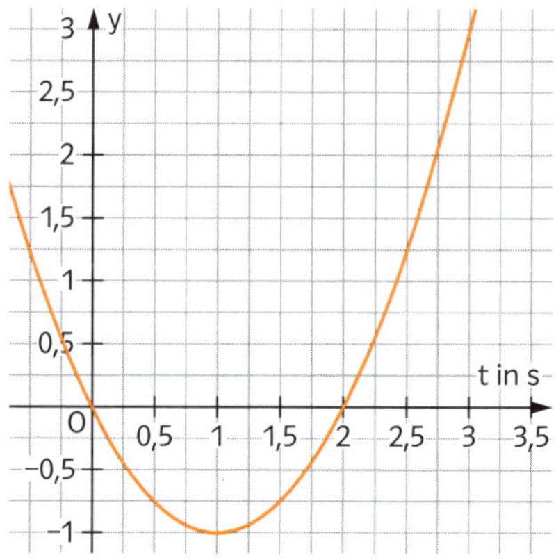

3 Der Graph der Funktion f mit $f(x) = e^x - e$ schließt auf dem Intervall $I = [0; c]$ mit der x-Achse eine Fläche ein.
a) Berechnen Sie ohne Rechner den Inhalt der Fläche für $c = 1$.
b) Welche Bedeutung hat das Vorzeichen des Wertes von $\int_0^1 f(x)\,dx$ für den Graphen f?
c) Wie groß muss c sein, damit das Integral $\int_0^c f(x)\,dx$ null wird?

4 Zu der Funktion f mit $f(x) = 3x + \sqrt{2x} + \cos(\pi x)$ wird die Integralfunktion $J_0(x)$ betrachtet.
a) Berechnen Sie $J_0(1)$.
b) Wie groß ist der Unterschied zwischen $J_0(3)$ und $J_0(1)$?
c) Veranschaulichen Sie im Koordinatensystem diese Differenz $J_0(3) - J_0(1)$.
d) Was verändert sich in den Teilaufgaben b) und c), wenn statt $J_0(x)$ die Integralfunktion $J_1(x)$ betrachtet wird?

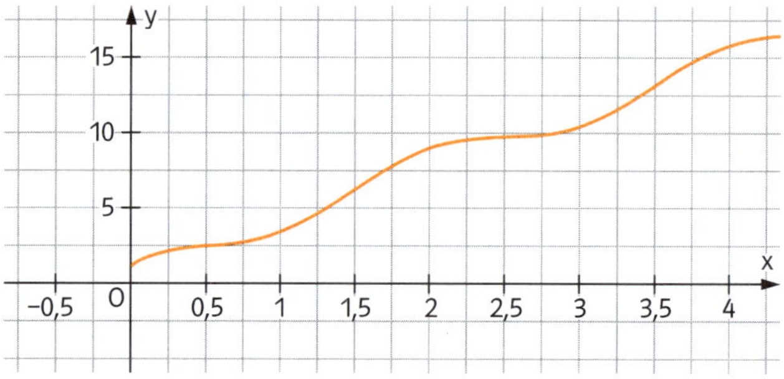

5 a) Welchen Inhalt schließt der Graph der Funktion f mit $f(x) = -0{,}5x^2 + 2$ mit der x-Achse ein?
b) Berechnen Sie den Flächeninhalt, den die Graphen der beiden Funktionen f und g mit $f(x) = -0{,}5x^2 + 2$ und $g(x) = (x + 2)^2 - 3{,}5$ einschließen.
c) Welchen Inhalt begrenzen die Graphen der Funktionen f und g mit $f(x) = -0{,}5x^2 + 2$ bzw. $g(x) = (x + 2)^2 - 3{,}5$ auf dem Intervall $[-2; 0]$?

6 a) Untersuchen Sie, ob die unbegrenzte Fläche, die der Graph der Funktion f mit $f(x) = \frac{1}{x^2}$ und die x-Achse über dem Intervall $I = [1; c]$ für $c \to \infty$ einschließen, einen endlichen Inhalt hat.
b) Hat die unbegrenzte Fläche, die der Graph von f mit $f(x) = \frac{1}{x^2}$ im Intervall $I = [0; 4]$ für $c \to 0$ mit der x-Achse einschließt, einen endlichen Inhalt?

Ist f′ die Ableitungsfunktion einer Funktion f, so erhält man durch Ableiten von f′ die **zweite Ableitung f″** (gelesen: „f zwei Strich“) der Funktion f.
Aus f″ erhält man durch erneutes Ableiten die **dritte Ableitung f‴**, aus f‴ gegebenenfalls $f^{(4)}$ usw.;
f″, f‴, $f^{(4)}$, $f^{(5)}$, … nennt man die **höheren Ableitungen** der Funktion f.
Ist $f(x) = 2x^3 - x^2 + 1$, so ist $f'(x) = 6x^2 - 2x$, $f''(x) = 12x - 2$, $f'''(x) = 12$ und $f^{(4)}(x) = 0$.

1 Bestimmen Sie die ersten vier Ableitungen von f.
a) $f(x) = 2x^3 - x + 5$
b) $f(x) = -0{,}5x^4 - 2x^2 + 4x - 3$
c) $f(x) = x^{-3}$
d) $f(x) = 2\cos(x)$
e) $f(x) = x^2 + \sin(x)$
f) $f(x) = x^n$

2 Auf den Kärtchen sind Funktionen f_1 bis f_4 und deren erste drei Ableitungen aufgeschrieben.
a) Ordnen Sie die Kärtchen passend zu.

$f_1(x) = 3x^2$	$f_2(x) = \sin(x) + 2\cdot\cos(x)$	$f_3(x) = 2e^{3x} + x^{-1}$	$f_4(x) = \cos(x) - \sin(x)$
$b(x) = \cos(x) + 2\cdot\sin(x)$	$d(x) = 54e^{3x} - 6x^{-4}$	$t(x) = \sin(x) + \cos(x)$	$v(x) = 2\cdot\sin(x) - 2\cdot\cos(x)$
$e(x) = -\cos(x) + \sin(x)$	$p(x) = 18e^{3x} - 2x^{-3}$	$g(x) = 6x$	$h(x) = 6e^{3x} - x^{-2}$
$u(x) = 1$	$a(x) = 0$	$q(x) = -2\cdot\sin(x) + \cos(x)$	$k(x) = 6$
$m(x) = 18e^{3x} + 2x^{-3}$	$s(x) = -\sin(x) - 2\cdot\cos(x)$	$c(x) = -\cos(x) + 2\cdot\sin(x)$	$n(x) = -\sin(x) - \cos(x)$

b) Die übrig gebliebenen Kärtchen sind zweite Ableitungen von Funktionen. Geben Sie jeweils die Ausgangsfunktionen an.

3 Skizzieren Sie für den gegebenen Graphen von f die Graphen von f′ und f″.
a)
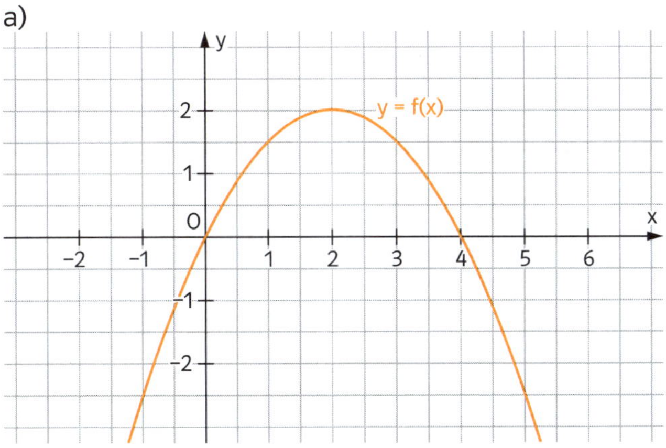

b)
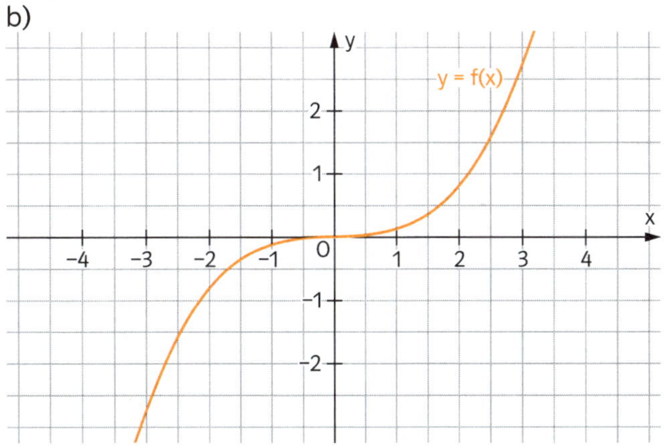

4 Welche der Behauptungen sind richtig?

	richtig	falsch
a) Ist $f(x) = x^4 + x^2 + x + 1$, so ist $f'''(x) = 24x$.	☐	☐
b) Bildet man von der Funktion f mit $f(x) = x^7$ die siebte Ableitung, so ist diese konstant.	☐	☐
c) Jede Funktion hat eine höhere Ableitung, die konstant gleich Null ist.	☐	☐
d) Es gibt Funktionen, die mit einer ihrer höheren Ableitungen übereinstimmen.	☐	☐
e) Zwei Funktionen, die die gleiche zweite Ableitung besitzen, unterscheiden sich höchstens um einen konstanten Summanden.	☐	☐

Bewegt man sich auf dem Graphen einer Funktion f in positiver x-Richtung, so heißt er **rechtsgekrümmt** bzw. **linksgekrümmt**, wenn er eine Rechtskurve bzw. Linkskurve beschreibt. Der Graph von $f(x) = x^2$ beschreibt eine Linkskurve, er ist also linksgekrümmt.

Rechnerische Untersuchung:
$f''(x)$ liefert die Steigung der Tangente an den Graphen von f′ an der Stelle x, bestimmt also das Änderungsverhalten der Ableitung einer Funktion f.

Ist $f''(x) > 0$ auf einem Intervall I, nimmt f′ auf I streng monoton zu. Dies ist der Fall, wenn der Graph von f auf I **linksgekrümmt** ist. (Im gezeichneten Graphen von $f(x) = x^2$ haben die Tangenten von links nach rechts betrachtet eine negative Steigung, die Steigung Null und eine positive Steigung. Insgesamt ist die Tangentensteigung also zunehmend.)
Ist $f''(x) < 0$ auf einem Intervall I, nimmt f′ auf I streng monoton ab. Dies ist der Fall, wenn der Graph von f auf I **rechtsgekrümmt** ist.

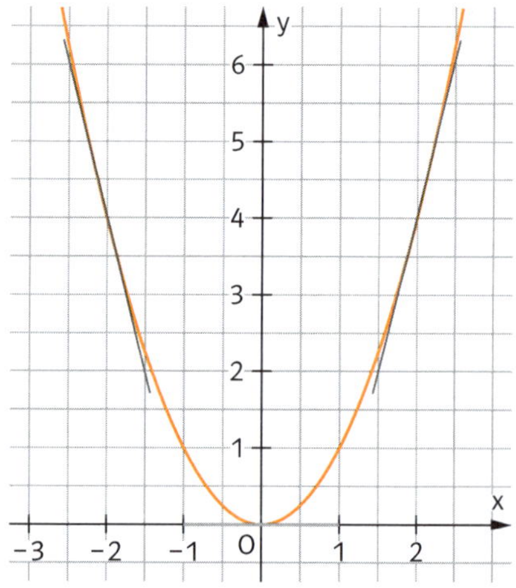

1 Leiten Sie die Funktion f zweimal ab und zeichnen Sie die Graphen für f und f″ in ein gemeinsames Koordinatensystem. Bestimmen Sie, in welchen Intervallen der Graph von f eine Links- bzw. eine Rechtskurve ist.

a) $f(x) = -\frac{1}{3}x^3 + 2x^2 + 3$; $f'(x) =$ ______________________; $f''(x) =$ ______________________

Der Graph von f ist eine Linkskurve, wenn $f''(x) > 0$, d.h. ______________ > 0. Dies ist der Fall für $x <$ ______.

Der Graph von f ist eine Rechtskurve, wenn $f''(x) < 0$, d.h. ______________ < 0. Dies ist der Fall für ______.

b) $f(x) = -\frac{1}{12}x^4 - 2x^2 + 4x - 3$ c) $f(x) = \frac{1}{x}$ d) $f(x) = \sin(x)$, $x \in [0; 2\pi]$

2 Weisen Sie mithilfe der zweiten Ableitung nach, dass
a) der Graph von f mit $f(x) = -0{,}2x^2 + 2$ für $x \in \mathbb{R}$ eine Rechtskurve ist;
b) der Graph von f mit $f(x) = x^3$ für $x > 0$ eine Linkskurve ist;
c) der Graph von f mit $f(x) = \sqrt{x}$ für $x \in \mathbb{R}^+$ eine Rechtskurve ist;
d) der Graph von f mit $f(x) = ax^4$ für $x \in \mathbb{R}$ eine Linkskurve ist, wenn $a > 0$ ist.

3 Bestimmen Sie rechnerisch mithilfe der zweiten Ableitung die Intervalle, in denen der Graph von f eine Links- bzw. eine Rechtskurve ist.
a) $f(x) = -0{,}5x^3$; $x \in \mathbb{R}$ b) $f(x) = 2x^3 - 9x^2 + 3$; $x \in \mathbb{R}$ c) $f(x) = 1 - \cos(x)$; $x \in [-2\pi; 2\pi]$

4 Welche der folgenden Aussagen sind aufgrund des Graphen von f″ richtig (r), falsch (f) oder nicht entscheidbar (n.e.)? Kreuzen Sie an.

	r	f	n.e.
a) Es ist $f''(0) = 1$.	☐	☐	☐
b) Im Intervall $[-2; 2]$ ist der Graph von f eine Rechtskurve.	☐	☐	☐
c) Für $x > 2$ ist f′ streng monoton fallend.	☐	☐	☐
d) Im Intervall $[0; 2]$ ist $f(x) \geq 0$:	☐	☐	☐
e) An der Stelle −2 geht der Graph von f von einer Rechts- in eine Linkskurve über.	☐	☐	☐
f) Im Intervall $[-1; 1]$ ist $f'(x)$ positiv.	☐	☐	☐
g) Es ist $f''(0) > f''(1)$.	☐	☐	☐
h) Es ist $f'(0) > f'(1)$.	☐	☐	☐
i) Es ist $f(0) > f(1)$.	☐	☐	☐

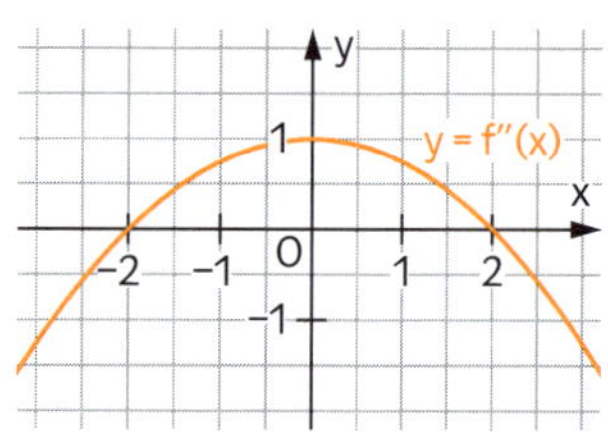

Ein Punkt $W(x_0 \mid f(x_0))$ des Graphen einer Funktion f heißt **Wendepunkt**, wenn der Graph in diesem Punkt von einer Links- in eine Rechtskurve oder von einer Rechts- in eine Linkskurve übergeht.
Die Stelle x_0 heißt dann **Wendestelle** der Funktion f.
An einer Wendestelle hat die Ableitung von f ein lokales Maximum oder ein lokales Minimum.

Der Punkt W des Graphen der Funktion f (Fig. 1) ist ein Wendepunkt, da in diesem Punkt ein Übergang von einer Rechts- in eine Linkskurve stattfindet. Dort hat f′ seinen kleinsten Wert.

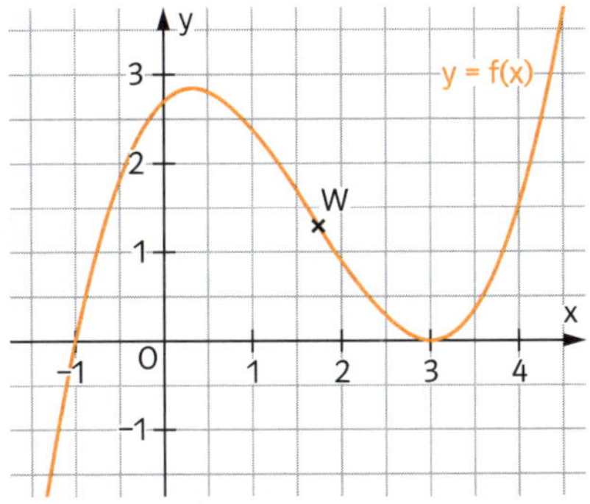

Fig. 1

1 Lesen Sie aus dem Graphen von f näherungsweise die Wendestellen der Funktion f ab.

a)

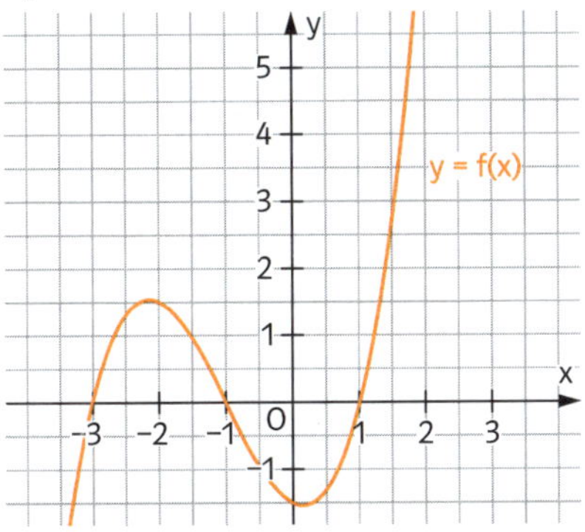

b)

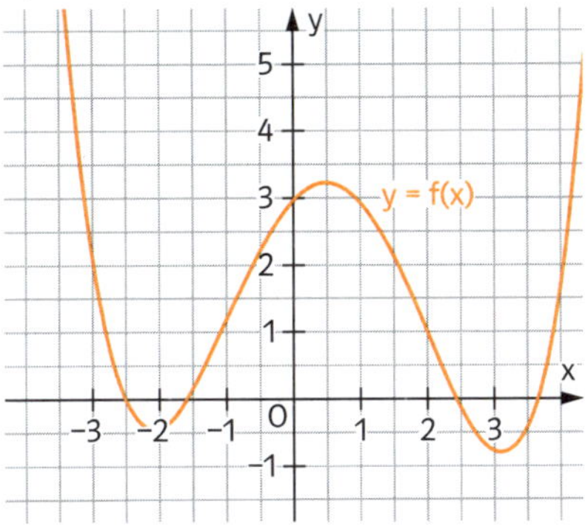

c)

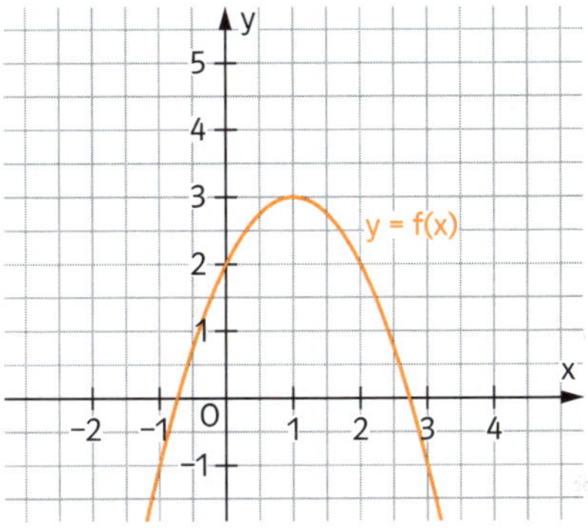

Wendestellen lassen sich auf zwei Wegen **berechnen**.

1. Weg:
a) Berechnen Sie $f'(x)$ und $f''(x)$.
b) Bestimmen Sie alle Lösungen der Gleichung $f''(x) = 0$.
c) Überprüfen Sie, ob f'' an den in Teilschnitt b) berechneten Stellen x_0 einen Vorzeichenwechsel hat.

2. Weg:
a) Berechnen Sie $f'(x)$, $f''(x)$ und $f'''(x)$.
b) Bestimmen Sie alle Lösungen der Gleichung $f''(x) = 0$.
c) Überprüfen Sie, ob an den in Teilschnitt b) berechneten Stellen x_0 gilt: $f'''(x_0) \neq 0$.

Für die Funktion f mit $f(x) = x^3 + 3x^2 - x - 3$ gilt:
a) $f'(x) = 3x^2 + 6x - 1$; $f''(x) = 6x + 6$; $f'''(x) = 6$.
b) Die Bedingung $f''(x) = 0$ liefert $x_0 = -1$.
c) Gemäß dem 1. Lösungsweg:
Da $f''(-2) = -6$ und $f''(0) = 6$ ist, hat f'' an der Stelle $x_0 = -1$ einen Vorzeichenwechsel; damit ist $x_0 = -1$ eine Wendestelle von f.
Gemäß dem 2. Lösungsweg:
Da $f'''(-1) = 6 \neq 0$ ist, ist $x_0 = -1$ eine Wendestelle von f.
Mit $f(-1) = 0$ gilt: Der Graph von f hat genau einen Wendepunkt, nämlich $W(-1 \mid 0)$.

2 Bestimmen Sie rechnerisch die Wendepunkte des Graphen der Funktion f.

a) $f(x) = 1 - x^3$
b) $f(x) = 0{,}5x^3 + 3x^2 - 3x - 8$
c) $f(x) = x^5 - \frac{10}{3}x^3$
d) $f(x) = x \cdot (x^3 - 1)$
e) $f(x) = x^4 + 2x^3 - 2$
f) $f(x) = x^5 - 20x^2$

3 Zeigen Sie, dass der Graph der Funktion f mit $f(x) = x^4 - 2x + 3$ keinen Wendepunkt besitzt.

4 Richtig oder falsch? Kreuzen Sie an.

Für jede Funktion f, die dreimal differenzierbar ist, gilt:

	richtig	falsch
a) An einer Wendestelle x_0 ist $f'(x_0) \neq 0$.	☐	☐
b) Ist $f'''(x_0) \neq 0$, so ist x_0 eine Wendestelle.	☐	☐
c) An einer Wendestelle x_0 ist $f''(x_0) = 0$.	☐	☐
d) An einer Wendestelle wechselt f′ das Vorzeichen.	☐	☐
e) An einer Wendestelle wechselt f″ das Vorzeichen.	☐	☐
f) Ist $f'''(x_0) = 0$, so kann x_0 keine Wendestelle sein.	☐	☐
g) Wechselt an einer Stelle x_0 die zweite Ableitung ihr Vorzeichen von „+“ nach „−“, so ist x_0 eine Wendestelle.	☐	☐
h) An einer Wendestelle wechselt f″ ihr Vorzeichen von „+“ nach „−“.	☐	☐
i) Wenn eine Funktion keine Extremstelle hat, so kann sie auch keine Wendestelle haben.	☐	☐
j) Jede ganzrationale Funktion, die ein lokales Minimum und ein lokales Maximum hat, hat auch eine Wendestelle.	☐	☐

5 Der nebenstehende Graph zeigt die Geschwindigkeit eines Testfahrzeuges in den ersten 50 Sekunden nach dem Start. Lesen Sie aus dem Graphen näherungsweise die folgenden Zeitpunkte ab.

a) Wann hatte das Fahrzeug die Geschwindigkeit $15\frac{m}{s}$?

b) Wann war die Geschwindigkeit am größten?

c) Wann war die Beschleunigung (d.h. die Änderungsrate der Geschwindigkeit) am größten?

d) Wann war die Bremsverzögerung am größten?

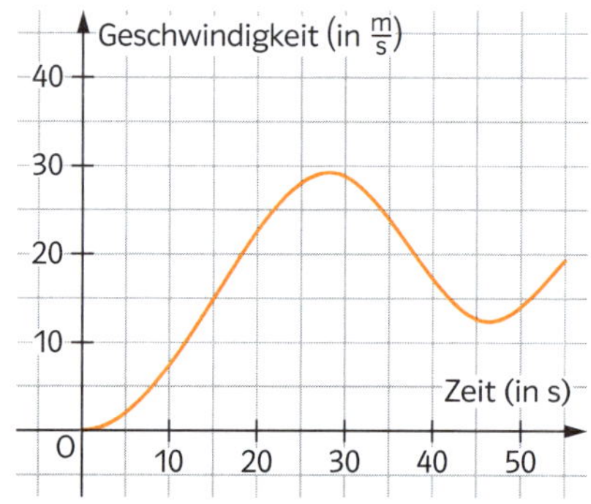

Mit dem Rechner kann man **Wendestellen** einer Funktion f näherungsweise **bestimmen**, indem man die Ableitung f′ auf Extremstellen untersucht.

Laut Rechner hat die Funktion f mit

$f(x) = \frac{5x+1}{x^2+1}$ an der Stelle $x_0 \approx 1{,}5$ eine Wendestelle.

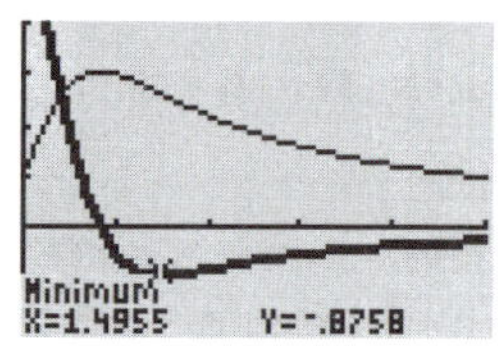

6 Bestimmen Sie mit dem Rechner die Wendestellen der Funktion f.

a) $f(x) = 2x^3 + 5x^2 - x + 3$ b) $f(x) = \frac{1}{12}x^4 - x^2 - 2x + 1$ c) $f(x) = \sqrt{x} + x^2$; x 0

d) $f(x) = \frac{x}{x^2+1}$ e) $f(x) = \sin(2x+1)$; $x \in [0; 3]$ f) $f(x) = x + \cos(x)$; $x \in [-3; 3]$

7 Ein Wendepunkt mit waagrechter Tangente heißt **Terrassenpunkt**.

a) Zeigen Sie, dass der Graph der Funktion f mit $f(x) = x^3 - 6x^2 + 12x - 11$ den Punkt $P(2\,|-3)$ als Terrassenpunkt hat.

b) Berechnen Sie ohne Rechner den Terrassenpunkt S der Funktion f mit $f(x) = \frac{1}{4}x^4 - \frac{4}{3}x^3 + 2x^2 + 1$. Überprüfen Sie Ihr Ergebnis mit dem Rechner.

8 a) Bestimmen Sie den Wendepunkt der Funktion f_t mit $f_t(x) = \frac{1}{3}x^3 + 2tx^2$; $t \in \mathbb{R}$.

b) Für welche Werte von t hat die Tangente im Wendepunkt („**Wendetangente**“) die Steigung −1?

c) Für welchen Wert von t ist der Wendepunkt ein Terrassenpunkt?

d) Für welchen Wert von t liegt der Wendepunkt auf der y-Achse?

Bei der Bestimmung lokaler Extremstellen einer Funktion f kann man folgendermaßen vorgehen:

Allgemein:
1. Berechnung von $f'(x)$ und $f''(x)$.
2. Bestimmung aller Stellen x_0, für die $f'(x_0) = 0$ ist. (Stellen mit waagrechter Tangente)
3. Untersuchung, welches Vorzeichen f'' an diesen Stellen hat.
   Ist $f''(x_0) < 0$, so ist der Graph von f eine Rechtskurve, d.h. die Funktion f hat an der Stelle x_0 ein lokales Maximum.
   Ist $f''(x_0) > 0$, so ist der Graph von f eine Linkskurve, d.h. die Funktion f hat an der Stelle x_0 ein lokales Minimum.

Beispiel: $f(x) = 0{,}1x^3 - 0{,}6x^2 + 0{,}9x + 1$
1. $f'(x) = 0{,}3x^2 - 1{,}2x + 0{,}9$; $f''(x) = 0{,}6x - 1{,}2$.
2. Die Gleichung $0{,}3x^2 - 1{,}2x + 0{,}9 = 0$ liefert $x_1 = 1$ und $x_2 = 3$.
3. $f''(1) = 0{,}6 - 1{,}2 = -0{,}6 < 0$.
   An der Stelle 1 liegt also ein lokales Maximum vor.
   $f''(3) = 0{,}6 \cdot 3 - 1{,}2 = 0{,}6 > 0$.
   An der Stelle 3 liegt also ein lokales Minimum vor.

9 Untersuchen Sie die Funktion f mit $f(x) = x^3 + 3x^2 + 4$ auf lokale Extremstellen.

$f'(x) =$ ______________________; $f''(x) =$ ______________________;

Bestimmung der Nullstellen von f': ______________; $x_1 =$ ______________; $x_2 =$ ______________;

Untersuchung des Vorzeichens von f'': $f''(x_1) =$ ______________; also liegt bei x_1 ein ______________ vor;

$f''(x_2) =$ ______________________; also liegt bei x_2 ein ______________ vor.

10 Bestimmen Sie alle lokalen Extremstellen der Funktion f.

a) $f(x) = -0{,}5x^2 + 1$
b) $f(x) = 2x^2 - 6x + 3$
c) $f(x) = -x^3 + x^2 + x$
d) $f(x) = -x^3 + x^2 - x$
e) $f(x) = \frac{1}{4}x^4 - 2x^2$
f) $f(x) = x - 2\sqrt{x}$

Gilt bei einer Funktion sowohl $f'(x_0) = 0$ als auch $f''(x_0) = 0$, so muss f' auf Vorzeichenwechsel an der Stelle x_0 untersucht werden.
Hat f' an der Stelle x_0 einen Vorzeichenwechsel von „+" nach „−", so liegt bei x_0 ein lokales Maximum vor.
Hat f' an der Stelle x_0 einen Vorzeichenwechsel von „−" nach „+", so liegt bei x_0 ein lokales Minimum vor.
Hat f' an der Stelle x_0 keinen Vorzeichenwechsel, so ist x_0 keine Extremstelle von f.

Beispiel: Für die Funktion f mit $f(x) = x^3 + 2$ gilt: $f'(x) = 3x^2$; $f''(x) = 6x$. Es ist $f'(0) = 0$ und $f''(0) = 0$.
Es gilt: $f'(x) = 3x^2 > 0$ für $x < 0$ und für $x > 0$. Deshalb ist $x_0 = 0$ keine Extremstelle von f.

11 a) Berechnen Sie für die Funktion f mit $f(x) = x^4 - 4x^3$ die Werte $f'(0)$, $f''(0)$, $f'(3)$ und $f''(3)$.
b) Welche Folgerungen kann man daraus für die Stellen $x_1 = 0$ und $x_2 = 3$ ziehen?
c) Weisen Sie nach, dass die Stelle $x_1 = 0$ keine Extremstelle von f ist.

12 Gegeben ist die Funktion f mit $f(x) = -x^4 + 2x^3 + 1$.
a) Bestimmen Sie alle Stellen, die als lokale Extremstellen der Funktion f infrage kommen.
b) Überprüfen Sie, ob an den Stellen aus Teilaufgabe a) ein lokales Maximum, ein lokales Minimum oder keine Extremstelle vorliegt.

13 Bestimmen Sie mithilfe des Rechners näherungsweise die lokalen Extremstellen und Extremwerte der Funktion f.

a) $f(x) = x^3 - 3x^2$; $x \in [-2; 3]$
b) $f(x) = \frac{x+2}{x^2+1}$; $x \in \mathbb{R}$
c) $f(x) = 0{,}1x^3 - x^2 - 0{,}1x + 1$; $x \in \mathbb{R}$
d) $f(x) = \sin(x) - 2\cos(x)$; $x \in [-4; 4]$
e) $f(x) = \frac{\sqrt{x}}{x+2}$; $x \in \mathbb{R}^+$

1 Berechnen Sie die ersten beiden Ableitungen f′ und f″.

a) $f(x) = x^2 - 4x$ b) $f(x) = 2 - 3x - 2x^2$ c) $f(x) = (x-1)(x-2)$

d) $f(x) = 1 - \frac{2}{x}$ e) $f(x) = 2\sqrt{x} + 1$ f) $f(x) = (x+1) \cdot \frac{2}{x}$

g) $f(x) = a \cdot x^3$ h) $f(x) = 2x^{k+1}$ i) $f(x) = \frac{x^{n-1}}{n-1}$

2 Bestimmen Sie zunächst ohne Rechner die Extrempunkte und die Wendepunkte des Graphen der Funktion f. Kontrollieren Sie anschließend Ihr Ergebnis mit dem Rechner.

a) $f(x) = 3x^2 - x^3$ b) $f(x) = 2x^3 - 9x^2 + 12x + 4$ c) $f(x) = 9x + \frac{1}{x}$

3 Richtig oder falsch? Kreuzen Sie an.

Für eine Funktion f, die in einem Intervall I zweimal abgeleitet werden kann, gilt:

	richtig	falsch
a) Ist $f'(x_0) \neq 0$, so kann x_0 keine lokale Extremstelle von f sein.	☐	☐
b) Ist $f''(x_0) > 0$, so kann x_0 keine Stelle eines lokalen Maximums von f sein.	☐	☐
c) Wechselt f″ in einem Intervall das Vorzeichen nicht, so kann auch f in diesem Intervall das Vorzeichen nicht wechseln.	☐	☐
d) Wechselt f″ in einem Intervall das Vorzeichen, so muss auch f′ in diesem Intervall das Vorzeichen wechseln.	☐	☐

4 Die nebenstehende Abbildung zeigt den Graphen der Funktion f im Intervall [−2; 4]. Lesen Sie daraus näherungsweise ab:

a) $f(0) =$ ________________; b) $f'(0) =$ ________________;

c) das Vorzeichen von $f''(0)$: $f''(0)$ ist ____ als null.

d) das Intervall, in dem $f'(x) \le 0$ ist: I = [____; ____];

e) das Intervall, in dem $f''(x) \ge 0$ ist: I = [____; ____];

f) die Stelle, an der f ein lokales Minium hat: $x_0 =$ ______;

g) die Koordinaten des lokalen Tiefpunkts: (____ | ____);

h) die Stelle, an der f ein lokales Maximum hat: $x_1 =$ ______;

i) die Koordinaten des lokalen Hochpunkts: (____ | ____);

j) die Stelle, an der f′ ein lokales Minimum hat: $x_2 =$ ______;

k) den Wert des globalen Maximums: ______;

l) den Wert des globalen Minimums: ______.

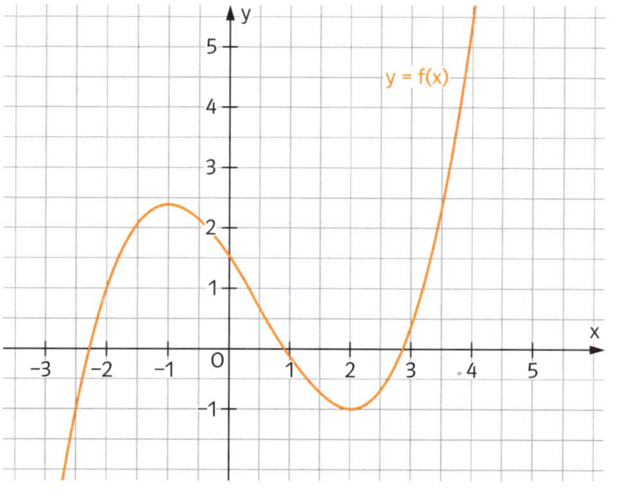

5 Skizzieren Sie im Intervall [0; 2] den Graphen einer Funktion f, für die in diesem Intervall gilt:

a) $f'(x) > 0$, $f''(x) > 0$ und $f(0) = 1$; b) $f'(x) > 0$, $f''(x) < 0$ und $f(0) = 1$;

c) $f'(x) < 0$, $f''(x) > 0$ und $f(0) = 1$; d) $f'(x) < 0$, $f''(x) < 0$ und $f(0) = 1$;

6 a) Begründen Sie: Der Graph einer Funktion f mit $f(x) = x^2 + bx + c$ ist für alle $x \in \mathbb{R}$ eine Linkskurve.

b) Begründen Sie, dass der Graph einer Funktion f mit $f(x) = x^3 + bx^2 + cx + d$ niemals nur eine Links- oder eine Rechtskurve ist.

c) Für welche Werte von b ist der Graph einer Funktion f mit $f(x) = x^4 + bx^2$ für alle $x \in \mathbb{R}$ eine Links- bzw. eine Rechtskurve?

7 Berechnen Sie die Koordinaten der Wendepunkte der Funktion f mit $f(x) = x^5 - \frac{10}{3}x^3 + x$ und bestimmen Sie jeweils eine Gleichung der Wendetangenten.

Zur Beschreibung von Zufallsexperimenten verwendet man die Bezeichnungen **Ergebnis ω** und **Ergebnismenge** $\Omega = \{\omega_1, \omega_2, \omega_3, \ldots \omega_n\}$.
Jede Teilmenge von Ω wird dann als **Ereignis** bezeichnet. Jedem Ergebnis und jedem Ereignis ordnet man eine Wahrscheinlichkeit zu und erhält so die **Wahrscheinlichkeitsverteilung**.

Beispiel:
In einer Urne liegen drei weiße, zwei orange und eine schwarze Kugel. Man zieht blind eine Kugel, notiert ihre Farbe, legt sie zurück und zieht erneut eine Kugel. Dieser **Zufallsversuch** lässt sich wie folgt mathematisch beschreiben:

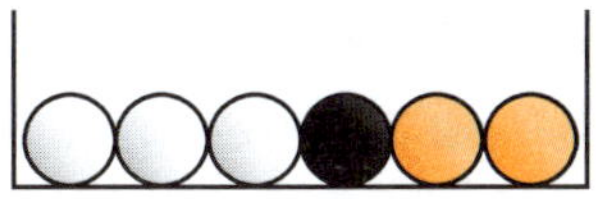

Die **Ergebnismenge Ω** besteht aus allen möglichen Ergebnissen des Zufallsversuchs. Man kann sie in der Form Ω = {ww, wo, ws, ow, oo, os, sw, so, ss} angeben, wobei „ws" das Ergebnis *„Im ersten Zug wurde eine weiße und im zweiten Zug eine schwarze Kugel gezogen"* ist.

Am zugehörigen **Baumdiagramm** kann man die Wahrscheinlichkeit eines Ergebnisses bestimmen, indem man die Wahrscheinlichkeiten längs des zugehörigen Pfades multipliziert (**Pfadregel**).

So ist $P(ws) = \frac{3}{6} \cdot \frac{1}{6} = \frac{3}{36} = \frac{1}{12}$.

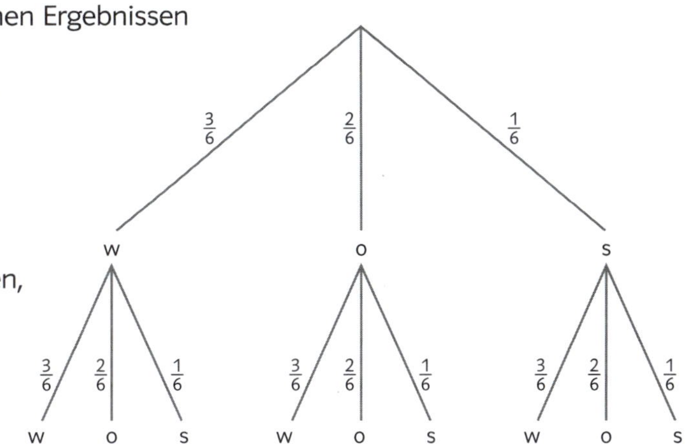

Die zugehörige **Wahrscheinlichkeitsverteilung** ist:

ω	ww	wo	ws	ow	oo	os	sw	so	ss
P(ω)	$\frac{9}{36}$	$\frac{6}{36}$	$\frac{3}{36}$	$\frac{6}{36}$	$\frac{4}{36}$	$\frac{2}{36}$	$\frac{3}{36}$	$\frac{2}{36}$	$\frac{1}{36}$

Die Summe aller Wahrscheinlichkeiten ergibt immer 1 bzw. 100 %.
E = {ws, os, ss} ist ein Ereignis. Man kann es auch in Worten beschreiben: „Im zweiten Zug wird eine schwarze Kugel gezogen."
Die Wahrscheinlichkeit von E erhält man, indem man die Wahrscheinlichkeiten der zu E gehörenden Ergebnisse addiert, $P(E) = \frac{3}{36} + \frac{2}{36} + \frac{1}{36} = \frac{6}{36} = \frac{1}{6}$ (**Summenregel**).

1 Benjamin trifft beim Elfmeterschießen mit der Wahrscheinlichkeit 70 %. Er schießt drei Elfmeter.

a) Geben Sie die Ergebnismenge an (T steht für Treffer, N für nicht getroffen).

S = {TTT, TTN, ______________________________}

b) Zeichnen Sie den zugehörigen Baum und geben Sie die Wahrscheinlichkeitsverteilung an.

ω								
P(ω)								

c) Geben Sie die folgenden Ereignisse als Mengen an und bestimmen Sie die zugehörigen Wahrscheinlichkeiten.

A: „Benjamin trifft nur einmal" ______________ P(A) = ______________

B: „Benjamin trifft genau zweimal" ______________ P(B) = ______________

C: „Benjamin trifft mindestens zweimal" ______________ P(C) = ______________

D: „Benjamin trifft höchstens einmal nicht" ______________ P(D) = ______________

Einer Sendung von Gläsern werden nacheinander drei Gläser entnommen und geprüft. Für die Warenkontrolle interessiert nicht, in welcher Reihenfolge schadhafte oder einwandfreie Gläser entnommen werden, sondern die Anzahl der schadhaften Gläser (s … schadhaft; e … einwandfrei).

Die verschiedenen Möglichkeiten kann man als Baum (3-stufiges Zufallsexperiment) oder als Ergebnismenge W = {sss, sse, ses, see, ess, ese, ees, eee} darstellen.
Weil nur die Anzahl der schadhaften Gläser interessiert, führt man dafür eine Zufallsfunktion ein, die die Werte 0, 1, 2, 3 zufällig annimmt. Man nennt sie deshalb **Zufallsgröße** und bezeichnet sie mit einem großen Buchstaben.

Für die Beschreibung eines Ereignisses gibt es folgende Möglichkeiten:
- in Worten: „In der Stichprobe ist genau ein Glas schadhaft."
- als Menge: E = {see; ese; ees}
- durch eine Zufallsvariable: X = 1

2 Erstellen Sie für die Stichprobe der oben genannten Gläser eine Verteilungstabelle der Wahrscheinlichkeiten der Zufallsgröße X, indem Sie die freien Felder ausfüllen.

Ergebnisse		see ese ees		
$X = x_i$	0	1	2	3
$P(X = x_i)$	$\frac{1}{8}$			

3 Drei Münzen werden geworfen.
a) Geben Sie die Wahrscheinlichkeitsverteilung an (K steht für „Kopf" und Z für „Zahl").

ω	KKK	KKZ	KZK					
P(ω)								

b) Geben Sie die folgenden Wahrscheinlichkeiten an.
Überlegen Sie zunächst, ob es günstig ist, das Gegenereignis $\overline{E}$ zu betrachten.

Ereignis E	Es ist günstig, $\overline{E}$ zu betrachten.	P(E)
Es fällt mindestens einmal Kopf.	ja	
Es fällt nur Kopf.		
Es fällt höchstens zweimal Kopf.		
Es fällt einmal Kopf und zweimal Zahl.		

4 Das Glücksrad rechts wird viermal gedreht. Bestimmen Sie die Wahrscheinlichkeiten der folgenden Ereignisse. Wie viele Pfade des Baumdiagramms müssen Sie betrachten?
a) Zuerst erscheint grau, dann zweimal orange und dann schwarz.
b) Es erscheint nur orange.
c) Es erscheint dreimal orange.
d) Es erscheint genau beim ersten und dritten Mal schwarz.

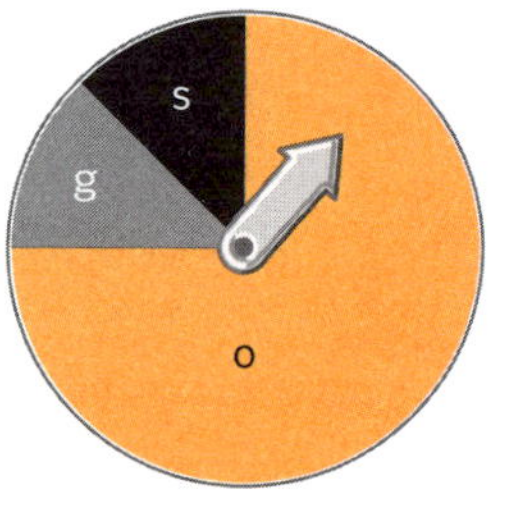

5 Zwei Würfel werden geworfen und es wird die Augensumme notiert. Wie groß ist die Wahrscheinlichkeit,
a) dass die Augensumme 4 ist?
b) dass die Augensumme 9 ist?
c) dass die Augensumme mindestens 11 ist?
d) dass die Augensumme kleiner als 5 ist?

Erwartungswert und Varianz einer Zufallsgröße

Der **Erwartungswert** μ einer Zufallsgröße X gibt an, welcher Wert für X im Durchschnitt bei einer großen Anzahl von Durchführungen des zugehörigen Zufallsexperiments zu erwarten ist.
Um ihn zu berechnen, bestimmt man die Wahrscheinlichkeitsverteilung von X. Dann multipliziert man jeden Wert, den X annehmen kann, mit seiner Wahrscheinlichkeit und addiert die Ergebnisse.
Als Formel: $\mu = x_1 \cdot P(X = x_1) + x_2 \cdot P(X = x_2) + \ldots + x_n \cdot P(X = x_n)$. Dabei sind $x_1, x_2, \ldots x_n$ die Werte der Zufallsgröße X und $P(X = x_i)$ bezeichnet die Wahrscheinlichkeit, dass X den Wert x_i annimmt.

Beispiel: Man setzt zunächst 1€ und würfelt dann. Wenn eine Eins fällt, erhält man 1€ ausbezahlt. Wenn eine Sechs fällt, erhält man 4€ ausbezahlt. Ansonsten erhält man keine Auszahlung.
Die Zufallsgröße X beschreibt den Gewinn, sie kann die Werte −1, 0 oder 3 annehmen

(Gewinn = Auszahlung − Einsatz). Die Tabelle zeigt die Wahrscheinlichkeitsverteilung von X.

Der Erwartungswert von X ist: $\mu = -1 \cdot \frac{4}{6} + 0 \cdot \frac{1}{6} + 3 \cdot \frac{1}{6} = -\frac{1}{6} \approx -0{,}17$.

Wenn man das Spiel sehr oft spielt, wird man also auf lange Sicht im Durchschnitt pro Spiel ca. 17 ct verlieren.
Der Erwartungswert liefert eine Prognose für den Mittelwert bei einer großen Anzahl von Durchführungen des Zufallsexperiments.

g	−1	0	3
P(X = g)	$\frac{4}{6}$	$\frac{1}{6}$	$\frac{1}{6}$

1 Berechnen Sie den Erwartungswert der Zufallsgröße X, deren Wahrscheinlichkeitsverteilung in der Tabelle angegeben ist.

k	−5	−2	0	3	6
P(X = k)	28 %	22 %	18 %	15 %	17 %

2 Bei einem Spiel beträgt der Einsatz 1€. Man wirft mit zwei Würfeln. Die Auszahlung beträgt bei einer Sechs 1€, bei zwei Sechsen 10€ und ansonsten 0€. Die Zufallsgröße X gibt den Gewinn in Euro an.

a) X nimmt die Werte ______________________ an.

b) Vervollständigen Sie das Baumdiagramm und tragen Sie in der Tabelle die Wahrscheinlichkeitsverteilung von X ein.

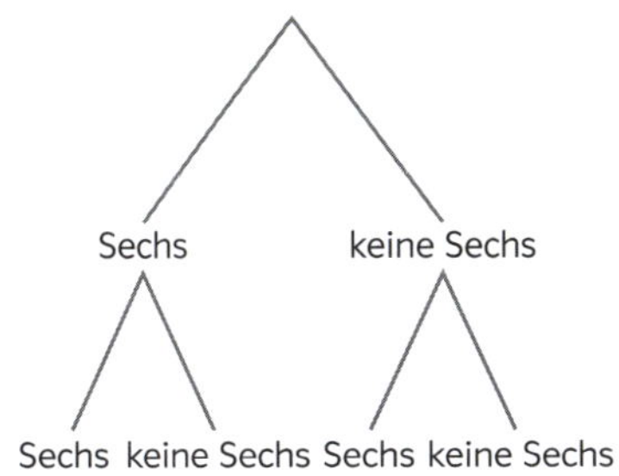

c) Der Erwartungswert von X ist μ = ______________________.

Man kann ihn wie folgt interpretieren: ______________________

____

______________________.

g			
P(X = g)			

d) Nun ändert man die Auszahlung bei zwei Sechsen auf 40€.
Wie verändert dies den Erwartungswert von X?

Beim Beispiel aus obigem Kasten beträgt der Erwartungswert für den Gewinn rund −17 ct. Bei diesem Spiel verliert man somit auf lange Sicht und der Gegner („die Bank") gewinnt. Wenn der Erwartungswert positiv ist, ist es umgekehrt. Ein Spiel nennt man **fair**, wenn der Erwartungswert für den Gewinn 0 ist.

Beispiel: Wenn beim Spiel im Kasten oben die Auszahlung bei einer Sechs 5€ beträgt, ist das Spiel fair.
Dann beträgt der Erwartungswert für den Gewinn $\mu = -1 \cdot \frac{4}{6} + 0 \cdot \frac{1}{6} + 4 \cdot \frac{1}{6} = 0$.

3 Die Tabelle gibt die Wahrscheinlichkeitsverteilung für die Zufallsgröße „Gewinn in €" bei einem Spiel an.
a) Berechnen Sie den Erwartungswert.
b) Der Wert 12 soll so geändert werden, dass das Spiel fair wird.

g	−8	0	4	12
P(X = g)	$\frac{3}{8}$	$\frac{2}{8}$	$\frac{2}{8}$	$\frac{1}{8}$

Es muss gelten: $-8 \cdot \frac{3}{8} +$ ______________________ $+ x \cdot \frac{1}{8} =$ __________. Also muss x = __________ sein.

c) Verändern Sie (in der ursprünglichen Wahrscheinlichkeitsverteilung) den Wert 4 so, dass das Spiel fair wird.

4 Bei einem Einsatz von 50 ct darf man das Glücksrad rechts zweimal drehen. Wenn einmal das orange Feld erscheint, erhält man 1 € ausgezahlt. Wenn es beide Male erscheint, erhält man 3 €. Ansonsten bekommt man keine Auszahlung.

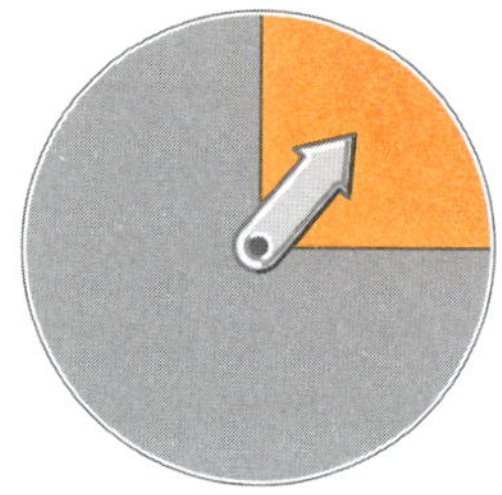

a) Tragen Sie in die Tabelle die Wahrscheinlichkeitsverteilung für die Zufallsgröße X „Gewinn" ein.

b) Berechnen Sie den Erwartungswert für den Gewinn?

c) Wie muss man die Auszahlung bei zweimal orange ändern, damit das Spiel fair wird?

d) Wie muss man den Einsatz ändern, damit das Spiel fair wird?

g			
P(X = g)			

Varianz und **Standardabweichung** sind Maße dafür, wie weit die Werte um ihren Erwartungswert streuen.

Als Varianz errechnet man den Erwartungswert der quadratischen Abweichung der ermittelten Werte vom Erwartungswert, also $\mathrm{Var}(X) = (x_1 - \mu)^2 \cdot P(X = x_1) + (x_2 - \mu)^2 \cdot P(X = x_2) + \ldots + (x_n - \mu)^2 \cdot P(X = x_n)$.

Dabei ist die Standardabweichung $\sigma = \sqrt{\mathrm{Var}(X)}$,

also $\sigma = \sqrt{(x_1 - \mu)^2 \cdot P(X = x_1) + (x_2 - \mu)^2 \cdot P(X = x_2) + \ldots + (x_n - \mu)^2 \cdot P(X = n)}$.

5 Berechnen Sie den Erwartungswert, die Varianz und die Standardabweichung der Zufallsgröße X, deren Wahrscheinlichkeitsverteilung in der Tabelle angegeben ist.

a)

k	−1	0	1	2
P(X = k)	0,3	0,2	0,2	0,3

μ_X = ______________________ = ______

$(k - \mu_X)$				
$(k - \mu_X)^2$				

Var(X) = ______________________ = ______

σ_X = ______

b)

k	−1	0	1	2
P(Y = k)	0,1	0,4	0,4	0,1

μ_Y = ______________________ = ______

$(k - \mu_Y)$				
$(k - \mu_Y)^2$				

Var(Y) = ______________________ = ______

σ_Y = ______

c) Interpretieren Sie die berechneten Werte.

6 Ein Würfel wird geworfen. Bestimmen Sie den Erwartungswert und die Standardabweichung für die Zufallsgröße „Augenzahl".

7 Bei einem Spiel beträgt der Einsatz 2 €. Man wirft einen Würfel und danach eine Münze. Wenn Kopf fällt, bekommt man die Augenzahl, die der Würfel zeigt, in Euro ausbezahlt. Wenn Zahl fällt, muss man die Augenzahl, die der Würfel zeigt, an die Bank zahlen.

a) Bestimmen Sie die Wahrscheinlichkeitsverteilung und den Erwartungswert für den Gewinn.

b) Wie muss man den Einsatz ändern, damit das Spiel fair ist?

8 Das Glücksrad rechts wird dreimal gedreht. Die Zufallsgröße X gibt die Summe der Zahlen an.

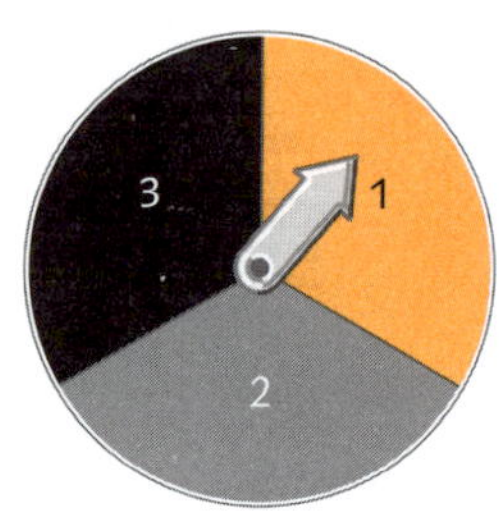

a) Bestimmen Sie die Wahrscheinlichkeitsverteilung von X und stellen Sie diese graphisch dar.

b) Berechnen Sie den Erwartungswert und die Varianz von X.

Ziehen aus einer Urne mit Beachtung der Reihenfolge

Aus einer Urne mit n unterschiedlichen Kugeln gleicher Größe, Gewicht und Oberflächenbeschaffenheit werden nacheinander k Kugeln gezogen.

Ziehen mit Zurücklegen:

Bei jedem Zug hat man n Möglichkeiten, also beim 1. Zug n *und* beim 2. Zug n *und* … *und* beim k-ten Zug n Möglichkeiten. Das sind also $n \cdot n \cdot n \cdot \ldots \cdot n = n^k$ Möglichkeiten.

Ziehen ohne Zurücklegen:

Beim 1. Zug hat man n Möglichkeiten *und* beim 2. Zug $n - 1$ *und* beim 3. Zug $n - 2$ *und* … *und* beim k-ten Zug $n - (k - 1)$ Möglichkeiten. Das sind also $n \cdot (n - 1) \cdot (n - 2) \cdot \ldots \cdot (n - k + 1)$ Möglichkeiten.

Beispiel: Aus den Ziffern 1, 2, 3, 4 und 5 sollen dreistellige Zahlen gebildet werden. Wie viel Möglichkeiten gibt es, wenn

a) alle Ziffern unterschiedlich sein müssen,

b) Ziffern in den Zahlen auch mehrfach vorkommen können?

In der Urne befinden sich fünf Kugeln mit den entsprechenden Ziffern. Es werden nacheinander drei Ziffern gezogen.

a) ohne Zurücklegen: $5 \cdot 4 \cdot 3 = 60$ unterschiedliche Zahlen.

b) mit Zurücklegen: $5 \cdot 5 \cdot 5 = 5^3 = 125$ unterschiedliche Zahlen.

1 Eine Dualzahl besteht aus den Ziffern 0 und 1 (z. B. 10011). Wie viele unterschiedliche fünfstellige Dualzahlen lassen sich bilden?

Die erste Ziffer darf keine ______ sein, da die Dualzahl dann nicht ________________ ist. In der Urne befinden sich ____ Kugeln, die __________________________ repräsentieren. Es wird _________-mal ________ Zurücklegen gezogen und die Ziffer notiert. Dann gibt es _______ = 16 unterschiedliche fünfstellige Dualzahlen.

Mithilfe der Bestimmung von Anzahlen kann man Wahrscheinlichkeiten berechnen, die man auf ein Zufalls-Experiment zurückführen kann, bei dem alle Ergebnisse gleich wahrscheinlich sind (**Laplace-Experiment**). Dann gilt für die Wahrscheinlichkeit des Ereignisses E: $P(E) = \frac{\text{Anzahl der günstigen Ergebnisse}}{\text{Anzahl der möglichen Ergebnisse}}$.

Beispiel: In Johannas Mathematik-Grundkurs sind 22 Schülerinnen und Schüler. Von diesen werden zwei Schüler für zwei unterschiedliche Vortragsthemen ausgelost. Wie groß ist die Wahrscheinlichkeit, dass Johanna einen dieser Vorträge halten muss.

Lösung: Insgesamt gibt es $22 \cdot 21$ Möglichkeiten für die Verteilung dieser Vorträge. Bei $2 \cdot 21$ Möglichkeiten muss Johanna einen der beiden Vorträge halten.

Somit beträgt die Wahrscheinlichkeit, dass Johanna einen dieser Vorträge halten muss: $\frac{2 \cdot 21}{22 \cdot 21} = \frac{1}{11}$.

2 Fünf Freunde gehen zusammen ins Kino. Sie haben in der 11. Reihe die Plätze 9, 10, 11, 12 und 13. Es wird ausgelost, wer auf welchem Platz sitzt.

a) Wie viel mögliche Sitzordnungen gibt es?

b) Wie viel mögliche Sitzordnungen gibt es, bei denen Julian auf Platz 10 und Dick auf Platz 11 sitzen?

c) Wie viel mögliche Sitzordnungen gibt es, bei denen Julian und Dick nebeneinander sitzen?

d) Wie groß ist die Wahrscheinlichkeit, dass Julian in der Mitte sitzt?

e) Wie groß ist die Wahrscheinlichkeit, dass Julian auf Platz 10, Dick auf Platz 12 und Anne auf Platz 13 sitzen?

3 Geben Sie bei den folgenden Aufgaben an, ob die Kugeln aus der Urne mit oder ohne Zurücklegen gezogen werden und berechnen Sie die gesuchte Anzahl.

a) Fünf Personen sitzen nebeneinander auf einer Bank. Wie viele Möglichkeiten gibt es dafür?

b) Wie viele verschiedene dreistellige Zahlen lassen sich aus den Ziffern 2, 4, 5, und 7 bilden?

c) Aus einem fünfköpfigen Vorstand werden der 1. Vorsitzende, der 2. Vorsitzende und ein Kassierer gewählt. Wie viele Möglichkeiten gibt es dafür?

Kommt es nicht auf die Reihenfolge der k gezogenen Kugeln an, dann gehören alle k! Umordnungen zur gleichen Möglichkeit.
Die Anzahl der Möglichkeiten, aus einer Urne von n Kugeln k Kugeln mit einem Griff zu ziehen, ist dann
$\frac{n \cdot (n-1) \cdot \ldots \cdot (n-k+1)}{k!} = \frac{n!}{k! \cdot (n-k)!}$.

Diesen Ausdruck bezeichnet man auch als Binomialkoeffizienten $\binom{n}{k}$ (gesprochen: n über k).

Beispiel: Wie viele Möglichkeiten gibt es, aus einer Urne mit 8 unterschiedlichen Kugeln 3 Kugeln mit einem Griff zu ziehen?

Es ist $n = 8$ und $k = 3$, also berechnet man $\binom{8}{3} = \frac{8 \cdot 7 \cdot 6}{1 \cdot 2 \cdot 3} = 56$.

Viele Taschenrechner können Fakultäten und Binomialkoeffizienten (Funktionen „!" und „nCr") auch direkt berechnen. Wie man 8! und $\binom{8}{3}$ mit dem CAS berechnet, zeigen die Screenshots:

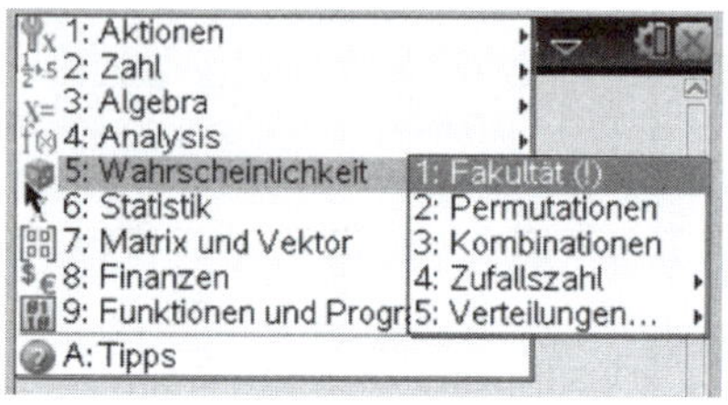

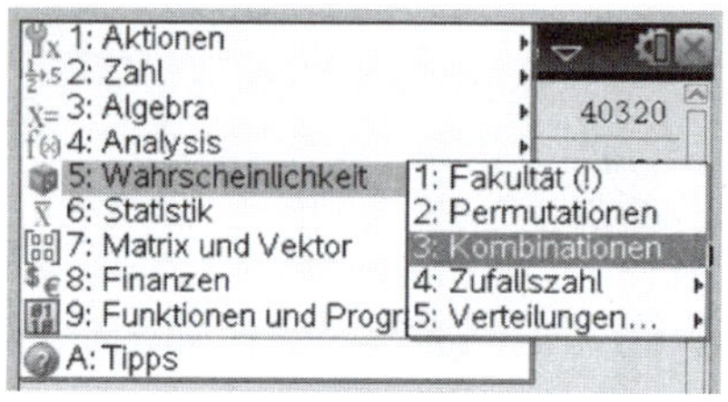

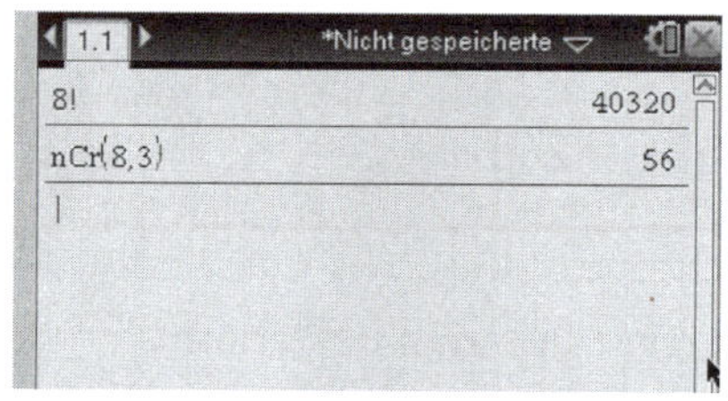

1 Berechnen Sie.

a) $4! =$ ______ b) $9! =$ ______ c) $\binom{8}{3} =$ ______ d) $\binom{4}{0} =$ ______

e) $\binom{4}{1} =$ ______ f) $\binom{4}{2} =$ ______ g) $\binom{4}{3} =$ ______ h) $\binom{4}{4} =$ ______

2 Auf einem Firmenparkplatz gibt es 18 Plätze. Es kommen 10 Firmenmitarbeiter mit dem Auto zur Arbeit. Auf wie viele Arten können die frei bleibenden Parkplätze angeordnet sein?

Befinden sich zwei verschiedene Arten von Kugeln in einer Urne und es wird eine bestimmte Anzahl mit einem Griff gezogen, dann spricht man vom Stichproben- oder auch Lottomodell.

Beispiel: Einem Behälter mit 30 brauchbaren und 5 unbrauchbaren Batterien werden zufällig 10 Batterien entnommen. Wie groß ist die Wahrscheinlichkeit, dass sich genau 2 unbrauchbare Batterien darunter befinden?

Lösung: Anzahl aller Möglichkeiten: $\binom{35}{10}$

Anzahl der Möglichkeiten, in der Stichprobe genau 2 unbrauchbare zu finden: Von den 30 brauchbaren sind 8 **und** von den 5 unbrauchbaren sind 2 in der Stichprobe, also $\binom{30}{8} \cdot \binom{5}{2}$.

Es ist $P(A) = \frac{\binom{30}{8} \cdot \binom{5}{2}}{\binom{35}{10}} \approx 0{,}319$.

3 In Annas Mathematikkurs sind 8 Jungen und 10 Mädchen. Es sollen sich zwei Personen aus diesem Kurs für die nächste Unterrichtsstunde drei passende Aufgaben ausdenken.
a) Wie viele Möglichkeiten gibt es dafür, diese zwei Personen auszuwählen?
b) Wie groß ist die Wahrscheinlichkeit, dass Personen beiderlei Geschlechts ausgelost werden?
c) Wie groß ist die Wahrscheinlichkeit, dass Personen gleichen Geschlechts ausgelost werden?
d) Mit welcher Wahrscheinlichkeit ist Anna bei den ausgelosten Personen?

Vom Bernoulliexperiment zur Binomialverteilung

Ein **Bernoulli-Experiment** ist ein Zufallsversuch mit genau zwei Ausgängen, die man als **Treffer** und **Niete** bezeichnet. Die Wahrscheinlichkeit für einen Treffer bezeichnet man mit p. Die Wahrscheinlichkeit für eine Niete ist dann $1 - p$.
Eine **Bernoulli-Kette** der Länge n besteht aus n unabhängigen Durchführungen eines Bernoulli-Experiments.

Formel von Bernoulli:
Bei einer Bernoulli-Kette der Länge n und der Trefferwahrscheinlichkeit p beträgt die Wahrscheinlichkeit für r Treffer: $P(X = r) = \binom{n}{r} \cdot p^r \cdot (1 - p)^{n-r}$
Die Zufallsgröße X zählt dabei die Treffer.

Beispiel:
Aus einer Urne mit 4 roten und 6 schwarzen Kugeln werden nacheinander 10 Kugeln gezogen. Es wird jeweils die Farbe notiert und dann wird die Kugel wieder zurückgelegt. Wenn X die Anzahl der gezogenen roten Kugeln beschreibt, dann ist X **binomialverteilt** mit den Parametern $n = 10$ und $p = 0{,}4$. Denn wegen des Zurücklegens sind die einzelnen Ziehungen unabhängig und die Trefferwahrscheinlichkeit beträgt bei jeder Durchführung des Versuchs 0,4.

Die Wahrscheinlichkeit genau 3 rote Kugeln zu ziehen beträgt dann
$P(X = 3) = \binom{10}{3} \cdot 0{,}4^3 \cdot 0{,}6^7 = 120 \cdot 0{,}064 \cdot 0{,}0279936 \approx 0{,}2150.$

1 Ist der Zufallsversuch eine Bernoulli-Kette? Kreuzen Sie an.

	Bernoulli-Kette
a) Ein Würfel wird 100-mal geworfen. Es wird gezählt, wie oft eine Sechs geworfen wird.	☐
b) Ein gezinkter Würfel wird 100-mal geworfen. Es wird gezählt, wie oft eine Sechs geworfen wird.	☐
c) Ein Legostein wird 20-mal geworfen. Es wird gezählt, wie oft er auf der Seite landet.	☐
d) In einer Urne befinden sich acht rote und drei schwarze Kugeln. Es wird nacheinander eine Kugel gezogen (ohne Zurücklegen) und notiert, ob sie rot ist.	☐
e) Eine Glücksrad wird dreimal gedreht. Es wird gezählt, wie oft das blaue Feld erscheint.	☐
f) Ein Mathematik-Kurs besteht aus 11 Schülerinnen und 9 Schülern. Es werden 8 Personen nacheinander ausgewählt und ihr Geschlecht wird notiert.	☐
g) Es werden 1000 Bundesbürger befragt, ob sie für eine Pkw-Maut auf Autobahnen sind. Die Anzahl der Befürworter wird notiert.	☐

2 Geben Sie die Länge und die Trefferwahrscheinlichkeit der folgenden Bernoulli-Ketten an.
a) Eine Münze wird fünfzigmal geworfen. Es wird gezählt, wie oft Kopf fällt.
b) Ein Fußballspieler hat beim Elfmeterschießen eine Trefferquote von 70 %. Er schießt zehn Elfmeter und dabei wird gezählt, wie oft er trifft.
c) Eine Maschine stellt Muttern her. Erfahrungsgemäß haben 2 % einen Grat. Aus 1000 Muttern werden 30 entnommen und es wird gezählt, wie viele einen Grat haben.
d) In Deutschland verfügen ca. 80 % der Haushalte über einen Internetzugang. Es werden 1000 Haushalte ausgewählt und befragt, ob Sie einen Internetzugang haben.

3 Gegeben ist eine Bernoulli-Kette der Länge sechs und der Trefferwahrscheinlichkeit $p = 0{,}3$.

a) P(X = 2) = (____) · ____ · (1 – ____)$^{\_\_}$ = ________ b) P(X = 5) = (____) · ____ · (1 – ____)$^{\_\_}$ = ________

c) P(X = 0) = (____) · ____ · (1 – ____)$^{\_\_}$ = ________ d) P(X = 6) = (____) · ____ · (1 – ____)$^{\_\_}$ = ________

4 Das Glücksrad rechts wird zehnmal gedreht. Es wird gezählt, wie oft das Euro-Zeichen kommt.

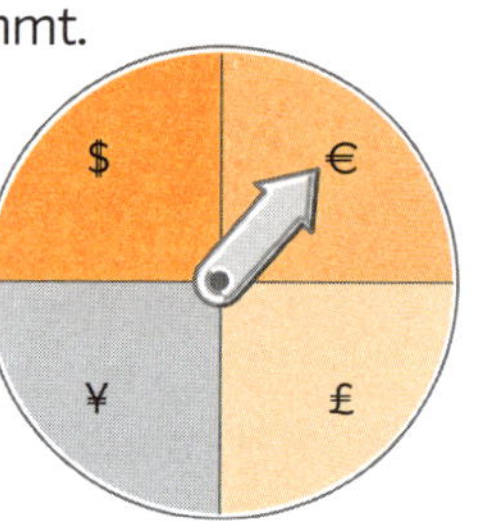

a) $P(X = 4) =$ ______________________________________.

b) $P(X = 0) =$ ______________________________________.

c) $P(X \leq 2) = P(X =$ ____ $) + P(X =$ ____ $) + P(X =$ ____ $)$

$=$ ____.

5 Marlene macht zehn Tage Urlaub auf Fuerteventura. Die Regenwahrscheinlichkeit beträgt in dieser Jahreszeit täglich 12 %. Mit welcher Wahrscheinlichkeit

a) regnet es nie,

b) regnet es an genau zwei Tagen,

c) regnet es an höchstens zwei Tagen,

d) regnet es mehr als fünf Tage.

Lösung:

X ist die Anzahl der ________________, die Länge der Bernoullikette ist ___, die Wahrscheinlichkeit des Bernoulliexperiments ist _____.

a) $P(X$ ____ $) = \binom{\square}{\square} \square^{\square} \square^{\square} \approx$ ________________

b) $P(X$ ____ $) = \binom{\square}{\square} \square^{\square} \square^{\square} \approx$ ________________

c) $P(X$ ____ $) =$ ______________________________

d) $P(X$ ____ $) =$ ______________________________

Bei der Anwendung der Formel von Bernoulli ist es manchmal günstig, die Wahrscheinlichkeit des **Gegenereignisses** zu bestimmen.

Beispiel: Es wird 15-mal eine Münze geworfen. Gesucht ist die Wahrscheinlichkeit, dass höchstens 12-mal Kopf fällt. Bei der direkten Berechnung müsste man 13 Wahrscheinlichkeiten mit der Formel von Bernoulli bestimmen und diese addieren: $P(X = 0) + P(X = 1) + P(X = 2) + P(X = 3) + \ldots + P(X = 11) + P(X = 12)$.
Bei der Berechnung des Gegenereignisses genügt es, drei Wahrscheinlichkeiten zu bestimmen:
$P(X = 13) + P(X = 14) + P(X = 15) = 0{,}00320 + 0{,}00046 + 0{,}00003 = 0{,}00369$.
Damit ergibt sich: $P(X \leq 12) = 1 - P(X \geq 13) = 1 - 0{,}00369 = 0{,}99631$.

6 Gegeben ist eine Bernoulli-Kette der Länge 20. Bei der Berechnung welcher der folgenden Wahrscheinlichkeiten ist es einfacher das Gegenereignis zu verwenden? Kreuzen Sie an.

	Berechnung über das Gegenereignis ist einfacher
a) $P(X \leq 2)$	☐
b) $P(X \leq 16)$	☐
c) $P(X \geq 16)$	☐
d) Die Wahrscheinlichkeit für mindestens 15 Treffer.	☐
e) Die Wahrscheinlichkeit für mehr als 5 Treffer.	☐

Formulieren Sie gegebenenfalls auch den Ansatz mithilfe des Gegenereignisses.

7 In einer Urne befinden sich 50 Kugeln, von denen 5 Kugeln schwarz sind. Es werden 8 Kugeln nacheinander gezogen und wieder in die Urne zurückgelegt. Gezählt wird die Anzahl schwarzer Kugeln.

a) Zeigen Sie, dass keine Bernoullikette der Länge 8 vorliegt, wenn die gezogene Kugel nicht zurückgelegt wird.

b) Geben Sie jeweils für die Berechnung der Wahrscheinlichkeit der Anzahl schwarzer Kugeln einen günstigen Ansatz an.

(1) keine
(2) mindestens eine
(3) weniger als 6
(4) genau 5
(5) höchstens eine
(6) alle 8
(7) mehr als 3, aber weniger als 5
(8) mindestens 3, aber höchstens 4

Wenn die Zufallsgröße X die Treffer bei einer Bernoulli-Kette der Länge n und der Trefferwahrscheinlichkeit p zählt, so nennt man die Wahrscheinlichkeitsverteilung von X **Binomialverteilung** mit den Parametern n und p. Die Zufallsgröße X heißt dann **binomialverteilt** mit den Parametern n und p.
Für $P(X = k)$ schreibt man auch $B_{n;\,p}(r)$ und für $P(X \leq k)$ schreibt man auch $F_p^n(r)$.
Da $F_p^n(r) = P(X = 0) + P(X = 1) + \ldots + P(X = k)$ nennt man $F_p^n(r)$ **kumulierte Wahrscheinlichkeit**.
Mit diesen Funktionen kann man auch die Wahrscheinlichkeiten der Form $P(X \geq k)$ und $P(r \leq X \leq s)$ bestimmen.

Beispiele: $P(X \geq 7) = 1 - P(X \leq 6) = 1 - F_p^n(6)$, da $X \leq 6$ das Gegenereignis von $X \geq 7$ ist.
$P(3 \leq X \leq 8) = P(X \leq 8) - P(X \leq 2) = F_p^n(8) - F_p^n(2)$, da $X \leq 2$ das Gegenereignis von $X \geq 3$ ist.

1 Drücken Sie die folgenden Wahrscheinlichkeiten mithilfe der kumulierten Wahrscheinlichkeiten $F_p^n(r)$ aus.

$P(X \geq 5)$ | $1 - P(X \leq 13)$ | $P(X > 14)$ | $P(X \leq 9) - P(X \leq 3)$ | $1 - P(X \leq 14)$ | $P(X \leq 11)$ | $P(X < 12)$ | $1 - P(X \leq 5)$ | $P(3 < X < 10)$ | $P(3 \leq X \leq 10)$ | $P(X \leq 10) - P(X \leq 3)$ | $1 - P(X \leq 4)$ | $P(X \leq 9) - P(X \leq 2)$ | $P(X \leq 10) - P(X \leq 2)$

Sowohl $P(X = r)$ als auch $P(X \leq r)$ lassen sich bei gegebenen Parametern n und p prinzipiell mit der Formel von Bernoulli berechnen. Für große n wird dies, insbesondere bei der kumulierten Wahrscheinlichkeit, jedoch sehr umständlich oder gar praktisch nicht mehr durchführbar. Es gibt allerdings mehrere Hilfsmittel, mit denen man diese Wahrscheinlichkeiten bestimmen kann.

1. Computerprogramme (z. B. Tabellenkalkulationsprogramme) und CAS-Rechner
Mitunter lassen sich bei diesen Hilfsmitteln auch Intervalle einstellen, sodass der Weg über das Gegenereignis bzw. das Zusammensetzen von Wahrscheinlichkeiten vermieden werden kann.
Beispiel:
Der Hersteller von Gummibärchen produziert 28 % rote. Wie groß ist die Wahrscheinlichkeit, dass in einer Tüte mit 143 Gummibärchen mindestens 40 rote sind.
Zu berechnen ist für $n = 143$ und $p = 0{,}28$ die kumulierte Wahrscheinlichkeit $P(X \geq 40)$.

Tabellenkalkulation:

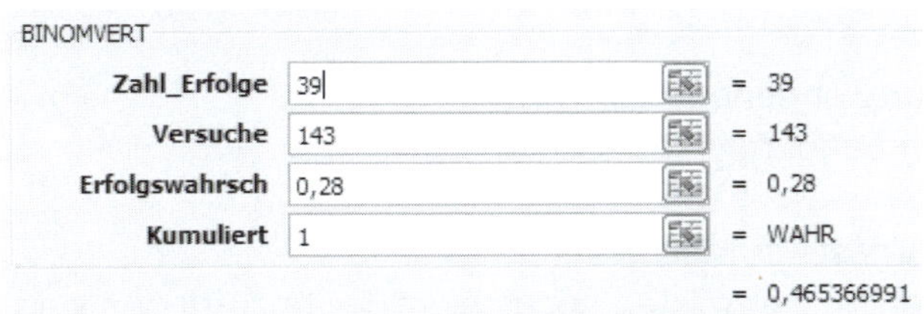

$P(X \geq 40) = 1 - P(X \leq 39) = 1 - 0{,}465367 \approx 0{,}53$

CAS-Rechner:

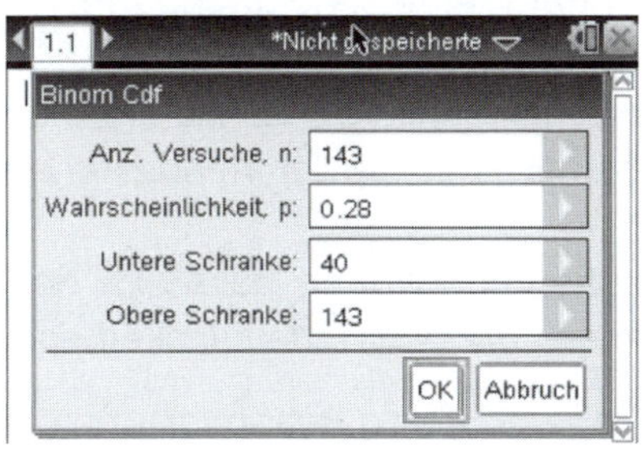

binomCdf(143,0.28,40,143) 0,534633

2. Tabellen
In Formelsammlungen findet man Tabellen, die Werte von $B_{n;\,p}$ und F_p^n für häufig vorkommende Parameter n und p enthalten.

2 Für eine binomialverteilte Zufallgröße X mit den Parametern $n = 50$ und $p = 0{,}03$ sind die folgenden Wahrscheinlichkeiten zu berechnen.

a) $P(X = 2) =$ ______________________ ≈ ______ b) $P(X < 2) =$ ______________________ ≈ ______

c) $P(X \geq 2) =$ ______________________ ≈ ______ d) $P(1 < X \leq 3) =$ ______________________ ≈ ______

3 Von den 350 Schülerinnen und Schüler der Klasse 12 besuchen 42 den Latein-Kurs.
Mit welcher Wahrscheinlichkeit haben von 25 zufällig ausgewählten Schülerinnen und Schülern

a) genau drei Latein,
b) weniger als drei Latein,
c) höchstens drei Latein,
d) mindestens drei Latein,
e) höchstens sechs Latein,
f) keine Schülerin und kein Schüler Latein.

4 Bei einem Mathetest gibt es zehn Fragen mit jeweils fünf Antworten, von denen nur eine richtig ist. Karl kreuzt bei jeder Frage rein zufällig eine Antwort an. Die Zufallsgröße X beschreibt die Anzahl richtiger Antworten bei diesem Test.

(1) Zeigen Sie, dass X binomialverteilt ist, und geben Sie dafür die Parameter n und p an.

____. $n =$ ______; $p =$ ______

(2) Mit welcher Wahrscheinlichkeit hat er

a) genau drei richtige Antworten,
b) mindestens drei richtige Antworten,
c) höchstens zwei richtige Antworten,
d) mehr als drei richtige Antworten.

a) $P(X = 3) =$ ____ ≈ ______

b) $P(X$ ______$) = 1 - P(X$ ______$) =$ ______________________________ ≈ ______

c) $P(X$ ______$) =$ ____ ≈ ______

d) $P(X$ ______$) =$ ______________ $=$ ______________________________ ≈ ______

5 Bei der Herstellung von Schrauben ist p die Wahrscheinlichkeit, mit der eine Schraube unbrauchbar ist. Die Wahrscheinlichkeit, dass bei einer Stichprobe von 100 Schrauben mindestens eine Schraube defekt ist, darf höchstens 10 % betragen. Für welche Werte von p ist das der Fall?

6 Die Firma *ElSafe* stellt Sicherungen mit einer Ausschussquote von 5 % her.
a) Der Produktion werden 50 Sicherungen zu Prüfzwecken entnommen. Bestimmen Sie die Wahrscheinlichkeit für die Ereignisse
A: genau drei Sicherungen sind defekt,
B: höchstens drei Sicherungen sind defekt,
C: alle Sicherungen sind in Ordnung,
D: nur die letzten drei entnommenen Sicherungen sind defekt.
b) Ein Elektrogroßhändler erhält von *ElSafe* zehn Sendungen. Jeder Sendung entnimmt er zwei Sicherungen und überprüft sie. Er nimmt eine Sendung nur an, wenn er bei der Kontrolle nur einwandfreie Sicherungen findet.
Wie groß ist die Wahrscheinlichkeit, dass die erste Sendung angenommen wird?
Mit welcher Wahrscheinlichkeit werden mindestens zehn Sendungen angenommen?

7 Ein Verkehrsunternehmen gibt an, dass 95 % der Fahrgäste zufrieden sind.
a) Wie hoch ist demnach die Wahrscheinlichkeit, dass von 50 Fahrgästen höchstens zwei unzufrieden sind?
b) Stellen Sie eine Frage, zu deren Beantwortung die Wahrscheinlichkeit $\binom{50}{2} \cdot 0{,}95^{48} \cdot 0{,}05^2$ berechnet wird.
c) Wie viele Fahrgäste müssen mindestens befragt werden, damit mit einer Wahrscheinlichkeit von mindestens 90 % mindestens einer davon unzufrieden ist?

8 Ein Reiseunternehmer nimmt höchstens 50 Buchungen für ein Feriendorf mit 45 Betten an, da erfahrungsgemäß 10 % der Buchungen wieder rückgängig gemacht werden.
Beschreiben Sie, wie man die Wahrscheinlichkeit berechnet, dass er zu viele Buchungen angenommen hat.

Erwartungswert und Varianz der Binomialverteilung

Für eine binomialverteilte Zufallsgröße X mit den Parametern n und p ist der Erwartungswert $\mu = n \cdot p$, die Varianz $\sigma^2 = n \cdot p \cdot q = n \cdot p \cdot (1 - p)$ und die Standardabweichung $\sigma = \sqrt{n \cdot p \cdot (1 - p)}$.

Der Graph der Verteilung von X hat Glockenform. Das Maximum befindet sich an der Stelle μ bzw. (falls μ nicht ganzzahlig ist) bei der nächstkleineren oder der nächstgrößeren ganzen Zahl.

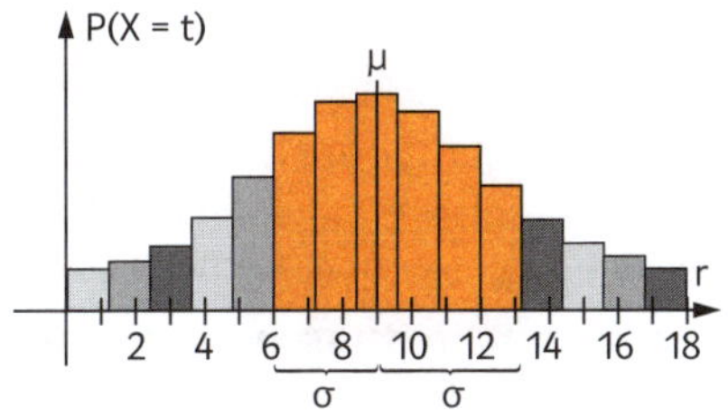

Beispiel: Eine binomialverteilte Zufallsvariable mit den Parametern $n = 30$ und $p = 0,3$ hat den Erwartungswert $\mu = 30 \cdot 0,3 = 9$ und die Standardabweichung $\sigma = \sqrt{30 \cdot 0,3 \cdot 0,7} \approx 2,51$.

1 Die Zufallsgröße X ist binomialverteilt. Füllen Sie die Tabelle aus.

n	20	20	20		120			150
p	0,2	0,5	0,9	0,5	$\frac{1}{3}$	0,7	$\frac{1}{6}$	
μ				200		35		
σ							$\frac{10}{3}$	6
σ²							$\frac{100}{9}$	36

2 Die Zufallsgröße X ist binomialverteilt mit dem Parameter $p = 0,5$.

a) Füllen Sie die Tabelle aus.

n	50	100	200	400
μ				
σ				

b) Skizzieren Sie mithilfe eines Rechners die zugehörigen Graphen.

c) Wie verändert sich der Erwartungswert, wenn n verdoppelt (verdreifacht, halbiert) wird? Begründen Sie dies mithilfe der Formel für μ.

d) Wie verändert sich der Wert der Standardabweichung, wenn n verdoppelt (verdreifacht, halbiert) wird? Begründen Sie dies mithilfe der Formel für σ.

3 Die Zufallsgröße X ist binomialverteilt.

a) Füllen Sie die Tabelle aus.

n	p	μ	σ	σ-Intervall $[\mu - \sigma; \mu + \sigma]$	2σ-Intervall $[\mu - 2\sigma; \mu + 2\sigma]$	3σ-Intervall $[\mu - 3\sigma; \mu + 3\sigma]$
50	0,6					
80	0,1					
	0,65	65				
	0,92	18,4				

b) Füllen Sie die Tabelle aus. Berechnen Sie dabei die Wahrscheinlichkeiten für die σ-Intervalle mit einem geeigneten Rechner.

n	p	Wahrscheinlichkeit für das σ-Intervall	Wahrscheinlichkeit für das 2σ-Intervall	Wahrscheinlichkeit für das 3σ-Intervall
50	0,6			
80	0,1			
100	0,65			
20	0,92			

Beim Testen kennt man die Trefferwahrscheinlichkeit nicht. Man hat jedoch eine Vermutung (**Hypothese**) und möchte mithilfe einer Stichprobe entscheiden, ob man die Vermutung beibehalten oder verwerfen soll. Die Vermutung bezeichnet man als **Nullhypothese H_0** mit der Wahrscheinlichkeit $p = p_0$.
Man vereinbart, dass die Nullhypothese abgelehnt werden soll, wenn die Stichprobe vom Umfang n eine bestimmte Anzahl von Treffern ergibt, und bezeichnet diesen Bereich als **Ablehnungsbereich K**.
Die **Gegenhypothese** wird mit **H_1** bezeichnet und hat die Wahrscheinlichkeit p_1.
Kennt man den Wert p_1 als Wahrscheinlichkeit der Gegenhypothese, dann nennt man den Test **Alternativtest**.

Für die Wahrscheinlichkeiten beider Hypothesen gibt es folgende Möglichkeiten:

(1)	$p_1 > p_0$	rechtsseitiger Test	Ablehnungsbereich: $K = \{g, g+1, \dots, n\}$
(2)	$p_1 < p_0$	linksseitiger Test	Ablehnungsbereich: $K = \{0, 1, 2, \dots, g\}$
(3)	$p_1 \neq p_0$	zweiseitiger Test	Ablehnungsbereich: $K = \{0, 1, 2, \dots, g_l\} \cup \{g_r, g_r+1, \dots, n\}$

Beispiel:
Man zweifelt daran, dass beim Werfen eines Kronkorkens beide Seiten gleich wahrscheinlich sind. Es wird behauptet, dass es wahrscheinlicher ist, dass er mit den Zacken nach oben landet. p sei die Wahrscheinlichkeit, dass er so landet.
Dann ist die Nullhypothese H_0: $p_0 = 0{,}5$ und die Gegenhypothese $p_1 > 0{,}5$.

Mögliche Vorgehensweise:
- Festlegung des Stichprobenumfangs: Man wirft den Kronkorken 100-mal ($n = 100$). Die Zufallsgröße X zählt, wie oft der Kronkorken mit den Zacken nach oben landet.
- Festlegung der Entscheidungsregel: Die Nullhypothese soll abgelehnt werden, wenn der Kronkorken mindestens 60-mal mit den Zacken nach oben landet. Der Ablehnungsbereich ist $K = \{60, 61, \dots, 100\}$.
- Durchführung der Stichprobe und Entscheidung entsprechend der Entscheidungsregel.

Die Zahlen $n = 100$ und $g = 60$ sind willkürliche Festlegungen, die entsprechend der Aufgabenstellung sinnvolle Werte darstellen.

1 Sollte in folgenden Fällen ein linksseitiger, ein rechtsseitiger oder ein zweiseitiger Test durchgeführt werden? Kreuzen Sie an.

	linksseitig	rechtsseitig	zweiseitig
a) Ein Pharmaunternehmen verändert die Zusammensetzung eines Medikaments, das bisher bei 75 % der damit behandelten Patienten wirkte. Es möchte nachweisen, dass das veränderte Produkt noch besser wirke.	☐	☐	☐
b) Ein Erfinder baut eine Maschine, die aus einer Urne mit 12 roten und 36 schwarzen Kugeln zufällig eine Kugel zieht. Er möchte testen, ob rot tatsächlich mit der Wahrscheinlichkeit 0,25 gezogen wird.	☐	☐	☐
c) Marie behauptet, dass sie mit mindestens 90 % iger Sicherheit die Farbe von Gummibärchen am Geschmack erkennen kann. Lara bezweifelt diese Behauptung und möchte sie mithilfe eines Tests überprüfen.	☐	☐	☐

2 Wahr oder falsch? Kreuzen Sie an.

	wahr	falsch
a) Liegt das Ergebnis der Stichprobe im Ablehnungsbereich, so kann man die Gegenhypothese nicht annehmen.	☐	☐
b) Die Nullhypothese ist falsch, wenn das Ergebnis der Stichprobe im Ablehnungsbereich liegt.	☐	☐
c) Wenn man den Ablehnungsbereich verändert, hat das Einfluss auf die Möglichkeit, eine falsche Entscheidung zu treffen.	☐	☐
d) Verändert man den Stichprobenumfang, muss man zwangsläufig auch den Ablehnungsbereich verändern.	☐	☐

Beim Testen der Nullhypothese H_0 gegen die Alternative H_1 kann man zwei Arten von Fehlern machen. Man kann H_0 verwerfen, obwohl sie wahr ist (**Fehler 1. Art**). Oder man kann H_0 akzeptieren, obwohl sie falsch ist (**Fehler 2. Art**). Der Test ist so konstruiert, dass man die Wahrscheinlichkeit für den Fehler 1. Art kontrolliert. Dies ist gerade die Irrtumswahrscheinlichkeit und diese ist höchstens so groß wie das Signifikanzniveau. Die Wahrscheinlichkeit für den Fehler 2. Art lässt sich im Allgemeinen nicht begrenzen. Man kann sie nur berechnen, wenn man die tatsächliche Trefferwahrscheinlichkeit kennt.

Ist das Signifikanzniveau α vorgegeben, dann kann man daraus den kritischen Wert g des Ablehnungsbereichs berechnen.
Beispiel: Eine Maschine produziert elektronische Bauelemente. Laut Herstellerangaben sind höchstens 5 % defekt. Es soll ein rechtsseitiger Signifikanztest der Nullhypothese H_0: $p = 0{,}05$ gegen die Gegenhypothese H_1: $p > 0{,}05$ durchgeführt werden.
Bei einem Stichprobenumfang von $n = 100$ soll die Irrtumswahrscheinlichkeit (Signifikanzniveau) α den Wert 10 % nicht übersteigen. Der Ablehnungsbereich ist $K = \{g, g + 1, \ldots, 100\}$.
Fehler 1. Art: Die Nullhypothese H_0 wird abgelehnt, obwohl sie wahr ist. Der Ansatz $P(X \geq g) \leq 0{,}9$ mit $n = 100$ und $p = 0{,}05$ ergibt $g = 3$. Daraus folgt der Ablehnungsbereich $K = \{3, 4, \ldots, 100\}$.

1 Eine Nullhypothese H_0: $p = 0{,}4$ soll mit dem Stichprobenumfang $n = 100$ zum Signifikanzniveau von 5 % getestet werden. Berechnen Sie jeweils den Ablehnungsbereich für H_0, wenn für die Gegenhypothese H_1 mit p_1
a) $p_1 < p_0$ b) $p_1 > p_0$ c) $p_1 \neq p_0$
gilt. Beachten Sie bei Teilaufgabe c), dass sich das Signifikanzniveau bei einem zweiseitigen Test auf beide Seiten des Ablehnungsbereichs verteilt.

2 Eine Firma, die MP3-Player herstellt, behauptet, dass höchsten 4 % der Geräte defekt seien. Dies soll mit einer Stichprobe von 150 Stück auf dem 5 %-Niveau getestet werden. Man erhält 12 defekte Geräte. Kann man daraus mit einer Irrtumswahrscheinlichkeit von höchstens 5 % schließen, dass die Angabe nicht zutrifft?

Bei einem Alternativtest sind beide mögliche Wahrscheinlichkeiten bekannt. Damit lässt sich sowohl der Fehler 1. Art als auch der Fehler 2. Art berechnen.

Beispiel: Versehentlich wurden die Verpackungen von gleichartigen Kleinteilen nicht etikettiert.
Es handelt sich ausschließlich um Verpackungen für Teile 1. Qualität (Ausschusswahrscheinlichkeit 1 %) und 2. Qualität (Ausschusswahrscheinlichkeit 5 %). Die Etikettierung soll nach einem Test nachträglich erfolgen. Dazu entnimmt man jeder Verpackung 25 Teile und prüft sie. Ist in dieser Stichprobe mindestens ein Ausschussteil, nimmt man die 2. Qualität an.
Nullhypothese H_0: $p_0 = 0{,}01$; Gegenhypothese H_1: $p_1 = 0{,}05$; X ist die Anzahl der Ausschussteile in der Stichprobe; Ablehnungsbereich $K = \{1, 2, \ldots, 25\}$
Fehler 1. Art: H_0 wird abgelehnt, obwohl wahr: $P(X \geq 1)$ mit $n = 25$ und $p_0 = 0{,}01 \Rightarrow P(X \geq 1) = 0{,}222$
Fehler 2. Art: H_0 wird angenommen, obwohl falsch: $P(X \geq 2)$ mit $n = 25$ und $p_1 = 0{,}05 \Rightarrow P(X = 0) = 0{,}227$

3 Wie müsste man den Test verändern, wenn im obigen Beispiel verhindert werden soll, dass Teile 2. Qualität möglichst nicht als Teile 1. Qualität etikettiert werden?

4 Die Nullhypothese, dass die Trefferwahrscheinlichkeit 0,4 beträgt, soll linksseitig getestet werden (Signifikanzniveau 5 %). Ergänzen Sie die Tabelle.

Stichprobenumfang	Annahmebereich	Wahrscheinlichkeit für den Fehler 1. Art	Wahrscheinlichkeit für den Fehler 2. Art, falls $p = 0{,}3$	Wahrscheinlichkeit für den Fehler 2. Art, falls $p = 0{,}2$
25				
50				
100				

1 Bei einem Einsatz von 50 ct darf man das Glücksrad rechts zweimal drehen. Wenn einmal das orange Feld erscheint, erhält man 1 € ausgezahlt. Wenn es beide Male erscheint, erhält man 3 €. Ansonsten bekommt man keine Auszahlung.

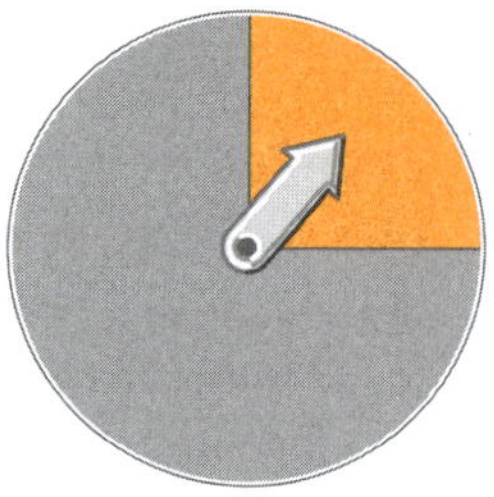

a) Erstellen Sie eine Wahrscheinlichkeitsverteilungstabelle und berechnen Sie den Erwartungswert für den Gewinn.
b) Wie muss man die Auszahlung bei zweimal orange ändern, damit das Spiel fair wird?
d) Wie muss man den Einsatz ändern, damit das Spiel fair wird?

2 Herr Müller muss jeden Morgen auf dem Weg zur Arbeit einen Bahnübergang passieren. Die Schranke ist mit einer Wahrscheinlichkeit von 25 % geschlossen. Berechnen Sie die Wahrscheinlichkeit, dass er innerhalb eines Monats mit 20 Arbeitstagen morgens an der Schranke
a) genau fünfmal warten muss,
b) höchstens fünfmal warten muss,
c) mindestens achtmal warten muss,
d) weniger als sechsmal warten muss,
e) mehr als zehnmal warten muss,
f) nie warten muss,
g) mindestens fünf und höchstens zwölfmal warten muss,
h) weniger als zehnmal und mehr als sechsmal warten muss.

3 Im Abteil eines Zuges, der noch sechs Stationen fährt, sitzen 4 Personen, die unabhängig voneinander aussteigen. Wie groß ist die Wahrscheinlichkeit, dass
a) alle an verschiedenen Stationen
b) genau zwei an einer Station
c) alle vier an der gleichen Station
d) mindestens drei an der gleichen Station
aussteigen?

4 In einem Unternehmen werden Sauerkirschen maschinell entsteint und dann in Gläser abgefüllt. 2 % der fertigen Kirschen haben trotzdem noch ihren Kern.
a) Herr Becker backt einen Kirschkuchen. Dafür nimmt er 100 dieser Kirschen. Wie groß ist die Wahrscheinlichkeit, dass sich in dem Kuchen mindestens ein Kirschkern befindet?
b) Wie viele Kirschkerne sind (im Mittel auf lange Sicht) in einem solchen Kuchen zu erwarten?
c) Wie viele Kirschen dürfte Herr Becker für seinen Kuchen höchstens nehmen, damit er mit mindestens 80 % Wahrscheinlichkeit keinen Kern darin hat?
d) Wie groß darf die Wahrscheinlichkeit, dass eine Kirsche noch ihren Kern hat, sein, damit sich mit mindestens 80 % Wahrscheinlichkeit in einem Kirschkuchen mit 100 Kirschen kein Kirschkern befindet?

5 Katja möchte testen, ob ein Marmeladenbrot mit gleicher Wahrscheinlichkeit auf die unbestrichene und die Marmeladenseite fällt. Dazu hat sie 25 Toastbrote auf einer Seite mit jeweils gleich viel Marmelade bestrichen und möchte einen zweiseitigen Signifikanztest mit dem Signifikanzniveau 5 % durchführen.
a) Geben Sie die Nullhypothese und die Alternative an.
b) Bei welchen Stichprobenergebnissen geht Katja davon aus, dass beide Seiten gleich wahrscheinlich sind?
c) Wie groß ist die Wahrscheinlichkeit für den Fehler 1. Art?
d) Wie groß ist die Wahrscheinlichkeit für den Fehler 2. Art, wenn das Brot tatsächlich mit der Wahrscheinlichkeit 0,7 auf die Marmeladenseite fällt?

6 Der Oberbürgermeister einer Stadt behauptet, dass 75 % der Bürger für den Bau einer neuen Stadthalle sind. Die Redaktion der Lokalzeitung glaubt, dass es weniger sind. Sie möchte dazu einen Signifikanztest in Form einer Umfrage unter 100 Bürgern der Stadt durchführen. Das Signifikanzniveau soll 5 % betragen.
a) Begründen Sie, ob ein linksseitiger, ein rechtsseitiger oder ein zweiseitiger Test durchgeführt werden soll und geben Sie die Nullhypothese, die Alternative und den Annahmebereich des Tests an.
b) Bei welchen Ergebnissen kann die Redaktion die Schlagzeile „Weniger Befürworter als OB behauptet" drucken?
c) Wie groß ist die Wahrscheinlichkeit für den Fehler 1. Art?
d) Wie groß ist die Wahrscheinlichkeit für den Fehler 2. Art, falls nur 60 % der Bürger für den Bau sind?

Zwei Vektoren $\vec{a}$ und $\vec{b}$ sind **linear abhängig**, wenn sie Vielfache voneinander sind; sonst sind sie **linear unabhängig**.

Beispiel: $\vec{a} = \begin{pmatrix} 1 \\ -2 \\ 0{,}5 \end{pmatrix}$ und $\vec{b} = \begin{pmatrix} -4 \\ 8 \\ -2 \end{pmatrix}$ sind linear abhängig, da $\vec{b} = -4 \cdot \vec{a}$. $\vec{a} = \begin{pmatrix} 1 \\ -2 \\ 0{,}5 \end{pmatrix}$ und $\vec{c} = \begin{pmatrix} -2 \\ 4 \\ 0 \end{pmatrix}$ hingegen sind linear unabhängig.

Die drei Vektoren $\vec{a}$, $\vec{c}$ und $\vec{d} = \begin{pmatrix} 2 \\ -4 \\ 2 \end{pmatrix}$ sind **linear abhängig**, weil das LGS $r \cdot \vec{a} + s \cdot \vec{c} = \vec{d}$ die Lösung $r = 4$ und $s = 1$ hat.

Jeder der drei Vektoren lässt sich deshalb als **Linearkombination** aus den beiden anderen Vektoren darstellen. Es ist $\vec{d} = 4 \cdot \vec{a} + c$ bzw. $\vec{a} = -\frac{1}{4}\vec{c} + \frac{1}{4}\vec{d}$ bzw. $\vec{c} = -4 \cdot \vec{a} + \vec{d}$.

Betrachtet man die Vektoren $\vec{b}$, $\vec{c}$ und $\vec{e} = \begin{pmatrix} 1 \\ 2 \\ 3 \end{pmatrix}$, so hat das LGS $r \cdot \vec{b} + s \cdot \vec{c} = \vec{e}$ keine Lösung.

Die drei Vektoren $\vec{b}$, $\vec{c}$ und $\vec{e}$ sind **linear unabhängig**.
Es gibt keine Linearkombination, so dass einer der Vektoren durch die anderen dargestellt werden könnte.

1 Füllen Sie, falls möglich, die Lücken so aus, dass die beiden Vektoren $\vec{a}$ und $\vec{b}$ linear abhängig sind.

a) $\vec{a} = \begin{pmatrix} \square \\ -2 \\ 3 \end{pmatrix}$; $\vec{b} = \begin{pmatrix} 2 \\ 4 \\ \square \end{pmatrix}$ b) $\vec{a} = \begin{pmatrix} \square \\ -2 \\ 3 \end{pmatrix}$; $\vec{b} = \begin{pmatrix} 1 \\ 4 \\ 6 \end{pmatrix}$ c) $\vec{a} = \begin{pmatrix} 3 \\ \square \\ \square \end{pmatrix}$; $\vec{b} = \begin{pmatrix} 0{,}5 \\ 4 \\ 0 \end{pmatrix}$ d) $\vec{a} = \begin{pmatrix} 0 \\ \square \\ \square \end{pmatrix}$; $\vec{b} = \begin{pmatrix} 1 \\ 3 \\ 4 \end{pmatrix}$

2 Überprüfen Sie, ob die drei Vektoren $\vec{a}$, $\vec{b}$ und $\vec{c}$ linear unabhängig sind.

a) $\vec{a} = \begin{pmatrix} 1 \\ 0 \\ 2 \end{pmatrix}$; $\vec{b} = \begin{pmatrix} 3 \\ 4 \\ 2 \end{pmatrix}$; $\vec{c} = \begin{pmatrix} 0 \\ -4 \\ 4 \end{pmatrix}$ zu lösendes LGS: $r \cdot \vec{a} + s \cdot \vec{b} = \vec{c}$:

$\square \cdot r + 3 \cdot s = 0$
$0 \; \square + \square \cdot s = \square$
$\square \; \square \; \square \; \square \; \square = \square$

☐ Das LGS hat eine Lösung. ☐ Das LGS hat keine Lösung.
☐ Die drei Vektoren sind linear abhängig. ☐ Die drei Vektoren sind linear unabhängig.

b) $\vec{a} = \begin{pmatrix} 4 \\ -2 \\ 0{,}5 \end{pmatrix}$; $\vec{b} = \begin{pmatrix} 1 \\ 4 \\ 1 \end{pmatrix}$; $\vec{c} = \begin{pmatrix} 5 \\ -7 \\ 0 \end{pmatrix}$ zu lösendes LGS: $r \cdot \vec{a} + s \cdot \vec{b} = \vec{c}$: ______________________

☐ Das LGS hat eine Lösung. ☐ Das LGS hat keine Lösung.
☐ Die drei Vektoren sind linear abhängig. ☐ Die drei Vektoren sind linear unabhängig.

c) $\vec{a} = \begin{pmatrix} 0{,}5 \\ -0{,}5 \\ 2 \end{pmatrix}$; $\vec{b} = \begin{pmatrix} -3{,}5 \\ 2 \\ -1{,}5 \end{pmatrix}$; $\vec{c} = \begin{pmatrix} -1 \\ -2 \\ 21 \end{pmatrix}$ zu lösendes LGS: ______________________ : ______________________

☐ Das LGS hat eine Lösung. ☐ Das LGS hat keine Lösung.
☐ Die drei Vektoren sind linear abhängig. ☐ Die drei Vektoren sind linear unabhängig.

3 Stellen Sie den Vektor $\vec{a}$ als Linearkombination der Vektoren $\vec{b}$ und $\vec{c}$ dar.

a) $\vec{a} = \begin{pmatrix} 2 \\ 5 \\ -9 \end{pmatrix}$; $\vec{b} = \begin{pmatrix} 1 \\ 2 \\ -3 \end{pmatrix}$; $\vec{c} = \begin{pmatrix} 2 \\ 0 \\ 6 \end{pmatrix}$

Zu lösendes LGS: $\vec{a} = r \cdot \vec{b} + s \cdot \vec{c}$. D.h.

$1 \cdot r + 2 \cdot s = 2$

___ $\cdot r$ ___ ___ $\cdot s =$ ___.

___ ___ ___ ___ ___ = ___

Es ergibt sich: r = ___, s = ___

b) $\vec{a} = \begin{pmatrix} -1 \\ 3 \\ 7 \end{pmatrix}$; $\vec{b} = \begin{pmatrix} 0{,}5 \\ -0{,}5 \\ -0{,}5 \end{pmatrix}$; $\vec{c} = \begin{pmatrix} 1{,}5 \\ -0{,}5 \\ 1{,}5 \end{pmatrix}$

Zu lösendes LGS: $\vec{a} = r \cdot \vec{b} + s \cdot \vec{c}$. D.h. ______________________

Es ergibt sich: r = ___, s = ___

4 Kreuzen Sie jeweils an:

	richtig	falsch
a) Wenn zwei Vektoren linear abhängig sind, dann sind sie parallel.	☐	☐
b) Drei Vektoren sind linear abhängig, wenn sie alle in einer Ebene liegen.	☐	☐
c) Sind bei drei Vektoren jeweils zwei linear unabhängig, dann sind auch alle drei Vektoren linear unabhängig.	☐	☐
d) Ist unter drei Vektoren der Nullvektor, so sind alle drei Vektoren linear abhängig.	☐	☐

5 Gegeben ist der „Doppelquader". Entscheiden Sie für jede Vektorkombination, ob diese linear abhängig oder linear unabhängig ist.

	Linear abhängig	Linear unabhängig
a) $\overrightarrow{AB}$; $\overrightarrow{JK}$	☐	☐
b) $\overrightarrow{LH}$; $\overrightarrow{EC}$	☐	☐
c) $\overrightarrow{AE}$; $\overrightarrow{GK}$	☐	☐
d) $\overrightarrow{BE}$; $\overrightarrow{BF}$; $\overrightarrow{JH}$	☐	☐
e) $\overrightarrow{AL}$; $\overrightarrow{LH}$; $\overrightarrow{HA}$	☐	☐
f) $\overrightarrow{IE}$; $\overrightarrow{KG}$; $\overrightarrow{CD}$	☐	☐

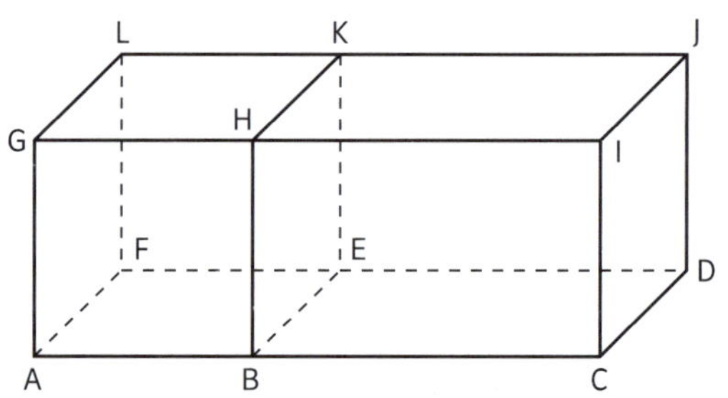

6 Untersuchen Sie, ob die vier Vektoren $\vec{a} = \begin{pmatrix} 1 \\ 3 \\ 3 \end{pmatrix}$; $\vec{b} = \begin{pmatrix} -3 \\ 4 \\ 2 \end{pmatrix}$; $\vec{c} = \begin{pmatrix} 2 \\ 1 \\ 9 \end{pmatrix}$; $\vec{d} = \begin{pmatrix} -2 \\ -4 \\ -7 \end{pmatrix}$ linear abhängig sind.

Alle Punkte, deren Ortsvektor sich durch $\vec{X} = \begin{pmatrix} 2 \\ 1 \\ 0 \end{pmatrix} + r \cdot \begin{pmatrix} 2 \\ 3 \\ -1 \end{pmatrix}$ berechnen lässt, liegen auf der **Geraden g** mit dem **Stützvektor** $\vec{p} = \begin{pmatrix} 2 \\ 1 \\ 0 \end{pmatrix}$ und dem **Richtungsvektor** $\vec{u} = \begin{pmatrix} 2 \\ 3 \\ -1 \end{pmatrix}$.

Setzt man für r zum Beispiel 2,5 ein, so erhält man den Ortsvektor des Punktes auf der Geraden, der die Koordinaten (7 | 8,5 | −2,5) besitzt: $\vec{X} = \begin{pmatrix} 2 \\ 1 \\ 0 \end{pmatrix} + 2{,}5 \cdot \begin{pmatrix} 2 \\ 3 \\ -1 \end{pmatrix} = \begin{pmatrix} 7 \\ 8{,}5 \\ -2{,}5 \end{pmatrix}$.

Will man herausfinden, ob der Punkt Q(0 | −2 | 1) auf der Geraden g liegt, setzt man den Ortsvektor $\vec{Q} = \begin{pmatrix} 0 \\ -2 \\ 1 \end{pmatrix}$ des Punktes für $\vec{X}$ ein und überprüft für die einzelnen Komponenten, ob es ein gemeinsames r gibt:

$\begin{pmatrix} 0 \\ -2 \\ 1 \end{pmatrix} = \begin{pmatrix} 2 \\ 1 \\ 0 \end{pmatrix} + r \cdot \begin{pmatrix} 2 \\ 3 \\ -1 \end{pmatrix}$. Daraus folgt: $\begin{matrix} -2 = r \cdot 2 \\ -3 = r \cdot 3 \\ 1 = r \cdot (-1) \end{matrix}$.

Das Gleichungssystem ist für $r = -1$ erfüllt, somit liegt Q auf der Geraden.

R(−1 | −3,5 | 2) hingegen liegt nicht auf der Geraden: $\begin{pmatrix} -1 \\ -3{,}5 \\ 2 \end{pmatrix} = \begin{pmatrix} 2 \\ 1 \\ 0 \end{pmatrix} + r \cdot \begin{pmatrix} 2 \\ 3 \\ -1 \end{pmatrix}$ liefert $\begin{matrix} -3 = r \cdot 2 & \rightarrow r = -1{,}5 \\ -4{,}5 = r \cdot 3 & \rightarrow r = -1{,}5 \\ 2 = r \cdot (-1) & \rightarrow r = -2 \end{matrix}$.

1 Gegeben ist die Gerade $g: \vec{X} = \begin{pmatrix} 1 \\ 2 \\ 0 \end{pmatrix} + t \cdot \begin{pmatrix} -2 \\ 3 \\ -4 \end{pmatrix}$. Bestimmen Sie diejenigen Punkte auf g, die sich für $t = 2$, $t = 4$ und $t = -5$ ergeben.

Lösung: t = 2: P(___ | ___ | ___) t = 4: Q(___ | ___ | ___) t = −5: R(___ | ___ | ___)

2 Füllen Sie die Lücken so aus, so dass der Punkt R auf der Geraden g liegt.

a) $g: \vec{X} = \begin{pmatrix} 2 \\ 1 \\ 0 \end{pmatrix} + r \cdot \begin{pmatrix} 2 \\ 3 \\ -1 \end{pmatrix}$, R(−1 | −3,5 | ___)

b) $g: \vec{X} = \begin{pmatrix} 3 \\ 1 \\ -1 \end{pmatrix} + r \cdot \begin{pmatrix} 1 \\ \_\_ \\ 2 \end{pmatrix}$, R(4 | 5 | ___)

3 Untersuchen Sie, ob die Punkte P(1 | 2 | 3), $Q\left(0 \middle| \frac{7}{3} \middle| 2\right)$ und R(−9,5 | 5,5 | −4) auf der Geraden $g: \vec{X} = \begin{pmatrix} -2 \\ 3 \\ 1 \end{pmatrix} + t \cdot \begin{pmatrix} 3 \\ -1 \\ 2 \end{pmatrix}$ liegen.

4 Gegeben ist die Gerade $g: \vec{X} = \begin{pmatrix} 2 \\ -3 \\ -1 \end{pmatrix} + t \cdot \begin{pmatrix} 3 \\ 0 \\ 2 \end{pmatrix}$. Bestimmen Sie, falls möglich, denjenigen Punkt auf g, …

a) … dessen x_3-Koordinate Null ist:

b) … der in der x_1x_3-Ebene liegt:

c) … der auf der x_1-Achse liegt:

d) … dessen x_1-Koordinate −4 beträgt:

Die Gerade, die durch die Punkte A(2 | 0 | 3) und B(1 | 1 | 4) verläuft, hat eine Gleichung, die man dadurch erhält, dass man z. B. den Ortsvektor von A als Stützvektor nimmt und den Vektor $\overrightarrow{AB}$ als Richtungsvektor:
$g\colon \vec{X} = \vec{A} + t \cdot \overrightarrow{AB} = \begin{pmatrix} 2 \\ 0 \\ 3 \end{pmatrix} + t \cdot \begin{pmatrix} -1 \\ 1 \\ 1 \end{pmatrix}$. Eine andere Möglichkeit ist $g\colon \vec{X} = \vec{B} + t \cdot \overrightarrow{BA} = \begin{pmatrix} 1 \\ 1 \\ 4 \end{pmatrix} + t \cdot \begin{pmatrix} 1 \\ -1 \\ -1 \end{pmatrix}$.

5 Die Punkte A(3 | 0 | −1) und B(4 | 6 | 2) liegen auf der Geraden g. Bestimmen Sie drei mögliche Gleichungen dieser Geraden.

$g\colon \vec{X} = \vec{A} + t \cdot \overrightarrow{AB} = \begin{pmatrix} \quad \\ \quad \\ \quad \end{pmatrix} + t \cdot \begin{pmatrix} \quad \\ \quad \\ \quad \end{pmatrix}$, $g\colon \vec{X} = \vec{B} + t \cdot \overrightarrow{\quad\quad} = \begin{pmatrix} \quad \\ \quad \\ \quad \end{pmatrix} + t \cdot \begin{pmatrix} \quad \\ \quad \\ \quad \end{pmatrix}$, $g\colon \vec{X} = \vec{\quad} + t \cdot \overrightarrow{\quad\quad} = \begin{pmatrix} \quad \\ \quad \\ \quad \end{pmatrix} + t \cdot \begin{pmatrix} \quad \\ \quad \\ \quad \end{pmatrix}$

6 Auf welchen Geraden liegen die Seiten des Dreiecks ABC mit A(2 | 3 | 0), B(−1 | 0 | 3) und C(0 | 1 | 4)?

Die Seite $\overline{AB}$ liegt auf der Geraden c mit $\vec{X} = \begin{pmatrix} \quad \\ \quad \\ \quad \end{pmatrix} + r \cdot \begin{pmatrix} \quad \\ \quad \\ \quad \end{pmatrix}$, die Seite $\overline{AC}$ liegt auf der Geraden b mit

$\vec{X} = \begin{pmatrix} \quad \\ \quad \\ \quad \end{pmatrix} + r \cdot \begin{pmatrix} \quad \\ \quad \\ \quad \end{pmatrix}$, die Seite $\overline{BC}$ liegt auf der Geraden a mit $\vec{X} = \begin{pmatrix} \quad \\ \quad \\ \quad \end{pmatrix} + r \cdot \begin{pmatrix} \quad \\ \quad \\ \quad \end{pmatrix}$.

7 Die Punkte A(1 | 1 | 1), B(5 | 3 | 0), C(−2 | 5 | 0) und D(2 | 7 | −1) liegen in einer Ebene und bilden die Grundfläche einer Pyramide mit der Spitze S(3 | 3 | 5). Bestimmen Sie Gleichungen für die Geraden, auf denen jeweils die Mitten M_1, M_2, … der Grundkanten und die Spitze S liegen.

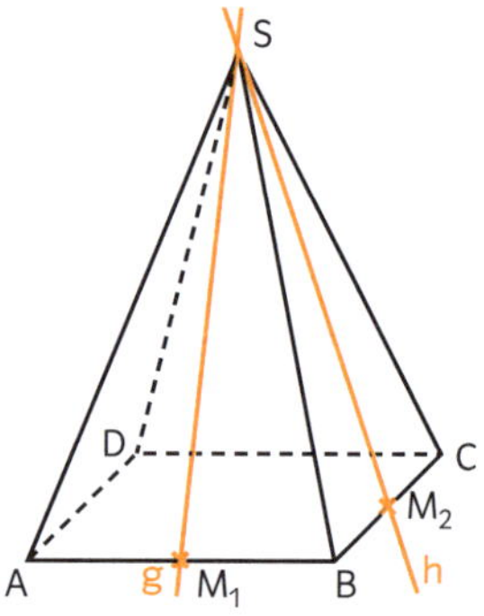

M_1 ist die Mitte von $\overline{AB}$: $\vec{M_1} = \frac{1}{2}(\vec{A} + \vec{B}) = \begin{pmatrix} \quad \\ \quad \\ \quad \end{pmatrix}$, $M_1(\quad | \quad | \quad)$.

Ein Richtungsvektor von g ist $\overrightarrow{M_1S} = \begin{pmatrix} \quad \\ \quad \\ \quad \end{pmatrix}$. Damit wird $g\colon \vec{X} = \begin{pmatrix} \quad \\ \quad \\ \quad \end{pmatrix} + r \cdot \begin{pmatrix} \quad \\ \quad \\ \quad \end{pmatrix}$.

M_2 ist die Mitte von $\overline{BC}$: $M_2(\quad | \quad | \quad)$. Ein Richtungsvektor von h ist $\overrightarrow{M_2S} = \begin{pmatrix} \quad \\ \quad \\ \quad \end{pmatrix}$. $h\colon \vec{X} = \begin{pmatrix} \quad \\ \quad \\ \quad \end{pmatrix} + r \cdot \begin{pmatrix} \quad \\ \quad \\ \quad \end{pmatrix}$

$M_3(\quad | \quad | \quad)$, $\overrightarrow{M_3S} = \begin{pmatrix} \quad \\ \quad \\ \quad \end{pmatrix}$, $k\colon \vec{X} = \begin{pmatrix} \quad \\ \quad \\ \quad \end{pmatrix} + r \cdot \begin{pmatrix} \quad \\ \quad \\ \quad \end{pmatrix}$, $M_4(\quad | \quad | \quad)$, $\overrightarrow{M_4S} = \begin{pmatrix} \quad \\ \quad \\ \quad \end{pmatrix}$, $l\colon \vec{X} = \begin{pmatrix} \quad \\ \quad \\ \quad \end{pmatrix} + r \cdot \begin{pmatrix} \quad \\ \quad \\ \quad \end{pmatrix}$

8 Ein Würfel, dessen Kanten parallel zu den Koordinatenachsen sind, hat die Kantenlänge 5, der Ursprung des Koordinatensystems ist der Mittelpunkt der Grundfläche.

a) Geben Sie die Koordinaten der Eckpunkte des Würfels an.

A(| |), B(| |), C(| |), D(| |),
E(| |), F(| |), G(| |), H(| |)

b) Bestimmen Sie Gleichungen für die Geraden, auf denen die Raumdiagonalen $\overline{AG}$ und $\overline{BH}$ des Würfels liegen.

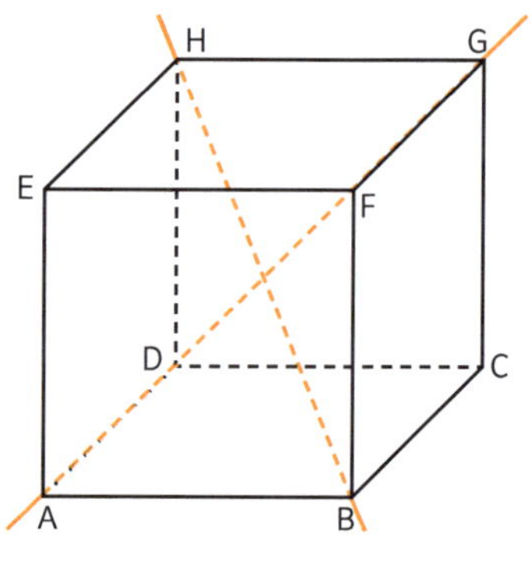

$g = (AG)\colon \vec{X} = \begin{pmatrix} \quad \\ \quad \\ \quad \end{pmatrix} + r \cdot \begin{pmatrix} \quad \\ \quad \\ \quad \end{pmatrix}$; $h = (BH)\colon \vec{X} = \begin{pmatrix} \quad \\ \quad \\ \quad \end{pmatrix} + r \cdot \begin{pmatrix} \quad \\ \quad \\ \quad \end{pmatrix}$

An den Richtungsvektoren zweier Geraden erkennt man, ob die Geraden parallel bzw. identisch sind oder ob sie sich schneiden bzw. windschief sind.

Beispiel 1: Bei den beiden Geraden $g\colon \vec{X} = \begin{pmatrix}2\\1\\0\end{pmatrix} + r\cdot\begin{pmatrix}2\\3\\-1\end{pmatrix}$ und $k\colon \vec{X} = \begin{pmatrix}0\\6\\5\end{pmatrix} + t\cdot\begin{pmatrix}4\\6\\-2\end{pmatrix}$

sind die **Richtungsvektoren linear abhängig**, g und k sind also **parallel oder identisch**. Da der Stützvektor von g, zu dem der Punkt P(2 | 1 | 0) gehört, nicht auf k liegt, sind die beiden Geraden parallel.

Sind die beiden **Richtungsvektoren linear unabhängig, schneiden** sich die Geraden oder sind **windschief**. Wie viele **gemeinsame Punkte** zwei Geraden haben, überprüft man, in dem man die rechten Seiten der Geradengleichungen gleichsetzt und das Gleichungssystem löst.

Beispiel 2:

$g\colon \vec{X} = \begin{pmatrix}2\\1\\0\end{pmatrix} + r\cdot\begin{pmatrix}2\\3\\-1\end{pmatrix},\ h\colon \vec{X} = \begin{pmatrix}-1\\2\\2\end{pmatrix} + s\cdot\begin{pmatrix}1\\4\\3\end{pmatrix}$

Aufstellen des LGS:

$$\begin{pmatrix}2\\1\\0\end{pmatrix} + r\cdot\begin{pmatrix}2\\3\\-1\end{pmatrix} = \begin{pmatrix}-1\\2\\2\end{pmatrix} + s\cdot\begin{pmatrix}1\\4\\3\end{pmatrix} \text{ bzw. } \begin{matrix}\text{(I)} & s - 2r = 3\\ \text{(II)} & 4s - 3r = -1\\ \text{(III)} & 3s + r = -2\end{matrix}$$

Das LGS hat keine Lösung, g und h sind entweder parallel oder windschief. Da die beiden Richtungsvektoren linear unabhängig sind, sind die beiden Geraden windschief.

Beispiel 3:

$h\colon \vec{X} = \begin{pmatrix}-1\\2\\2\end{pmatrix} + r\cdot\begin{pmatrix}1\\4\\3\end{pmatrix}$ und $k\colon \vec{X} = \begin{pmatrix}0\\6\\5\end{pmatrix} + t\cdot\begin{pmatrix}4\\6\\-2\end{pmatrix}$

haben einen gemeinsamen Punkt, da das dazugehörige LGS

$$t\cdot\begin{pmatrix}4\\6\\-2\end{pmatrix} + r\cdot\begin{pmatrix}-1\\-4\\-3\end{pmatrix} = \begin{pmatrix}-1\\-4\\-3\end{pmatrix} \text{ bzw. } \begin{matrix}\text{(I)} & 4t - r = -1\\ \text{(II)} & 6t - 4r = -4\\ \text{(III)} & -2t - 3r = -3\end{matrix}$$

genau eine Lösung besitzt: $t = 0$ und $r = 1$.
Der Schnittpunkt ist also S(0 | 6 | 5).

Bemerkung: Bei diesen Aufgaben müssen Sie darauf achten, dass die Parameter der beiden Geraden unterschiedlich bezeichnet sind. Benennen Sie ggf. einen Parameter um.

1 Bestimmen Sie anhand der Vektoren, welche Aussage jeweils zutrifft, und kreuzen Sie an.

	Geraden scheiden sich	Geraden sind parallel	Geraden sind windschief
a) $g\colon \vec{X} = \begin{pmatrix}1\\0\\3\end{pmatrix} + t\cdot\begin{pmatrix}-1\\4\\2\end{pmatrix},\ h\colon \vec{X} = \begin{pmatrix}3\\3\\3\end{pmatrix} + t\cdot\begin{pmatrix}1\\-4\\-2\end{pmatrix}$	☐	☐	☐
b) $g\colon \vec{X} = \begin{pmatrix}1\\0\\3\end{pmatrix} + t\cdot\begin{pmatrix}-1\\4\\2\end{pmatrix},\ h\colon \vec{X} = \begin{pmatrix}1\\0\\3\end{pmatrix} + t\cdot\begin{pmatrix}2\\-1\\3\end{pmatrix}$	☐	☐	☐
c) $g\colon \vec{X} = \begin{pmatrix}1\\0\\3\end{pmatrix} + t\cdot\begin{pmatrix}-1\\4\\2\end{pmatrix},\ h\colon \vec{X} = \begin{pmatrix}3\\3\\3\end{pmatrix} + t\cdot\begin{pmatrix}2\\-1\\3\end{pmatrix}$	☐	☐	☐
d) $g\colon \vec{X} = \begin{pmatrix}1\\0\\3\end{pmatrix} + t\cdot\begin{pmatrix}-1\\4\\2\end{pmatrix},\ h\colon \vec{X} = \begin{pmatrix}0\\4\\5\end{pmatrix} + t\cdot\begin{pmatrix}2\\-1\\3\end{pmatrix}$	☐	☐	☐
e) $g\colon \vec{X} = \begin{pmatrix}1\\0\\3\end{pmatrix} + t\cdot\begin{pmatrix}1\\13{,}5\\-27\end{pmatrix},\ h\colon \vec{X} = \begin{pmatrix}3\\3\\3\end{pmatrix} + t\cdot\begin{pmatrix}-\frac{1}{9}\\-1{,}5\\3\end{pmatrix}$	☐	☐	☐
f) $g\colon \vec{X} = \begin{pmatrix}5\\1\\3\end{pmatrix} + t\cdot\begin{pmatrix}-1\\4\\2\end{pmatrix},\ h\colon \vec{X} = \begin{pmatrix}10\\2\\6\end{pmatrix} + t\cdot\begin{pmatrix}2\\-1\\3\end{pmatrix}$	☐	☐	☐

2 Die beiden Geraden g und h schneiden sich nicht. Geben Sie einen Stütz- bzw. einen Richtungsvektor so an, dass g und h windschief bzw. parallel sind.

a) $g: \vec{x} = \begin{pmatrix} \square \\ 1 \\ 3 \end{pmatrix} + t \cdot \begin{pmatrix} 1 \\ \frac{1}{2} \\ -0{,}5 \end{pmatrix}$; $h: \vec{x} = \begin{pmatrix} 0 \\ 2 \\ 2 \end{pmatrix} + s \cdot \begin{pmatrix} 2 \\ \square \\ \square \end{pmatrix}$, g soll parallel zu h sein

b) $g: \vec{x} = \begin{pmatrix} 2 \\ \square \\ \square \end{pmatrix} + t \cdot \begin{pmatrix} 1 \\ 3 \\ 4 \end{pmatrix}$; $h: \vec{x} = \begin{pmatrix} 0 \\ 1 \\ -2 \end{pmatrix} + s \cdot \begin{pmatrix} 2 \\ \square \\ \square \end{pmatrix}$, g soll parallel zu h sein

c) $g: \vec{x} = \begin{pmatrix} 1 \\ 0 \\ 2 \end{pmatrix} + t \cdot \begin{pmatrix} 2 \\ 3 \\ 0 \end{pmatrix}$; $h: \vec{x} = \begin{pmatrix} 1 \\ 0 \\ \square \end{pmatrix} + s \cdot \begin{pmatrix} \square \\ \square \\ \square \end{pmatrix}$, g und h sollen windschief sein

3 P, Q, R und S sind Schnittpunkte von zwei Geraden. Ordnen Sie die Punkte ihren Geraden zu. Füllen Sie in d) die Lücken so aus, dass der noch nicht zugeordnete Punkt Schnittpunkt dieser Geraden ist.

a)
- $g: \vec{x} = \begin{pmatrix} 1 \\ 0 \\ 3 \end{pmatrix} + t \cdot \begin{pmatrix} -1 \\ 4 \\ 2 \end{pmatrix}$
- $h: \vec{x} = \begin{pmatrix} 1 \\ 0 \\ 3 \end{pmatrix} + t \cdot \begin{pmatrix} 2 \\ -1 \\ 3 \end{pmatrix}$

b)
- $g: \vec{x} = \begin{pmatrix} 1 \\ 0 \\ 3 \end{pmatrix} + t \cdot \begin{pmatrix} -1 \\ 4 \\ 2 \end{pmatrix}$
- $k: \vec{x} = \begin{pmatrix} 1 \\ -7 \\ -4 \end{pmatrix} + t \cdot \begin{pmatrix} 2 \\ -1 \\ 3 \end{pmatrix}$

c)
- $h: \vec{x} = \begin{pmatrix} 1 \\ 0 \\ 3 \end{pmatrix} + t \cdot \begin{pmatrix} 2 \\ -1 \\ 3 \end{pmatrix}$
- $l: \vec{x} = \begin{pmatrix} -4 \\ 4{,}5 \\ \frac{19}{2} \end{pmatrix} + t \cdot \begin{pmatrix} -1 \\ 1 \\ 2 \end{pmatrix}$

d)
- $m: \vec{x} = \begin{pmatrix} 1 \\ 2 \\ 3 \end{pmatrix} + t \cdot \begin{pmatrix} \_\_ \\ -1 \\ \_\_ \end{pmatrix}$
- $n: \vec{x} = \begin{pmatrix} 1 \\ \_\_ \\ 3 \end{pmatrix} + t \cdot \begin{pmatrix} 3 \\ 0{,}5 \\ \_\_ \end{pmatrix}$

P(3 | −8 | −1) R(0 | 0 | 0) S(1 | 0 | 3) $Q\left(0 \middle| \frac{1}{2} \middle| 1{,}5\right)$

4 Berechnen Sie die Koordinaten des Schnittpunktes von g und h.

a) $g: \vec{x} = \begin{pmatrix} 0 \\ 1 \\ -3 \end{pmatrix} + t \cdot \begin{pmatrix} 4 \\ 1 \\ 2 \end{pmatrix}$, $h: \vec{x} = \begin{pmatrix} 1 \\ -2{,}5 \\ 5 \end{pmatrix} + t \cdot \begin{pmatrix} 3 \\ 2 \\ -1 \end{pmatrix}$

Gleichsetzen: $\begin{pmatrix} 0 \\ 1 \\ -3 \end{pmatrix} + t \cdot \begin{pmatrix} 4 \\ 1 \\ 2 \end{pmatrix} = \begin{pmatrix} 1 \\ -2{,}5 \\ 5 \end{pmatrix} + s \cdot \begin{pmatrix} 3 \\ 2 \\ -1 \end{pmatrix}$

Umsortieren: $t \cdot \begin{pmatrix} 4 \\ 1 \\ 2 \end{pmatrix} + s \cdot \begin{pmatrix} \square \\ \square \\ \square \end{pmatrix} = \begin{pmatrix} 1 \\ -2{,}5 \\ 5 \end{pmatrix} - \begin{pmatrix} \square \\ \square \\ \square \end{pmatrix}$

Lösung des LGS:

t = $\square$, s = $\square$, Schnittpunkt: S($\square$ | $\square$ | $\square$)

b) $g: \vec{x} = \begin{pmatrix} 0{,}5 \\ -1{,}5 \\ -2{,}5 \end{pmatrix} + t \cdot \begin{pmatrix} -\frac{1}{2} \\ \frac{1}{4} \\ 1 \end{pmatrix}$, $g: \vec{x} = \begin{pmatrix} -1 \\ \frac{3}{4} \\ 12{,}5 \end{pmatrix} + t \cdot \begin{pmatrix} 3 \\ -0{,}5 \\ 2 \end{pmatrix}$

Gleichsetzen:

Umsortieren:

Lösung des LGS:

t = $\square$, s = $\square$, Schnittpunkt: S($\square$ | $\square$ | $\square$)

5 Untersuchen Sie, welche der Geraden g, h und k sich jeweils schneiden. Geben Sie dann deren Schnittpunkt an.

a) $g: \vec{x} = \begin{pmatrix} 1 \\ 2 \\ 0 \end{pmatrix} + t \cdot \begin{pmatrix} -1 \\ 3 \\ 3 \end{pmatrix}$, $h: \vec{x} = \begin{pmatrix} 3 \\ -4 \\ -6 \end{pmatrix} + r \cdot \begin{pmatrix} 3 \\ 1 \\ 2 \end{pmatrix}$, $k: \vec{x} = \begin{pmatrix} 4 \\ 3 \\ 6 \end{pmatrix} + s \cdot \begin{pmatrix} 2 \\ -6 \\ -6 \end{pmatrix}$

b) $g: \vec{x} = \begin{pmatrix} 3 \\ 0 \\ 1 \end{pmatrix} + t \cdot \begin{pmatrix} 2 \\ 4 \\ 3 \end{pmatrix}$, $h: \vec{x} = \begin{pmatrix} 4 \\ 2 \\ 2{,}5 \end{pmatrix} + t \cdot \begin{pmatrix} -3 \\ 1 \\ 2 \end{pmatrix}$, $k: \vec{x} = \begin{pmatrix} 5 \\ 4 \\ 4 \end{pmatrix} + s \cdot \begin{pmatrix} 8 \\ 10 \\ 7 \end{pmatrix}$

6 Die Punkte A(1|1|1), B(5|3|0), C(−2|5|0) und D(2|7|−1) liegen in einer Ebene und bilden die Grundfläche einer Pyramide mit der Spitze S. Die Seitenkanten $\overline{AS}$ und $\overline{CS}$ der Pyramide liegen auf den Geraden

$$g: \vec{x} = \begin{pmatrix} 1 \\ 1 \\ 1 \end{pmatrix} + t \cdot \begin{pmatrix} 1 \\ 1 \\ 2 \end{pmatrix} \text{ und } h: \vec{x} = \begin{pmatrix} -2 \\ 5 \\ 0 \end{pmatrix} + t \cdot \begin{pmatrix} 1 \\ -0{,}4 \\ 1 \end{pmatrix}.$$

a) Bestimmen Sie die Koordinaten der Spitze S der Pyramide.

b) Geben Sie die Geradengleichung der Geraden k an, auf der die Seitenkante $\overline{DS}$ liegt: $k: \vec{x} = \begin{pmatrix} \square \\ \square \\ \square \end{pmatrix} + t \cdot \begin{pmatrix} \square \\ \square \\ \square \end{pmatrix}$

Füllen Sie die Lücken in der Geradengleichung $m: \vec{x} = \begin{pmatrix} \square \\ 3 \\ \square \end{pmatrix} + t \cdot \begin{pmatrix} \square \\ \square \\ 1 \end{pmatrix}$ so aus, dass die Seitenkante $\overline{BS}$ auf m liegt.

7 Es liegt ein Würfel der Kantenlänge 5 vor. M_1 und M_2 sind jeweils Seitenmitten. Schneiden sich die Geraden g und h bzw. die Geraden g und k?

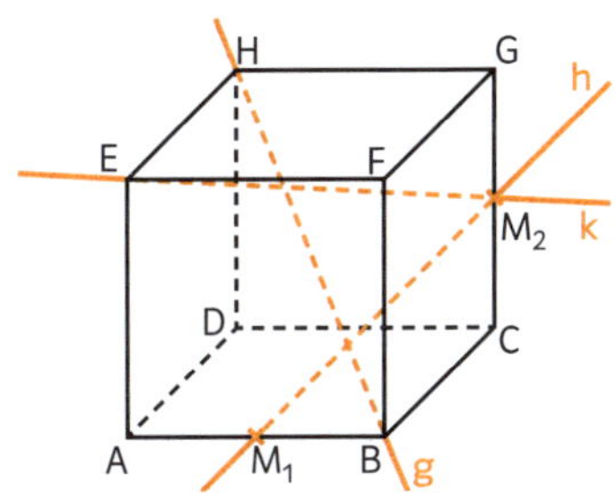

8 Um einen Tunnel zu bauen, beginnen zwei Bautrupps von den Enden aus gleichzeitig zu graben. Trupp A gräbt von A(−0,4|1,6|3,6) aus in Richtung des Vektors $\begin{pmatrix} 4 \\ -1 \\ -1 \end{pmatrix}$, Trupp B gräbt von B(3|−1|2) aus in Richtung $\begin{pmatrix} 4 \\ 3 \\ 1 \end{pmatrix}$.

a) Stellen Sie die Gleichungen der Geraden auf, entlang derer die Trupps bohren.

Trupp A: Gerade g: ______________________ Trupp B: Gerade h: ______________________

b) Zeigen Sie, dass sich die beiden Bohrtrupps nicht treffen werden:

c) Als Trupp B am Punkt P(3,4|−0,7|2,1) angekommen ist, bemerken sie ihren Irrtum. In welche Richtung muss Trupp B nun weitergraben, wenn sich die beiden Trupps im Punkt T(3,6|0,6|2,6) treffen sollen?

Neue Bohrrichtung: ______________________

d) Muss Trupp A ebenfalls irgendwann eine Richtungsänderung vornehmen? ______________________

Punkte, deren Ortsvektoren sich mittels $\vec{x} = \vec{p} + r \cdot \vec{u} + s \cdot \vec{v}$ berechnen lassen, liegen in einer Ebene E. $\vec{p}$ ist dabei der Ortsvektor eines **Aufpunktes** P (man sagt auch „**Stützvektor**“), $\vec{u}$ und $\vec{v}$ sind die linear unabhängigen Richtungsvektoren (auch „**Spannvektoren**“).
E: $\vec{x} = \vec{p} + r \cdot \vec{u} + s \cdot \vec{v}$ heißt dann **Ebenengleichung in Parameterform**.

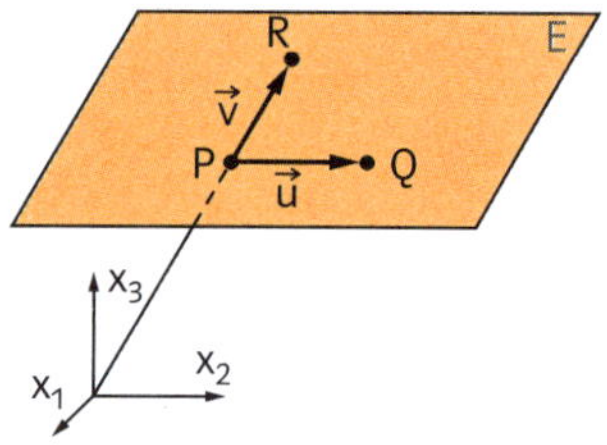

Beispiel: P(3 | 2 | 0) sei ein Punkt in der Ebene E, $\vec{u} = \begin{pmatrix} 1 \\ 2 \\ 4 \end{pmatrix}$ bzw. $\vec{v} = \begin{pmatrix} 3 \\ 0 \\ 2 \end{pmatrix}$

seien Richtungsvektoren. Dann lautet die Gleichung von E: $\vec{x} = \begin{pmatrix} 3 \\ 2 \\ 0 \end{pmatrix} + r \cdot \begin{pmatrix} 1 \\ 2 \\ 4 \end{pmatrix} + s \cdot \begin{pmatrix} 3 \\ 0 \\ 2 \end{pmatrix}$.

Setzt man für r und s reelle Zahlen ein, so findet man Ortsvektoren von Punkten, die in der Ebene liegen. Beispielsweise erhält man für $r = 2$ und $s = -1$ den Punkt Q(2 | 6 | 6) der Ebene.
Möchte man untersuchen, ob der Punkt R(8 | 0 | 0) in der Ebene liegt, so muss man das LGS

$\begin{pmatrix} 8 \\ 0 \\ 0 \end{pmatrix} = \begin{pmatrix} 3 \\ 2 \\ 0 \end{pmatrix} + r \cdot \begin{pmatrix} 1 \\ 2 \\ 4 \end{pmatrix} + s \cdot \begin{pmatrix} 3 \\ 0 \\ 2 \end{pmatrix}$ lösen.

Es ergibt sich
$$\begin{array}{lrcl} \text{(I)} & r + 3s & = & 5 \\ \text{(II)} & 2r & = & -2 \\ \text{(III)} & 4r + 2s & = & 0 \end{array}$$
aus (II): $r = -1$
in (I): $s = 2$.

Für $r = -1$ und $s = 2$ ist auch (III) erfüllt, also liegt R in E.
Der Punkt S(8 | 3 | 3) hingegen liegt nicht in E, denn das zugehörige LGS hat keine Lösung.

1 Prüfen Sie, ob die Punkte P(3 | 3 | 9), Q(1 | −1 | −1) und R(−1 | −5 | −1) in der Ebene E: $\vec{x} = \begin{pmatrix} 2 \\ 1 \\ 4 \end{pmatrix} + s \cdot \begin{pmatrix} 1 \\ 2 \\ 5 \end{pmatrix} + t \cdot \begin{pmatrix} 0 \\ 2 \\ 1 \end{pmatrix}$ liegen. Liegen sie auch in F: $\vec{x} = \begin{pmatrix} 5 \\ 7 \\ 9 \end{pmatrix} + s \cdot \begin{pmatrix} 3 \\ 6 \\ 5 \end{pmatrix} + t \cdot \begin{pmatrix} 1 \\ 2 \\ 1 \end{pmatrix}$?

2 Bestimmen Sie für r = 2 die fehlenden Koordinaten so, dass der Punkt R(5 | 1 | −2) in den Ebenen
E: $\vec{x} = \begin{pmatrix} 2 \\ 5 \\ \square \end{pmatrix} + r \cdot \begin{pmatrix} 0 \\ 1 \\ 1 \end{pmatrix} + t \cdot \begin{pmatrix} 1 \\ \square \\ -1 \end{pmatrix}$ bzw. F: $\vec{x} = \begin{pmatrix} -1 \\ 4 \\ \square \end{pmatrix} + s \cdot \begin{pmatrix} \square \\ 1 \\ -1 \end{pmatrix} + r \cdot \begin{pmatrix} -2 \\ 3 \\ 1 \end{pmatrix}$ liegt.

Drei Punkte legen stets eine Ebene fest, wenn sie nicht auf einer gemeinsamen Geraden liegen.
Beispiel: P(2 | 1 | 0), Q(4 | 4 | −1) und R(0 | 3 | 3) liegen in der Ebene E. Wähle beispielsweise den Stützvektor $\vec{p} = \begin{pmatrix} 2 \\ 1 \\ 0 \end{pmatrix}$ und bilde mit P und Q den Richtungsvektor $\vec{u} = \overrightarrow{PQ} = \begin{pmatrix} 2 \\ 3 \\ -1 \end{pmatrix}$ und mit P und R den Richtungsvektor $\vec{v} = \begin{pmatrix} -2 \\ 2 \\ 3 \end{pmatrix}$. Es ist dann E: $\vec{x} = \begin{pmatrix} 2 \\ 1 \\ 0 \end{pmatrix} + r \cdot \begin{pmatrix} 2 \\ 3 \\ -1 \end{pmatrix} + s \cdot \begin{pmatrix} -2 \\ 2 \\ 3 \end{pmatrix}$.

3 Bestimmen Sie zwei verschiedene Gleichungen der Ebene E, in der die Punkte P(2 | 3 | 1), Q(−2 | 0 | −2) und R(4 | 4 | 0) liegen.

4 R(0 | 3 | 3) ist ein Punkt, der nicht auf der Geraden g: $\vec{x} = \begin{pmatrix} 2 \\ 1 \\ 0 \end{pmatrix} + r \cdot \begin{pmatrix} 2 \\ 3 \\ -1 \end{pmatrix}$ liegt.
Bestimmen Sie eine Gleichung der Ebene E, in der R und die Gerade g liegen. Ein Stützvektor ist beispielsweise $\vec{p} = \begin{pmatrix} \square \\ \square \\ \square \end{pmatrix}$, ein Richtungsvektor der Ebene wird durch den Richtungsvektor $\vec{u} = \begin{pmatrix} \square \\ \square \\ \square \end{pmatrix}$ der Geraden fest-

gelegt. Aus dem Stützvektor der Geraden und dem Ortsvektor des Punktes R lässt sich der andere Richtungs-

vektor $\vec{v} = \begin{pmatrix} \square \\ \square \\ \square \end{pmatrix} - \begin{pmatrix} \square \\ \square \\ \square \end{pmatrix} = \begin{pmatrix} \square \\ \square \\ \square \end{pmatrix}$ bestimmen. E: $\vec{X} = \begin{pmatrix} \square \\ \square \\ \square \end{pmatrix} + r \cdot \begin{pmatrix} \square \\ \square \\ \square \end{pmatrix} + s \cdot \begin{pmatrix} \square \\ \square \\ \square \end{pmatrix}$.

5 Überprüfen Sie, ob sich mithilfe der Geraden g und dem Punkt P eine Ebene festlegen lässt und bestimmen Sie gegebenenfalls eine Gleichung der Ebene in Parameterform.

a) g: $\vec{X} = \begin{pmatrix} 4 \\ 0 \\ -1 \end{pmatrix} + t \cdot \begin{pmatrix} 3 \\ -1 \\ 1 \end{pmatrix}$, P(6|−1|1) Liegt P auf g? ____________________

Ebenengleichung: ____________________

b) g: $\vec{X} = \begin{pmatrix} -1 \\ 2 \\ 1 \end{pmatrix} + t \cdot \begin{pmatrix} 4 \\ 2 \\ 4 \end{pmatrix}$, P(1|3|3) Liegt P auf g? ____________________

Ebenengleichung: ____________________

6 Weisen Sie nach, dass sich die Geraden g: $\vec{X} = \begin{pmatrix} 2 \\ 1 \\ 0 \end{pmatrix} + r \cdot \begin{pmatrix} 2 \\ 3 \\ -1 \end{pmatrix}$ und h: $\vec{X} = \begin{pmatrix} 4 \\ 4 \\ -1 \end{pmatrix} + r \cdot \begin{pmatrix} -2 \\ 2 \\ 3 \end{pmatrix}$ im Punkt S(4|4|−1) schneiden und bestimmen Sie eine Parametergleichung der Ebene E, in der g und h verlaufen.

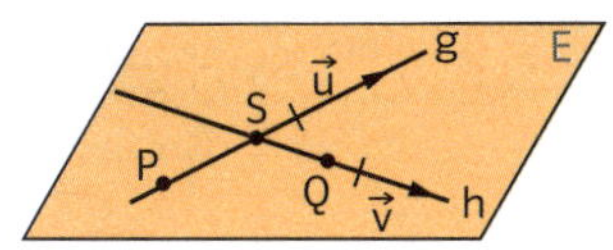

7 Die beiden Geraden g: $\vec{X} = \begin{pmatrix} 2 \\ 1 \\ 0 \end{pmatrix} + r \cdot \begin{pmatrix} 2 \\ 3 \\ -1 \end{pmatrix}$ und h: $\vec{X} = \begin{pmatrix} 0 \\ 3 \\ 3 \end{pmatrix} + r \cdot \begin{pmatrix} -2 \\ -3 \\ 1 \end{pmatrix}$ sind parallel, verlaufen also beide in einer Ebene E. Festlegung eines Stützvektors $\vec{P}$ der Ebene:

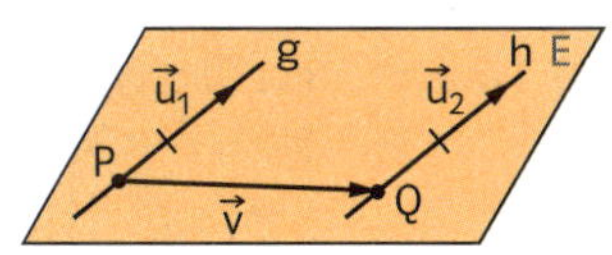

$\vec{P} = \begin{pmatrix} \square \\ \square \\ \square \end{pmatrix}$. Festlegen eines Richtungsvektors $\vec{u} = \begin{pmatrix} \square \\ \square \\ \square \end{pmatrix}$. Berechnung eines Richtungsvektors

$\vec{v} = \begin{pmatrix} \square \\ \square \\ \square \end{pmatrix} - \begin{pmatrix} \square \\ \square \\ \square \end{pmatrix} = \begin{pmatrix} \square \\ \square \\ \square \end{pmatrix}$. Gleichung der Ebene E in Parameterform: $\vec{X} = \begin{pmatrix} \square \\ \square \\ \square \end{pmatrix} + r \cdot \begin{pmatrix} \square \\ \square \\ \square \end{pmatrix} + s \cdot \begin{pmatrix} \square \\ \square \\ \square \end{pmatrix}$

8 Die drei Punkte A, B und C liegen in einer Ebene E. Bestimmen Sie die fehlende Koordinate des Punktes D so, dass D ebenfalls in E liegt.

a) A(3|2|2), B(1|2|3), C(−4|3|3), D(5|2|a)
Stütz- und Richtungsvektoren

$\vec{P} = \begin{pmatrix} \square \\ \square \\ \square \end{pmatrix}$, $\vec{u} = \begin{pmatrix} \square \\ \square \\ \square \end{pmatrix}$, $\vec{v} = \begin{pmatrix} \square \\ \square \\ \square \end{pmatrix}$

Ebenengleichung: E: $\vec{X} = \begin{pmatrix} \square \\ \square \\ \square \end{pmatrix} + r \cdot \begin{pmatrix} \square \\ \square \\ \square \end{pmatrix} + s \cdot \begin{pmatrix} \square \\ \square \\ \square \end{pmatrix}$

Bestimmung von r und s:

Bestimmung von a:

b) A(−1|2|2), B(3|−1|2), C(2|2|5), D(2|b|1)
Stütz- und Richtungsvektoren

$\vec{P} = \begin{pmatrix} \square \\ \square \\ \square \end{pmatrix}$, $\vec{u} = \begin{pmatrix} \square \\ \square \\ \square \end{pmatrix}$, $\vec{v} = \begin{pmatrix} \square \\ \square \\ \square \end{pmatrix}$

Ebenengleichung: E: $\vec{X} = \begin{pmatrix} \square \\ \square \\ \square \end{pmatrix} + r \cdot \begin{pmatrix} \square \\ \square \\ \square \end{pmatrix} + s \cdot \begin{pmatrix} \square \\ \square \\ \square \end{pmatrix}$

Bestimmung von r und s:

Bestimmung von b:

Einen Vektor $\vec{n}$, der orthogonal auf der Ebene E steht, nennt man **Normalenvektor von E**.
Damit steht $\vec{n}$ orthogonal auf allen Vektoren $\overrightarrow{PX}$, wenn $\vec{P}$ ein Stützvektor von E ist und $\vec{X}$ der Ortsvektor eines Punktes X in E. Es ist dann $\overrightarrow{PX} \circ \vec{n} = 0$.
Die daraus entstehende Gleichung $(\vec{X} - \vec{P}) \circ \vec{n} = 0$ heißt **Normalenform von E in Vektordarstellung**.

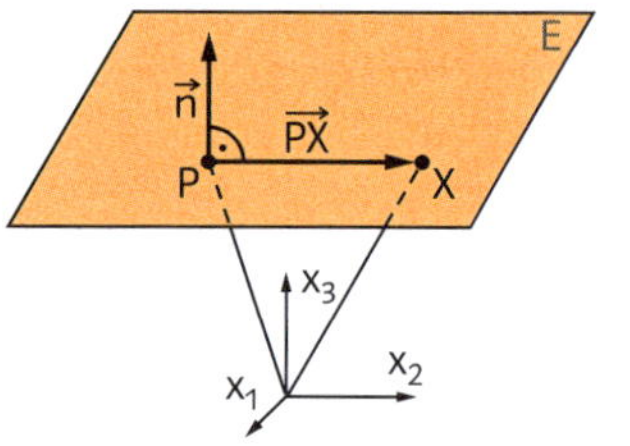

Beispiel: Ist $\vec{n} = \begin{pmatrix} 2 \\ -1 \\ 4 \end{pmatrix}$ ein Normalenvektor von E und liegt P(3 | 5 | 0) in E, lautet die Normalenform von E: $\left[\vec{X} - \begin{pmatrix} 3 \\ 5 \\ 0 \end{pmatrix}\right] \circ \begin{pmatrix} 2 \\ -1 \\ 4 \end{pmatrix} = 0$. Der Punkt R(1 | 5 | 1) liegt in E, denn der Ortsvektor $\vec{R} = \begin{pmatrix} 1 \\ 5 \\ 1 \end{pmatrix}$ von R erfüllt die Normalenform: $\left[\begin{pmatrix} 1 \\ 5 \\ 1 \end{pmatrix} - \begin{pmatrix} 3 \\ 5 \\ 0 \end{pmatrix}\right] \circ \begin{pmatrix} 2 \\ -1 \\ 4 \end{pmatrix} = \begin{pmatrix} -2 \\ 0 \\ 1 \end{pmatrix} \circ \begin{pmatrix} 2 \\ -1 \\ 4 \end{pmatrix} = -2 \cdot 2 + 0 \cdot (-1) + 1 \cdot 4 = 0$

S(1 | 3 | −5) hingegen liegt nicht in E, da $\left[\begin{pmatrix} 1 \\ 3 \\ -5 \end{pmatrix} - \begin{pmatrix} 3 \\ 5 \\ 0 \end{pmatrix}\right] \circ \begin{pmatrix} 2 \\ -1 \\ 4 \end{pmatrix} = \begin{pmatrix} -2 \\ -2 \\ -5 \end{pmatrix} \circ \begin{pmatrix} 2 \\ -1 \\ 4 \end{pmatrix} = -2 \cdot 2 + (-2) \cdot (-1) + (-5) \cdot 4 = 22 \neq 0$

1 a) Der Punkt P(3 | 1 | −2) liegt in der Ebene E, $\vec{n} = \begin{pmatrix} 1 \\ 0 \\ 3 \end{pmatrix}$ ist ein Normalenvektor von E. Bestimmen Sie eine Normalenform von E in Vektordarstellung. E = ______

b) Überprüfen Sie, ob die Punkte P bzw. Q in E liegen.

P(2 | 2 | 2): $\left[\begin{pmatrix} 2 \\ 2 \\ 2 \end{pmatrix} - \begin{pmatrix} 3 \\ 1 \\ -2 \end{pmatrix}\right] \circ \begin{pmatrix} 1 \\ 0 \\ 3 \end{pmatrix} =$ ______ Antwort: ______

Q(0 | 5 | −1): ______ Antwort: ______

2 Der Vektor $\vec{n} = \begin{pmatrix} 2 \\ -2 \\ 5 \end{pmatrix}$ steht orthogonal auf der Ebene E, in der auch der Punkt P(1 | 4 | 0) liegt.

a) Stellen Sie eine Normalenform für E auf. ______

b) Bestimmen Sie, falls möglich, die Zahlen a, b und c so, dass die Punkte P(a | 3 | 2), Q(b | b | 2), R(c | c | c) in der Ebene E liegen.

3 Die Gerade g: $\vec{X} = \begin{pmatrix} 2 \\ -1 \\ 1 \end{pmatrix} + t \cdot \begin{pmatrix} 2 \\ 2 \\ 3 \end{pmatrix}$ verläuft orthogonal zu E, der Punkt P(2 | 3 | 3) liegt in E.
Bestimmen Sie damit eine Normalenform von E in Vektordarstellung.

4 Ein Tischbein zeigt von einem Punkt F(2 | 3 | 0) des Fußbodens aus nach oben, die Tischplatte ist 10 Einheiten vom Boden entfernt. Bestimmen Sie eine Gleichung der Ebene in Normalenform, in der die Tischplatte liegt.

Normalenvektor $\vec{n} = \begin{pmatrix} \square \\ \square \\ \square \end{pmatrix}$, Ortsvektor eines Punkt P in E: $\vec{P} = \begin{pmatrix} \square \\ \square \\ \square \end{pmatrix}$, Normalenform von E: ______

5 Bestimmen Sie für die x_1x_2-Ebene eine Normalenform in Vektordarstellung.

Kennt man eine Normalenform $E: \left[\vec{x} - \begin{pmatrix} 3 \\ 5 \\ 0 \end{pmatrix}\right] \circ \begin{pmatrix} 2 \\ -3 \\ 4 \end{pmatrix} = 0$ der Ebene, dann erhält man durch Berechnung des Skalarproduktes: $\left[\begin{pmatrix} x_1 \\ x_2 \\ x_3 \end{pmatrix} - \begin{pmatrix} 3 \\ 5 \\ 0 \end{pmatrix}\right] \circ \begin{pmatrix} 2 \\ -3 \\ 4 \end{pmatrix} = 0$ wird zu $\begin{pmatrix} x_1 - 3 \\ x_2 - 5 \\ x_3 - 0 \end{pmatrix} \circ \begin{pmatrix} 2 \\ -3 \\ 4 \end{pmatrix} = 0$ und damit ergibt sich die Gleichung $2 \cdot (x_1 - 3) - 3 \cdot (x_2 - 5) + 4 \cdot x_3 = 0$. Ausmultipliziert und umsortiert ergibt sich eine **Normalenform von E in Koordinatendarstellung**: $2x_1 - 3x_2 + 4x_3 + 9 = 0$.

Ist nun umgekehrt $E: -x_1 + 3x_2 - 4x_3 - 13 = 0$ eine Normalenform der Ebene E in Koordinatendarstellung, so ist $\vec{n} = \begin{pmatrix} -1 \\ 3 \\ -4 \end{pmatrix}$ ein Normalenvektor von E.

Wählt man nun beispielsweise den Punkt P(2 | 5 | 0), der in E liegt, erhält man daraus eine Normalenform in Vektordarstellung: $E: \left[\vec{x} - \begin{pmatrix} 2 \\ 5 \\ 0 \end{pmatrix}\right] \circ \begin{pmatrix} -1 \\ 3 \\ -4 \end{pmatrix} = 0$.

6 Wandeln Sie die Normalenform der Ebene E in Vektordarstellung in eine Gleichung in Koordinatendarstellung um.

a) $E: \left[\vec{x} - \begin{pmatrix} 0 \\ 2 \\ 2 \end{pmatrix}\right] \circ \begin{pmatrix} -3 \\ 1 \\ 5 \end{pmatrix} = 0$ ______________________

b) $E: \left[\vec{x} - \begin{pmatrix} -1 \\ 3 \\ 4 \end{pmatrix}\right] \circ \begin{pmatrix} 2 \\ -2 \\ 4 \end{pmatrix} = 0$ ______________________

c) $E: \left[\vec{x} - \begin{pmatrix} 1 \\ -2 \\ 2 \end{pmatrix}\right] \circ \begin{pmatrix} 1 \\ 0 \\ 4 \end{pmatrix} = 0$ ______________________

7 Der Vektor $\vec{n} = \begin{pmatrix} -1 \\ 2 \\ 1 \end{pmatrix}$ ist ein Normalenvektor von E, und der Punkt P(0 | 0 | 2) liegt in E. Bestimmen Sie eine Normalenform von E in Koordinatendarstellung.

Vektordarstellung: ______________ Koordinatendarstellung: ______________

8 Die beiden Punkte P(3 | 2 | 1) und Q(7 | −4 | 11) liegen spiegelbildlich zur Ebene E.
Stellen Sie eine Normalenform von E in Vektor- und in Koordinatendarstellung auf.

Normalenvektor: $\vec{n} = \begin{pmatrix} \ \\ \ \\ \ \end{pmatrix}$, Ortsvektor des Mittelpunktes der Strecke $\overline{PQ}$: ______________

Vektordarstellung: ______________________

Koordinatendarstellung: ______________________

9 Wandeln Sie die Koordinatendarstellung der Normalenform von E in eine Vektordarstellung um.

a) $E: 2x_1 + 3x_2 + 3x_3 - 8 = 0$ b) $E: 2x_1 - 4x_2 - 8 = 0$ c) $E: -4x_1 + 2x_3 - 8 = 0$ d) $E: -2x_1 - 3 = 0$

Ein Normalenvektor der Länge 1 heißt **Normaleneinheitsvektor** $\vec{n_0}$. Eine Ebenengleichung der Form E: $(\vec{X} - \vec{P}) \circ \vec{n_0} = 0$ mit dem Normaleneinheitsvektor $\vec{n_0}$ heißt **Hesse'sche Normalenform**.
Für spätere Berechnungen von Abständen ist es günstig, $\vec{n_0}$ so auszurichten, dass $\vec{n_0} \circ \vec{P} > 0$ gilt.
Dazu muss $\vec{n_0}$ gegebenenfalls mit dem Faktor −1 multipliziert werden.

Beispiel: Der Vektor $\vec{n_0} = \frac{1}{3}\begin{pmatrix}1\\2\\2\end{pmatrix}$ hat die Länge 1.

Die Ebenengleichung einer Ebene E: $\left[\vec{X} - \begin{pmatrix}1\\1\\1\end{pmatrix}\right] \circ \frac{1}{3}\begin{pmatrix}1\\2\\2\end{pmatrix} = 0$ ist eine **Hesse'sche Normalenform in Vektordarstellung**.

Die **Hesse'sche Normalenform** von E in **Koordinatendarstellung** lautet: $\frac{x_1 + 2x_2 + 2x_3 - 5}{\sqrt{1^2 + 2^2 + 2^2}} = 0$.

10 Geben Sie zu den folgenden Ebenen eine Gleichung in Hesse'scher Normalenform an.

a) E: $\left[\vec{X} - \begin{pmatrix}2\\2\\-1\end{pmatrix}\right] \circ \begin{pmatrix}8\\-1\\4\end{pmatrix} = 0$

$\vec{n} = \begin{pmatrix}\_\_\\\_\_\\\_\_\end{pmatrix}$; $|\vec{n}|$ = ____________________; E: ____________________

b) E: $\vec{X} = \begin{pmatrix}1\\5\\7\end{pmatrix} + r\begin{pmatrix}0\\6\\3\end{pmatrix} + s\begin{pmatrix}2\\0\\-3\end{pmatrix}$

Der Normalenvektor $\vec{n}$ ist orthogonal zu beiden Richtungsvektoren von E. Man berechnet ihn mit dem Vektorprodukt:

$\vec{n} = \begin{pmatrix}\_\_\\\_\_\\\_\_\end{pmatrix} \times \begin{pmatrix}\_\_\\\_\_\\\_\_\end{pmatrix} = \begin{pmatrix}\_\_\_\_\_\_\\\_\_\_\_\_\_\\\_\_\_\_\_\_\end{pmatrix} = \begin{pmatrix}\_\_\\\_\_\\\_\_\end{pmatrix}$

$|\vec{n}|$ = ____________________; E: ____________________

11 a) Welche der folgenden Ebenengleichungen sind Hesse'sche Normalenformen in Vektordarstellung? Formen Sie diese in die Koordinatendarstellung um.

A: $\left[\vec{X} - \begin{pmatrix}-5\\0\\8\end{pmatrix}\right] \circ \begin{pmatrix}1\\0\\0\end{pmatrix} = 0$

B: $\left[\vec{X} - \begin{pmatrix}2\\3\\6\end{pmatrix}\right] \circ \frac{1}{11}\begin{pmatrix}2\\6\\9\end{pmatrix} = 0$

C: $\left[\vec{X} - \begin{pmatrix}2\\0\\-1\end{pmatrix}\right] \circ \begin{pmatrix}1\\1\\1\end{pmatrix} = 0$

D: $\left[\vec{X} - \begin{pmatrix}10\\-4\\1\end{pmatrix}\right] \circ \frac{1}{38}\begin{pmatrix}2\\-5\\3\end{pmatrix} = 0$

E: $\left[\vec{X} - \begin{pmatrix}-1\\12\\-3\end{pmatrix}\right] \circ \begin{pmatrix}-0{,}8\\0{,}6\\0\end{pmatrix} = 0$

F: $\left[\vec{X} - \begin{pmatrix}7\\8\\9\end{pmatrix}\right] \circ \frac{1}{\sqrt{14}}\begin{pmatrix}1\\-3\\2\end{pmatrix} = 0$

b) Ändern Sie alle übrigen Ebenengleichungen in Hesse'sche Normalenformen in Vektordarstellung um.

12 Gegeben ist die Ebene E: $3x_1 - 4x_3 - 12$. Geben Sie eine Hesse´sche Normalenform von E in Vektor- und in Koordinatendarstellung an.

Vektordarstellung: ____________________

Koordinatendarstellung: ____________________

Bestimmung der Lage einer Ebene zu einer Geraden durch Lösung einer Gleichung
Eine Ebene und eine Gerade können sich schneiden (dann haben sie einen gemeinsamen Punkt), sie können parallel oder identisch sein, d.h. sie haben keinen bzw. unendlich viele gemeinsame Punkte.

Beispiel 1: E und g schneiden sich

Die Ebene $E: 2x_1 + 3x_2 - x_3 - 4 = 0$ und die Gerade $g: \vec{X} = \begin{pmatrix} 3 \\ 2 \\ 1 \end{pmatrix} + t \cdot \begin{pmatrix} 2 \\ 1 \\ 0 \end{pmatrix}$ haben den Schnittpunkt P(1|1|1):

Setzt man die einzelnen Komponenten des Ortsvektors $\vec{X}$ der Geraden in die Koordinatengleichung der Ebene ein und löst die entstehende Gleichung $2(3 + 2t) + 3(2 + t) - (1 + 0t) - 4 = 0$, dann ergibt sich der Wert $t = -1$. Das heißt, der Schnittpunkt P mit dem Ortsvektor $\vec{P} = \begin{pmatrix} 3 \\ 2 \\ 1 \end{pmatrix} - 1 \cdot \begin{pmatrix} 2 \\ 1 \\ 0 \end{pmatrix} = \begin{pmatrix} 1 \\ 1 \\ 1 \end{pmatrix}$ liegt sowohl auf der Geraden als auch in der Ebene.

Beispiel 2: E und h sind parallel

Die Ebene $E: 2x_1 + 3x_2 - x_3 - 4 = 0$ und die Gerade $h: \vec{X} = \begin{pmatrix} 3 \\ 2 \\ 1 \end{pmatrix} + t \cdot \begin{pmatrix} 1 \\ -1 \\ -1 \end{pmatrix}$ sind parallel.

Die Gleichung, die zu lösen ist, lautet $2(3 + t) + 3(2 - t) - (1 - t) - 4 = 0$. Sie hat keine Lösung, h und E haben also keinen gemeinsamen Punkt.

Beispiel 3: k liegt in E

Die Gerade $k: \vec{X} = \begin{pmatrix} 1 \\ 1 \\ 1 \end{pmatrix} + t \cdot \begin{pmatrix} 1 \\ -1 \\ -1 \end{pmatrix}$ hat mit der Ebene $E: 2x_1 + 3x_2 - x_3 - 4 = 0$ unendlich viele gemeinsame Punkte, denn sie liegt in E: $2(1 + t) + 3(1 - t) - (1 - t) = 4$ liefert $4 = 4$, d.h. unendlich viele Lösungen.

1 Bestimmen Sie den Schnittpunkt, den E und g haben.

a) $E: -x_1 + 2x_2 + x_3 - 5 = 0$, $g: \vec{X} = \begin{pmatrix} -1 \\ 6 \\ -6 \end{pmatrix} + t \cdot \begin{pmatrix} 2 \\ -1 \\ 3 \end{pmatrix}$

b) $E: 3x_1 - 2x_2 - 4 = 0$, $g: \vec{X} = \begin{pmatrix} 2 \\ 1 \\ 3 \end{pmatrix} + t \cdot \begin{pmatrix} -1 \\ 2 \\ 2 \end{pmatrix}$

2 Liegt die Gerade g in der Ebene oder verläuft sie parallel dazu?

a) $E: -2x_1 + x_2 + 2x_3 - 3 = 0$, $g: \vec{X} = \begin{pmatrix} 5 \\ 7 \\ 3 \end{pmatrix} + t \cdot \begin{pmatrix} 2 \\ 2 \\ 1 \end{pmatrix}$

b) $E: -2x_1 + x_2 + 2x_3 - 3 = 0$, $g: \vec{X} = \begin{pmatrix} 1 \\ 0 \\ 2 \end{pmatrix} + t \cdot \begin{pmatrix} 1 \\ 4 \\ -1 \end{pmatrix}$

3 Sonnenstrahlen sollen parallel zum Vektor $\begin{pmatrix} 4 \\ 5 \\ 7 \end{pmatrix}$ verlaufen. Ein Turm mit dem Fußpunkt F(−2|1|0) und der Spitze S(−2|1|15) wirft einen Schatten auf einen Hang, der durch die Ebene $E: x_1 + 2x_2 + x_3 + 6 = 0$ repräsentiert wird. Wo liegt der Schattenpunkt T der Turmspitze auf dem Hang und wie lang ist der Schatten des Turmes?

Der Sonnenstrahl g durch die Turmspitze hat die Parametergleichung $g: \vec{X} = \begin{pmatrix} \_ \\ \_ \\ \_ \end{pmatrix} + t \cdot \begin{pmatrix} \_ \\ \_ \\ \_ \end{pmatrix}$

Gleichung, die entsteht, wenn man g in E einsetzt: ____________________

Berechnung von t: ____________________ Berechnung des Schnittpunktes T: ____________________

Abstand von T und F: ____________________

4 In welchem Punkt P schneidet die Gerade $g\colon \vec{X} = \begin{pmatrix} 3 \\ 2 \\ 1 \end{pmatrix} + t \cdot \begin{pmatrix} 2 \\ 1 \\ 0 \end{pmatrix}$ die Ebene $E\colon \vec{X} = \begin{pmatrix} 0 \\ 0 \\ -4 \end{pmatrix} + r \cdot \begin{pmatrix} -5 \\ 3 \\ -1 \end{pmatrix} + s \cdot \begin{pmatrix} 2 \\ 3 \\ 13 \end{pmatrix}$?

Gleichsetzen der rechten Seiten führt zum LGS: $r \cdot \begin{pmatrix} \square \\ 3 \\ -1 \end{pmatrix} + s \cdot \begin{pmatrix} 2 \\ \square \\ \square \end{pmatrix} + t \cdot \begin{pmatrix} -2 \\ \square \\ \square \end{pmatrix} = \begin{pmatrix} \square \\ \square \\ 5 \end{pmatrix}$. Lösung des LGS liefert

t = ______________. In g eingesetzt ergibt dies den Ortsvektor $\vec{P} = \begin{pmatrix} 3 \\ 2 \\ 1 \end{pmatrix} + \square \cdot \begin{pmatrix} 2 \\ 1 \\ 0 \end{pmatrix} = \begin{pmatrix} \square \\ \square \\ \square \end{pmatrix}$. $P(\square \mid \square \mid \square)$

5 Zeigen Sie, dass $h\colon \vec{X} = \begin{pmatrix} 3 \\ 2 \\ 1 \end{pmatrix} + t \cdot \begin{pmatrix} 1 \\ -1 \\ -1 \end{pmatrix}$ parallel zu $E\colon \vec{X} = \begin{pmatrix} 0 \\ 0 \\ -4 \end{pmatrix} + r \cdot \begin{pmatrix} -5 \\ 3 \\ -1 \end{pmatrix} + s \cdot \begin{pmatrix} 2 \\ 3 \\ 13 \end{pmatrix}$ ist, indem Sie wie in Aufgabe 4 verfahren.

6 Untersuchen Sie die gegenseitige Lage von E und g.

a) $E\colon \vec{X} = \begin{pmatrix} 1 \\ -1 \\ -1 \end{pmatrix} + r \cdot \begin{pmatrix} 1 \\ 1 \\ 2 \end{pmatrix} + s \cdot \begin{pmatrix} 3 \\ 0 \\ 1 \end{pmatrix}$, $g\colon \vec{X} = \begin{pmatrix} 5 \\ 1 \\ 2 \end{pmatrix} + t \cdot \begin{pmatrix} -1 \\ 4 \\ 3 \end{pmatrix}$

b) $E\colon \vec{X} = \begin{pmatrix} 1 \\ 0 \\ 2 \end{pmatrix} + s \cdot \begin{pmatrix} -1 \\ 2 \\ -1 \end{pmatrix} + t \cdot \begin{pmatrix} 0 \\ 3 \\ -2 \end{pmatrix}$, $g\colon \vec{X} = \begin{pmatrix} 4 \\ 4 \\ 4 \end{pmatrix} + t \cdot \begin{pmatrix} -1 \\ 5 \\ -3 \end{pmatrix}$

Bestimmung der Lage einer Ebene zu einer Geraden durch Untersuchung von Vektoren

Beispiel 1:
Im obigen Kasten wurde gezeigt, dass sich die Ebene $E\colon 2x_1 + 3x_2 - x_3 - 4 = 0$ und die Gerade $g\colon \vec{X} = \begin{pmatrix} 3 \\ 2 \\ 1 \end{pmatrix} + t \cdot \begin{pmatrix} 2 \\ 1 \\ 0 \end{pmatrix}$ schneiden. Dies zeigt sich auch darin, dass der Normalenvektor $\vec{n} = \begin{pmatrix} 2 \\ 3 \\ -1 \end{pmatrix}$ der Ebene und der Richtungsvektor $\vec{u} = \begin{pmatrix} 2 \\ 1 \\ 0 \end{pmatrix}$ nicht orthogonal zueinander sind: $\vec{n} \circ \vec{u} = \begin{pmatrix} 2 \\ 3 \\ -1 \end{pmatrix} \circ \begin{pmatrix} 2 \\ 1 \\ 0 \end{pmatrix} = 4 + 3 = 7 \neq 0$.

Beispiel 2:
Der Normalenvektor von $E\colon 2x_1 + 3x_2 - x_3 - 4 = 0$ und der Richtungsvektor von $h\colon \vec{X} = \begin{pmatrix} 3 \\ 2 \\ 1 \end{pmatrix} + t \cdot \begin{pmatrix} 1 \\ -1 \\ -1 \end{pmatrix}$ hingegen sind orthogonal, da $\vec{n} \circ \vec{u} = \begin{pmatrix} 2 \\ 3 \\ -1 \end{pmatrix} \circ \begin{pmatrix} 1 \\ -1 \\ -1 \end{pmatrix} = 2 - 3 + 1 = 0$. Der Punkt $P(3 \mid 2 \mid 1)$ der Geraden liegt nicht in E. Die Ebene E und Gerade h sind also parallel.

7 Untersuchen Sie mithilfe geeigneter Vektoren, ob sich die Ebene E und die Gerade g schneiden. Schneiden E und g sich nicht, bestimmen Sie, ob g in E liegt oder g parallel zu E ist.

a) $E\colon 3x_1 - 2x_2 + 7x_3 + 4 = 0$, $g\colon \vec{X} = \begin{pmatrix} 2 \\ 0 \\ 0 \end{pmatrix} + t \cdot \begin{pmatrix} 1 \\ -2 \\ -1 \end{pmatrix}$

b) $E\colon -2{,}5x_1 - 0{,}5x_2 + 2x_3 = 0$, $g\colon \vec{X} = \begin{pmatrix} 2 \\ 0 \\ 0 \end{pmatrix} + t \cdot \begin{pmatrix} 1 \\ 1 \\ 1 \end{pmatrix}$

c) $E\colon -2{,}5x_1 - 0{,}5x_2 + 3x_3 + 5 = 0$, $g\colon \vec{X} = \begin{pmatrix} 2 \\ 0 \\ 0 \end{pmatrix} + t \cdot \begin{pmatrix} 1 \\ 1 \\ 1 \end{pmatrix}$

d) $E\colon \left[\vec{X} - \begin{pmatrix} 2 \\ 2 \\ 1 \end{pmatrix}\right] \circ \begin{pmatrix} 3 \\ -1 \\ 1 \end{pmatrix} = 0$, $g\colon \vec{X} = \begin{pmatrix} 1 \\ 0 \\ 2 \end{pmatrix} + t \cdot \begin{pmatrix} 2 \\ -2 \\ 1 \end{pmatrix}$

e) $E\colon \left[\vec{X} - \begin{pmatrix} 2 \\ 4 \\ 3 \end{pmatrix}\right] \circ \begin{pmatrix} -2 \\ 1 \\ 2 \end{pmatrix} = 0$, $g\colon \vec{X} = \begin{pmatrix} 5 \\ 6 \\ 5 \end{pmatrix} + t \cdot \begin{pmatrix} 2 \\ 6 \\ -1 \end{pmatrix}$

f) $E\colon \left[\vec{X} - \begin{pmatrix} -2 \\ 4 \\ -1 \end{pmatrix}\right] \circ \begin{pmatrix} -3 \\ 1 \\ 0 \end{pmatrix} = 0$, $g\colon \vec{X} = \begin{pmatrix} 1 \\ 0 \\ 2 \end{pmatrix} + t \cdot \begin{pmatrix} 2 \\ 6 \\ 6 \end{pmatrix}$

Beide Ebenen liegen als Gleichungen in Normalenform in Koordinatendarstellung vor. Um die gegenseitige Lage zweier Ebenen zu bestimmen, betrachtet man zuerst ihre Normalenvektoren. Sind diese linear abhängig, dann sind die beiden Ebenen parallel oder identisch. Andernfalls schneiden sich die Ebenen in einer Geraden.

Beispiel 1:
Betrachtet man die Normalenvektoren der Ebenen $E: 2x_1 + 3x_2 - x_3 - 5 = 0$ und $F: 4x_1 + 6x_2 - 2x_3 - 3 = 0$, so stellt man fest, dass $\vec{n_E}$ und $\vec{n_F}$ linear abhängig sind, da $\vec{n_F} = 2 \cdot \vec{n_E}$ gilt. Der Punkt P(1|1|0) liegt in E, aber nicht in F. Daher sind die beiden Ebenen parallel.

Beispiel 2:
Die beiden Ebenen $E: 2x_1 + 3x_2 - x_3 - 5 = 0$ und $F: -5x_1 + 10x_2 - x_3 - 5 = 0$ schneiden sich in einer Geraden, da ihre Normalenvektoren linear unabhängig sind.
Die Gleichung für die Schnittgerade bestimmt man so:
Stelle für das LGS $\begin{array}{r} 2x_1 + 3x_2 - x_3 - 5 = 0 \\ -5x_1 + 10x_2 - x_3 - 5 = 0 \end{array}$ Stufenform her: $\begin{array}{r} 2x_1 + 3x_2 - x_3 = 5 \\ 35x_2 - 7x_3 = 35 \end{array}$
Wähle beispielsweise $x_3 = t$ und drücke die anderen beiden Koordinaten mithilfe von t aus: $x_2 = 1 + \frac{1}{5}t$ und $x_1 = 1 + \frac{1}{5}t$. Die Gleichung der Geraden g lautet also $g: \vec{X} = \begin{pmatrix} 1 \\ 1 \\ 0 \end{pmatrix} + t \cdot \begin{pmatrix} \frac{1}{5} \\ \frac{1}{5} \\ 1 \end{pmatrix}$ oder mit ganzzahligen Komponenten des Richtungsvektors: $g: \vec{X} = \begin{pmatrix} 1 \\ 1 \\ 0 \end{pmatrix} + t \cdot \begin{pmatrix} 1 \\ 1 \\ 5 \end{pmatrix}$.

1 Untersuchen Sie mithilfe der Normalenvektoren, welche der Ebenen $E: -x_1 + 2x_2 - 3x_3 - 8 = 0$, $F: 2x_1 + 4x_2 + 6x_3 - 8 = 0$ bzw. $G: 2x_1 - 4x_2 + 6x_3 - 4 = 0$ parallel sind. Bestimmen Sie ansonsten die Schnittgerade.

2 Bestimmen Sie die Lücken in den Normalenvektoren so, dass die beiden Ebenen

$E: -2x_1 + \_\_\, x_2 - x_3 - 4 = 0$ und $F: \left[\vec{X} - \begin{pmatrix} 1 \\ -4 \\ 3 \end{pmatrix}\right] \circ \begin{pmatrix} 4 \\ 3 \\ \_\_ \end{pmatrix} = 0$ parallel sind.

3 Geben Sie die Gleichung einer Ebene F an, die zur Ebene E parallel ist und durch den Punkt P geht.

a) $E: 2x_1 - 3x_2 + 5x_3 - 10 = 0$; P(1|1|1)

Normalenvektor von E: $\vec{n} = \begin{pmatrix} \_\_ \\ \_\_ \\ \_\_ \end{pmatrix}$. F: ____________________

b) $E: \left[\vec{X} - \begin{pmatrix} 2 \\ -4 \\ 6 \end{pmatrix}\right] \circ \begin{pmatrix} 4 \\ 0 \\ -3 \end{pmatrix} = 0$; P(2|5|−1)

Normalenvektor von E: $\vec{n} = \begin{pmatrix} \_\_ \\ \_\_ \\ \_\_ \end{pmatrix}$. F: ____________________

c) $E: \vec{X} = \begin{pmatrix} 2 \\ 1 \\ 1 \end{pmatrix} + r\begin{pmatrix} -2 \\ 1 \\ -1 \end{pmatrix} + s\begin{pmatrix} 1 \\ -3 \\ -2 \end{pmatrix}$; P(−1|3|1)

Normalenvektor von E: $\vec{n} = \begin{pmatrix} \_\_ \\ \_\_ \\ \_\_ \end{pmatrix} \times \begin{pmatrix} \_\_ \\ \_\_ \\ \_\_ \end{pmatrix} = \begin{pmatrix} \_\_ \\ \_\_ \\ \_\_ \end{pmatrix}$; F: ____________________

Eine Ebene liegt in einer Gleichung in Normalenform vor, die andere Ebene in einer Parametergleichung

Beispiel 1: E: $2x_1 + 3x_2 - x_3 - 5 = 0$, F: $\vec{x} = \begin{pmatrix} 0 \\ 0 \\ -1{,}5 \end{pmatrix} + r \cdot \begin{pmatrix} 5 \\ -3 \\ 1 \end{pmatrix} + s \cdot \begin{pmatrix} 2 \\ 3 \\ 13 \end{pmatrix}$

Untersucht man E und F auf gemeinsame Punkte, bietet es sich hier an, die Komponenten des Ortsvektors der Punkte von F in E einzusetzen: $2 \cdot (5r + 2s) + 3 \cdot (-3r + 3s) - (-1{,}5 + r + 13s) - 5 = 0$. Es ergibt sich die Falschaussage $1{,}5 = 5$. Das bedeutet, dass die beiden Ebenen keine gemeinsamen Punkte haben; sie sind also parallel.

Beispiel 2:
Die beiden Ebenen E: $\left[\vec{x} - \begin{pmatrix} 1 \\ 1 \\ 0 \end{pmatrix}\right] \circ \begin{pmatrix} 2 \\ 3 \\ -1 \end{pmatrix} = 0$ und F: $\vec{x} = \begin{pmatrix} 1 \\ 1 \\ 5 \end{pmatrix} + r \cdot \begin{pmatrix} 2 \\ 1 \\ 0 \end{pmatrix} + s \cdot \begin{pmatrix} -1 \\ 0 \\ 5 \end{pmatrix}$ schneiden sich in einer Geraden. Man setzt $\vec{x}$ aus F in E ein und erhält $\left[\begin{pmatrix} 1 \\ 1 \\ 5 \end{pmatrix} + r\begin{pmatrix} 2 \\ 1 \\ 0 \end{pmatrix} + s\begin{pmatrix} -1 \\ 0 \\ 5 \end{pmatrix} - \begin{pmatrix} 1 \\ 1 \\ 0 \end{pmatrix}\right] \circ \begin{pmatrix} 2 \\ 3 \\ -1 \end{pmatrix} = 0$. Ausmultiplizieren und Zusammenfassen ergibt $7r - 7s = 5$, also z. B. $r = \frac{5}{7} + s$. Setzt man r in die Parametergleichung von F ein und fasst zusammen erhält man die Gleichung für die Schnittgerade:

$$\vec{x} = \begin{pmatrix} 1 \\ 1 \\ 5 \end{pmatrix} + \left(\frac{5}{7} + s\right) \cdot \begin{pmatrix} 2 \\ 1 \\ 0 \end{pmatrix} + s \cdot \begin{pmatrix} -1 \\ 0 \\ 5 \end{pmatrix} = \begin{pmatrix} 1 + \frac{10}{7} \\ 1 + \frac{5}{7} \\ 5 \end{pmatrix} + s \cdot \begin{pmatrix} 1 \\ 1 \\ 5 \end{pmatrix}.$$ Sie lautet also g: $\vec{x} = \begin{pmatrix} \frac{17}{7} \\ \frac{12}{7} \\ 5 \end{pmatrix} + s \cdot \begin{pmatrix} 1 \\ 1 \\ 5 \end{pmatrix}$.

4 Untersuchen Sie, ob sich die Ebenen E und F schneiden. Geben Sie gegebenenfalls die Schnittgerade an.

a) E: $3x_1 + 2x_2 - x_3 - 3 = 0$, F: $\vec{x} = \begin{pmatrix} 1 \\ 1 \\ 0 \end{pmatrix} + s \cdot \begin{pmatrix} -1 \\ -1 \\ 1 \end{pmatrix} + t \cdot \begin{pmatrix} 1 \\ 2 \\ 1 \end{pmatrix}$ b) E: $\vec{x} = \begin{pmatrix} -1 \\ 1 \\ 3 \end{pmatrix} + r \cdot \begin{pmatrix} 4 \\ 1 \\ -2 \end{pmatrix} + t \cdot \begin{pmatrix} 1 \\ 1 \\ 0 \end{pmatrix}$, F: $\left[\vec{x} - \begin{pmatrix} 3 \\ 1 \\ -2 \end{pmatrix}\right] \circ \begin{pmatrix} 2 \\ -2 \\ 3 \end{pmatrix} = 0$

5 a) Weisen Sie nach, dass sich die beiden Ebenen E: $2x_1 - x_2 + 3x_3 - 6 = 0$ und F: $\vec{x} = \begin{pmatrix} 3 \\ 3 \\ 2 \end{pmatrix} + s \cdot \begin{pmatrix} -1 \\ 2 \\ 4 \end{pmatrix} + t \cdot \begin{pmatrix} 0 \\ 1 \\ 1 \end{pmatrix}$ schneiden.

b) g: $\vec{x} = \begin{pmatrix} 4{,}5 \\ 4{,}5 \\ a \end{pmatrix} + r \cdot \begin{pmatrix} 1 \\ b \\ 0 \end{pmatrix}$ ist die Schnittgerade der beiden Ebenen aus Teilaufgabe a). Setzen Sie g in E ein und bestimmen Sie damit a und b.

6 Bestimmen Sie die Zahlen a, b und c in der Parametergleichung von F: $\vec{x} = \begin{pmatrix} 3 \\ 3 \\ a \end{pmatrix} + s \cdot \begin{pmatrix} b \\ 2 \\ 6 \end{pmatrix} + t \cdot \begin{pmatrix} 0 \\ -2 \\ c \end{pmatrix}$ so, dass die Ebenen F und E: $x_1 + 2x_2 - x_3 - 4 = 0$ identisch sind.

F in E eingesetzt liefert $(3 + \square \cdot s) + 2(\square + 2s - 2\square) - (\square + \square + \square) - 4 = 0$.

Zusammengefasst ergibt sich $(9 - \square) + (b - \square) \cdot s + (\square - 4) \cdot t = 4$.

Die Koeffizienten vor s und t müssen jeweils null sein: $b - \square = 0$ und $\square - 4 = 0$.

Damit wird $b = \square$ und $c = \square$. Für die Zahlen muss gelten: $9 - \square = 4$, also $a = \square$.

7 Überprüfen Sie, ob die beiden Ebenen gemeinsame Punkte haben oder nicht. Geben sie gegebenenfalls die Schnittgerade an.

a) E: $\vec{x} = \begin{pmatrix} 4 \\ -1 \\ 10 \end{pmatrix} + t \cdot \begin{pmatrix} 2 \\ -1 \\ 2 \end{pmatrix} + s \cdot \begin{pmatrix} 3 \\ 0 \\ 2 \end{pmatrix}$, F: $\vec{x} = \begin{pmatrix} 2 \\ 3 \\ 3 \end{pmatrix} + t \cdot \begin{pmatrix} 1 \\ 1 \\ 0 \end{pmatrix} + s \cdot \begin{pmatrix} 1 \\ -2 \\ 2 \end{pmatrix}$

b) E: $\vec{x} = \begin{pmatrix} 2 \\ -1 \\ 0 \end{pmatrix} + t \cdot \begin{pmatrix} 1 \\ 2 \\ 0 \end{pmatrix} + s \cdot \begin{pmatrix} 5 \\ 1 \\ 0 \end{pmatrix}$, F: $\vec{x} = \begin{pmatrix} 2 \\ 3 \\ 2 \end{pmatrix} + t \cdot \begin{pmatrix} 1 \\ 1 \\ 0 \end{pmatrix} + s \cdot \begin{pmatrix} 1 \\ -2 \\ 2 \end{pmatrix}$

Der Punkt R(4 | 7 | −12) hat verschiedene Entfernungen von den Punkten der Gerade g: $\vec{x} = \begin{pmatrix} -5 \\ 2 \\ 6 \end{pmatrix} + t \cdot \begin{pmatrix} 4 \\ 3 \\ -2 \end{pmatrix}$.

Der **Abstand des Punktes R von der Geraden g** ist die kleinste dieser Entfernungen. Man bestimmt den Abstand von R und g in drei Schritten:

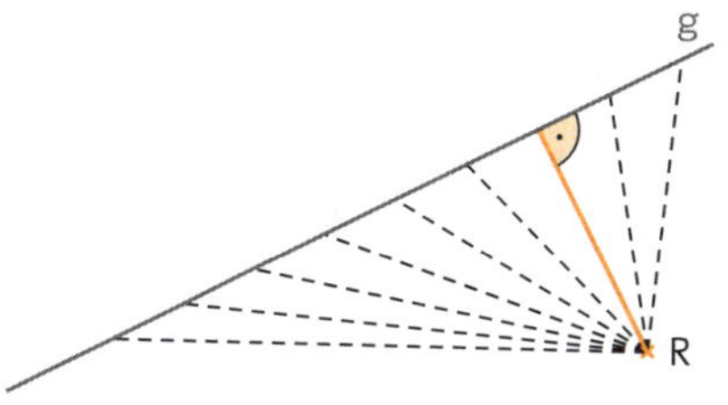

1. Aufstellen einer Hilfsebene E, in der R liegt und die orthogonal zur Geraden g ist:
   Ansatz für E: $4x_1 + 3x_2 - 2x_3 - d = 0$. Einsetzen der Koordinaten von R ergibt $d = 4 \cdot 4 + 3 \cdot 7 - 2 \cdot (-12) = 61$ und somit E: $4x_1 + 3x_2 - 2x_3 - 61 = 0$.
2. Der Schnittpunkt der Hilfsebene E und der Geraden g ist der Lotfußpunkt F von R auf g:
   $4(-5 + 4t) + 3(2 + 3t) - 2(6 - 2t) = 61$ liefert $t = 3$.
   Einsetzen von $t = 3$ in die Gleichung von g ergibt den Lotfußpunkt F(7 | 11 | 0).

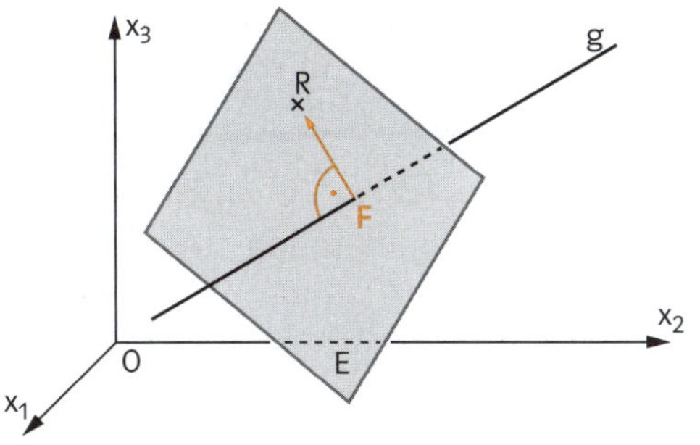

3. Der Betrag $|\overrightarrow{FR}| = \sqrt{(-3)^2 + (-4)^2 + 12^2} = \sqrt{169} = 13$ ist der Abstand des Punktes R von g.

1 Berechnen Sie den Abstand des Punktes R von der Geraden g.

a) R(−4 | 9 | −1); g: $\vec{x} = \begin{pmatrix} 1 \\ -1 \\ 1 \end{pmatrix} + t \cdot \begin{pmatrix} 3 \\ 4 \\ -2 \end{pmatrix}$

1. Schritt: Hilfsebene E: ______________________

2. Schritt: Schneiden von g und E: ______________________

____

Einsetzen von t = ______ in die Gleichung von g ergibt den Lotfußpunkt F(____ | ____ | ____) von R auf g.

3. Schritt: $|\overrightarrow{FR}|$ = ______________________

b) R(6 | −9 | 6); g: $\vec{x} = \begin{pmatrix} -1 \\ 1 \\ 0 \end{pmatrix} + t \cdot \begin{pmatrix} 4 \\ -2 \\ 2 \end{pmatrix}$

1. Schritt: Hilfsebene E: ______________________

2. Schritt: Schneiden von g und E: ______________________

____

Einsetzen von t = ______ in die Gleichung von g ergibt den Lotfußpunkt F(____ | ____ | ____) von R auf g.

3. Schritt: $|\overrightarrow{FR}|$ = ______________________

2 Welcher der drei Punkte A(−1 | 5 | −3), B(9 | 5 | 9) und C(−4 | −8 | −4) hat von der Geraden g: $\vec{x} = \begin{pmatrix} -5 \\ 0 \\ 2 \end{pmatrix} + t \cdot \begin{pmatrix} 4 \\ 3 \\ 1 \end{pmatrix}$ den kleinsten Abstand?

3 Die Punkte auf den orangefarbenen Kärtchen sind jeweils die Ecken eines Dreiecks.
Ordnen Sie jedem Dreieck dasjenige hellgraue Kärtchen zu, das den Flächeninhalt des Dreiecks angibt.

A(1 | 0 | −5)
B(1 | 4 | −2)
C(1 | −2 | 6)

A(−2 | −4 | −4)
B(2 | 9 | 3)
C(−2 | 11 | −1)

A(−8 | 10 | 0)
B(8 | −14 | 4)
C(0 | −10 | 7)

A(3 | 8 | −6)
B(3 | −2 | 4)
C(−1 | −2 | −4)

45

$20\sqrt{6}$

25

$12\sqrt{53}$

Abstand eines Punktes von einer Ebene

Der Punkt R(3 | 5 | 5) hat verschiedene Entfernungen zu den Punkten der Ebene E: $x_1 + 2x_2 + 2x_3 - 5 = 0$.
Der **Abstand des Punktes R von der Ebene E** ist die kleinste dieser Entfernungen. Dies ist die Länge des Lotes von R auf E, also die Länge der Strecke vom Punkt R zum Lotfußpunkt F.

Zur Berechnung des Abstandes von R und E verwendet man die **Hesse'sche Normalenform.**

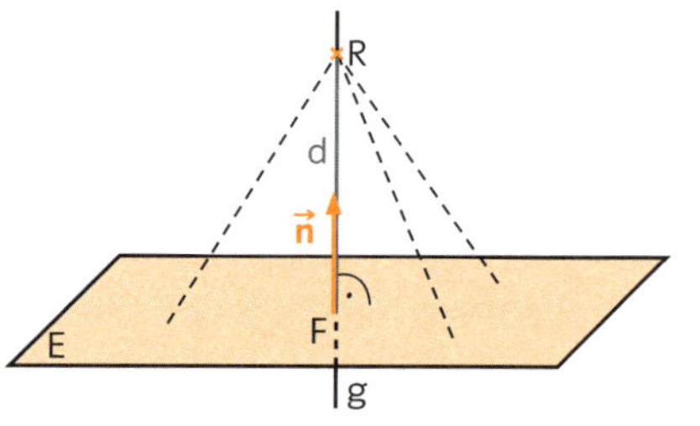

Für den **Abstand d eines Punktes R(r_1 | r_2 | r_3)** von der Ebene E gilt:

$$d = \left|(\vec{R} - \vec{P}) \circ \vec{n_0}\right|.$$

Ist $a_1x_1 + a_2x_2 + a_3x_3 - b = 0$ eine Gleichung der Ebene E in Koordinatendarstellung, so gilt:

$$d = \left|\frac{a_1r_1 + a_2r_2 + a_3r_3 - b}{\sqrt{a_1^2 + a_2^2 + a_3^2}}\right|.$$

Beispiel: Der Punkt R(3 | 5 | 5) hat von der Ebene E den Abstand

$$d = \left|\left[\begin{pmatrix}3\\5\\5\end{pmatrix} - \begin{pmatrix}1\\1\\1\end{pmatrix}\right] \circ \frac{1}{3}\begin{pmatrix}1\\2\\2\end{pmatrix}\right| = \frac{1}{3}(2 + 8 + 8) = 6.$$

E hat die Gleichung $x_1 + 2x_2 + 2x_3 - 5 = 0$.
Es gilt:

$$d = \left|\frac{1 \cdot 3 + 2 \cdot 5 + 2 \cdot 5 - 5}{\sqrt{1^2 + 2^2 + 2^2}}\right| = \left|\frac{18}{3}\right| = 6.$$

1 Berechnen Sie die Abstände der Punkte A(7 | 4 | 9), B(4 | 4 | 3), C(−5 | 1 | 0) und D(26 | 12 | 22) von der Ebene E: $\left[\vec{X} - \begin{pmatrix}1\\0\\-1\end{pmatrix}\right] \circ \begin{pmatrix}8\\4\\8\end{pmatrix} = 0$.

2 Zu welcher der Ebenen E: $4x_1 - 3x_3 - 10 = 0$, F: $2x_1 - 2x_2 + x_3 + 5 = 0$ und G: $x_1 + x_2 + x_3 = 0$ hat der Punkt P(2 | −3 | 5) den kleinsten Abstand?

d(P; E) = ____________________

d(P; F) = ____________________

d(P; G) = ____________________

P hat von der Ebene ________ den kleinsten Abstand.

3 Bei den folgenden Rechnungen sollte jeweils der Abstand eines Punktes von einer Ebene berechnet werden. Dabei wurden Fehler gemacht. Finden Sie die Fehler und korrigieren Sie.

a) P(3 | 2 | 1); E: $-x_1 - 2x_2 + 4x_3 - 10 = 0$; $d(P; E) = \left|\frac{-1 \cdot 3 - 2 \cdot 2 + 4 \cdot 1 - 10}{21}\right| = \left|\frac{-13}{21}\right| = \frac{13}{21} \approx 0{,}62$

b) P(−2 | 0 | 5); E: $3x_1 + 6x_2 + 8 = 0$; $d(P; E) = \left|\frac{3 \cdot (-2) + 6 \cdot 0 + 0 \cdot 5 - 8}{\sqrt{45}}\right| = \left|\frac{-14}{\sqrt{45}}\right| = \frac{14}{\sqrt{45}} \approx 2{,}09$

4 Eine Ebene E hat den Normalenvektor $\vec{n} = \begin{pmatrix}-0{,}5\\1\\-1\end{pmatrix}$ und geht durch den Punkt P(6 | 4 | −1).
Berechnen Sie den Abstand des Ursprungs von der Ebene E.

5 Weisen Sie nach, dass die Gerade g: $\vec{X} = \begin{pmatrix}10\\-3\\-2\end{pmatrix} + r \cdot \begin{pmatrix}1\\2\\3\end{pmatrix}$ parallel zur Ebene E: $4x_1 + 0{,}5x_2 - 2x_3 - 2 = 0$ ist.
Berechnen Sie den Abstand der Gerade g von der Ebene E.

6 Der Punkt F(3|2|2) liegt in der Ebene E: $4x_1 + 6x_2 - 12x_3 = 0$. Bestimmen Sie alle Punkte, die von der Ebene E den Abstand 7 LE haben und deren Lotfußpunkt der Punkt F ist.

E hat den Normalenvektor $\vec{n} = \begin{pmatrix} \_\_ \\ \_\_ \\ \_\_ \end{pmatrix}$ mit $|\vec{n}| =$ ____. Also ist der Normaleneinheitsvektor $\vec{n_0} =$ ____ $\cdot \begin{pmatrix} \_\_ \\ \_\_ \\ \_\_ \end{pmatrix}$.

$\overrightarrow{OR} = \overrightarrow{OF} + 7 \cdot \vec{n_0} =$ ______________________________

$\overrightarrow{OS} =$ ______________________________

Man erhält R(__|__|__) und S(__|__|__).

7 Ordnen Sie jeder Ebene in der linken Spalte eine dazu parallele Ebene in der rechten Spalte zu. Bestimmen Sie jeweils den Abstand der parallelen Ebenen.

E_1: $7x_1 - 4x_2 + 4x_3 - 13 = 0$

E_2: $x_1 + 4x_2 - x_3 + 5 = 0$

E_3: $\left[\vec{x} - \begin{pmatrix} 0 \\ 2 \\ 1 \end{pmatrix}\right] \circ \begin{pmatrix} 3 \\ 0 \\ 4 \end{pmatrix} = 0$

E_4: $2x_1 - 2x_2 + x_3 + 1 = 0$

F_1: $\left[\vec{x} - \begin{pmatrix} 4 \\ -1 \\ 5 \end{pmatrix}\right] \circ \begin{pmatrix} 1 \\ 4 \\ -1 \end{pmatrix} = 0$

F_2: $4x_1 - 4x_2 + 2x_3 - 10 = 0$

F_3: $\vec{x} = \begin{pmatrix} 3 \\ 2 \\ 5 \end{pmatrix} + r\begin{pmatrix} 4 \\ 2 \\ -3 \end{pmatrix} + \begin{pmatrix} -8 \\ 10 \\ 6 \end{pmatrix}$

F_4: $-7x_1 + 4x_2 - 4x_3 - 14 = 0$

8 a) Bestimmen Sie die beiden Ebenen F und G, die von der Ebene E: $6x_1 - 3x_2 - 2x_3 - 12 = 0$ den Abstand $d = 6$ LE haben.

Für die Ebene E gilt: $\vec{n} = \begin{pmatrix} \_\_ \\ \_\_ \\ \_\_ \end{pmatrix}$ und $|\vec{n}| =$ ______________. Damit berechnet man die Ebenen F und G:

F: $6x_1 - 3x_2 - 2x_3 - (12 + |\vec{n}| \cdot d) =$ ______________________________

G: $6x_1 - 3x_2 - 2x_3 - (12 - |\vec{n}| \cdot d) =$ ______________________________

b) Bestimmen Sie alle Ebenen, die von der Ebene E: $2x_1 - 10x_2 + 11x_3 - 15 = 0$ den Abstand $d = 15$ LE haben.

____

____

____

____

9 Wahr oder falsch? Kreuzen Sie an und korrigieren Sie gegebenenfalls.

	w	f
A: Alle Punkte, die von einer Ebene E den Abstand 4 haben, bilden zwei zu E parallele Ebenen.	☐	☐
B: Zu jedem Punkt P in einer Ebene E gibt es genau zwei Punkte, die nicht in E liegen und deren Lotfußpunkt auf E der Punkt P ist.	☐	☐
C: Der Punkt P(1|2|3) hat von der x_1x_2-Ebene den Abstand 1 LE.	☐	☐

Korrigierte Aussagen:

____

____

____

Unter dem **Abstand zweier windschiefer Geraden g und h** versteht man die kleinste Entfernung zwischen den Punkten von g und von h. Diese Strecke ist orthogonal zu g und zu h. Zur Berechnung des Abstandes von g und h verwendet man eine Hilfsebene E, die g enthält und parallel zu h ist. Der Abstand des Aufpunktes von h zu dieser Hilfsebene entspricht dem Abstand der windschiefen Geraden g und h.

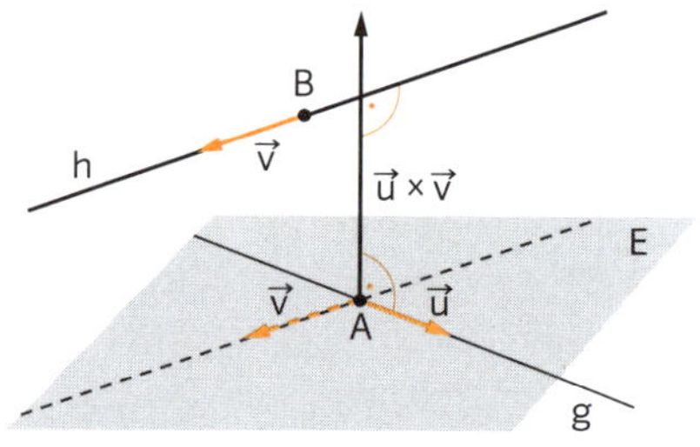

Beispiel:

Die Geraden g: $\vec{X} = \begin{pmatrix} -1 \\ 1 \\ -1 \end{pmatrix} + s \cdot \begin{pmatrix} 1 \\ 0 \\ 2 \end{pmatrix}$ und h: $\vec{X} = \begin{pmatrix} 8 \\ -6 \\ -5 \end{pmatrix} + t \cdot \begin{pmatrix} -1 \\ 4 \\ -1 \end{pmatrix}$ sind zueinander windschief.

Die Richtungsvektoren von g und h sind die beiden Richtungsvektoren der Hilfsebene E.

Der Normalenvektor von E ist $\vec{n} = \begin{pmatrix} 1 \\ 0 \\ 2 \end{pmatrix} \times \begin{pmatrix} -1 \\ 4 \\ -1 \end{pmatrix} = \begin{pmatrix} -8 \\ -1 \\ 4 \end{pmatrix}$. Einsetzen des Aufpunktes A(−1 | 1 | −1) von g in die Koordinatendarstellung der Normalenform von E ergibt $-8 \cdot (-1) - 1 \cdot 1 + 4 \cdot (-1) = 3$. Die Gleichung von E ist also $-8x_1 - x_2 + 4x_3 - 3 = 0$. Den Abstand des Aufpunktes B(8 | −6 | −5) von h berechnet man mit der Hesse'schen Normalenform von E: $d = \left| \frac{-8 \cdot 8 - 1 \cdot (-6) + 4 \cdot (-5) - 3}{\sqrt{(-8)^2 + (-1)^2 + 4^2}} \right| = \left| \frac{-81}{\sqrt{81}} \right| = \frac{81}{9} = 9$.

Ergebnis: Der Abstand der beiden windschiefen Geraden g und h beträgt 9 LE.

10 Berechnen Sie den Abstand der windschiefen Geraden g und h.

a) g: $\vec{X} = \begin{pmatrix} -1 \\ -7 \\ 6 \end{pmatrix} + s \cdot \begin{pmatrix} 0 \\ 2 \\ -1 \end{pmatrix}$; h: $\vec{X} = \begin{pmatrix} 6 \\ 1 \\ 0 \end{pmatrix} + t \cdot \begin{pmatrix} 3 \\ 2 \\ 2 \end{pmatrix}$

b) g: $\vec{X} = \begin{pmatrix} 2 \\ 1 \\ -8 \end{pmatrix} + s \cdot \begin{pmatrix} 1 \\ 1 \\ -1 \end{pmatrix}$; h: $\vec{X} = \begin{pmatrix} -4 \\ 2 \\ -1 \end{pmatrix} + t \cdot \begin{pmatrix} -1 \\ -4 \\ 6 \end{pmatrix}$

11 a) Berechnen Sie den Abstand der Punkte A(8 | 5 | −4) und B(−4 | −4 | −10) zur Geraden g mit der Gleichung $\vec{X} = \begin{pmatrix} 1 \\ 10 \\ 10 \end{pmatrix} + t \cdot \begin{pmatrix} 0 \\ 3 \\ 1 \end{pmatrix}$.

b) h sei die Gerade durch die Punkte A und B. Berechnen Sie den Abstand der beiden Geraden g und h.

c) Vergleichen Sie allgemein den Abstand zweier Punkte A und B zu einer Geraden g mit dem Abstand der Geraden durch A und B zur Geraden g.

12 Die Figur zeigt eine Pyramide mit quadratischer Grundfläche und der Höhe 6 cm. Die Grundfläche der Pyramide hat die Seitenlänge 4 cm. Bestimmen Sie den Abstand der Grundflächenkante $\overline{AB}$ von der Seitenkante $\overline{CS}$.

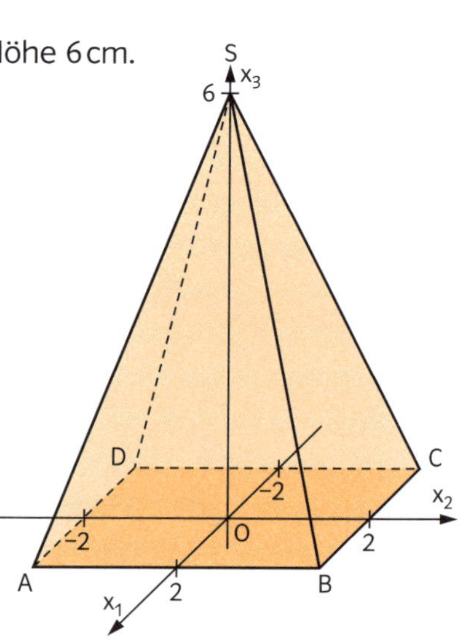

Koordinaten der vorgegebenen Punkte:

A(___ | ___ | ___), B(___ | ___ | ___)

Gerade g durch A und B: $\vec{X} = \begin{pmatrix} \_\_ \\ \_\_ \\ \_\_ \end{pmatrix} + t \cdot \begin{pmatrix} \_\_ \\ \_\_ \\ \_\_ \end{pmatrix}$,

C(___ | ___ | ___), S(___ | ___ | ___)

Gerade h durch C und S: $\vec{X} = \begin{pmatrix} \_\_ \\ \_\_ \\ \_\_ \end{pmatrix} + t \cdot \begin{pmatrix} \_\_ \\ \_\_ \\ \_\_ \end{pmatrix}$

d(g; h) = ______________________________

Schnittwinkel Gerade – Gerade

Um den Schnittwinkel zweier Geraden g und h zu bestimmen, berechnet man den Winkel α zwischen ihren Richtungsvektoren $\vec{u_1}$ und $\vec{u_2}$. Es gilt:

$$\cos(\alpha) = \frac{|\vec{u_1} \circ \vec{u_2}|}{|\vec{u_1}| \cdot |\vec{u_2}|}, \quad 0° \le \alpha \le 90°$$

Beispiel: Den Schnittwinkel der beiden Geraden $g\colon \vec{X} = \begin{pmatrix}4\\0\\5\end{pmatrix} + r \cdot \begin{pmatrix}2\\-3\\1\end{pmatrix}$ und $h\colon \vec{X} = \begin{pmatrix}2\\3\\4\end{pmatrix} + s \cdot \begin{pmatrix}1\\4\\5\end{pmatrix}$ berechnet man wie folgt:

$$\cos(\alpha) = \frac{\left|\begin{pmatrix}2\\-3\\1\end{pmatrix} \circ \begin{pmatrix}1\\4\\5\end{pmatrix}\right|}{\sqrt{2^2 + (-3)^2 + 1^2} \cdot \sqrt{1^2 + 2^2 + 4^2 + 5^2}} = \frac{|2 - 12 + 5|}{\sqrt{14} \cdot \sqrt{42}}; \quad \alpha \approx 78{,}1°$$

1 Gegeben sind zwei sich schneidende Geraden g und h. Bestimmen Sie die Größe des Schnittwinkels.

a) $g\colon \vec{X} = \begin{pmatrix}-3\\8\\5\end{pmatrix} + r \cdot \begin{pmatrix}1\\4\\2\end{pmatrix}$; $h\colon \vec{X} = \begin{pmatrix}4\\2\\0\end{pmatrix} + r \cdot \begin{pmatrix}-5\\2\\-1\end{pmatrix}$

$\cos(\alpha) =$ ______________________________; $\alpha \approx$ __________

b) $g\colon \vec{X} = \begin{pmatrix}6\\-2\\8\end{pmatrix} + r \cdot \begin{pmatrix}2\\-2\\3\end{pmatrix}$; $h\colon \vec{X} = \begin{pmatrix}2\\-5\\5\end{pmatrix} + r \cdot \begin{pmatrix}0\\7\\-3\end{pmatrix}$

$\cos(\alpha) =$ ______________________________; $\alpha \approx$ __________

2 Gegeben sind zwei Geraden g und h. Untersuchen Sie die gegenseitige Lage der Geraden. Bestimmen Sie bei sich schneidenden Geraden den Schnittpunkt und den Schnittwinkel. Berechnen Sie bei parallelen und windschiefen Geraden den Abstand der Geraden.

Vorgegebene Geraden:	Gegenseitige Lage:	Schnittpunkt, Schnittwinkel:	Abstand:
$g\colon \vec{X} = \begin{pmatrix}7\\-2\\-4\end{pmatrix} + r \cdot \begin{pmatrix}3\\0\\-4\end{pmatrix}$; $h\colon \vec{X} = \begin{pmatrix}-1\\3\\1\end{pmatrix} + s \cdot \begin{pmatrix}2\\-5\\3\end{pmatrix}$	☐ schneiden sich ☐ parallel ☐ windschief		
$g\colon \vec{X} = \begin{pmatrix}1\\-1\\2\end{pmatrix} + r \cdot \begin{pmatrix}1\\0\\1\end{pmatrix}$; $h\colon \vec{X} = \begin{pmatrix}5\\6\\-2\end{pmatrix} + s \cdot \begin{pmatrix}-3\\0\\-3\end{pmatrix}$	☐ schneiden sich ☐ parallel ☐ windschief		
$g\colon \vec{X} = \begin{pmatrix}-3\\5\\1\end{pmatrix} + r \cdot \begin{pmatrix}2\\2\\1\end{pmatrix}$; $h\colon \vec{X} = \begin{pmatrix}2\\6\\4\end{pmatrix} + s \cdot \begin{pmatrix}4\\3\\1\end{pmatrix}$	☐ schneiden sich ☐ parallel ☐ windschief		
$g\colon \vec{X} = \begin{pmatrix}2\\-1\\5\end{pmatrix} + r \cdot \begin{pmatrix}5\\1\\-2\end{pmatrix}$; $h\colon \vec{X} = \begin{pmatrix}3\\4\\-5\end{pmatrix} + s \cdot \begin{pmatrix}1\\-1\\2\end{pmatrix}$	☐ schneiden sich ☐ parallel ☐ windschief		

Schnittwinkel Ebene – Ebene

Um den Schnittwinkel zweier Ebenen E_1 und E_2 zu bestimmen, berechnet man den Winkel α zwischen ihren Normalenvektoren $\vec{n_1}$ und $\vec{n_2}$. Es gilt:

$$\cos(\alpha) = \frac{|\vec{n_1} \circ \vec{n_2}|}{|\vec{n_1}| \cdot |\vec{n_2}|}, \quad 0° \le \alpha \le 90°$$

Beispiel: Die Ebenen $E_1\colon 2x_1 - x_2 + 7x_3 - 5 = 0$ und $E_2\colon -3x_1 + 4x_3 + 6 = 0$ haben die Normalenvektoren $\vec{n_1} = \begin{pmatrix}2\\-1\\7\end{pmatrix}$ und $\vec{n_2} = \begin{pmatrix}-3\\0\\4\end{pmatrix}$. Den Schnittwinkel der Ebenen E_1 und E_2 berechnet man wie folgt:

$$\cos(\alpha) = \frac{\left|\begin{pmatrix}2\\-1\\7\end{pmatrix} \circ \begin{pmatrix}-3\\0\\4\end{pmatrix}\right|}{\sqrt{2^2 + (-1)^2 + 7^2} \cdot \sqrt{(-3)^2 + 4^2}} = \frac{|-6 + 28|}{\sqrt{54} \cdot 5} = \frac{22}{5\sqrt{45}}; \quad \alpha \approx 53{,}2°$$

3 Gegeben sind zwei Ebenen E_1 und E_2. Bestimmen Sie die Größe ihres Schnittwinkels.

a) $E_1: 3x_1 - x_2 + 8x_3 - 4 = 0$; $E_2: x_1 + 4x_2 + 2x_3 = 0$

Für die Normalenvektoren $\vec{n_1}$ von E_1 und $\vec{n_2}$ von E_2 gilt: $\vec{n_1} = \begin{pmatrix} \_\_ \\ \_\_ \\ \_\_ \end{pmatrix}$; $|\vec{n_1}|$ = ______; $\vec{n_2} = \begin{pmatrix} \_\_ \\ \_\_ \\ \_\_ \end{pmatrix}$; $|\vec{n_2}|$ = ______.

$\cos(\alpha)$ = ______________________________; $\alpha \approx$ ______.

b) $E_1: \left[\vec{x} - \begin{pmatrix} 1 \\ 2 \\ 3 \end{pmatrix}\right] \circ \begin{pmatrix} -3 \\ -2 \\ 1 \end{pmatrix} = 0$; $E_2: \left[\vec{x} - \begin{pmatrix} 4 \\ 5 \\ 6 \end{pmatrix}\right] \circ \begin{pmatrix} 6 \\ -5 \\ 4 \end{pmatrix} = 0$

Für die Normalenvektoren $\vec{n_1}$ von E_1 und $\vec{n_2}$ von E_2 gilt: $\vec{n_1} = \begin{pmatrix} \_\_ \\ \_\_ \\ \_\_ \end{pmatrix}$; $|\vec{n_1}|$ = ______; $\vec{n_2} = \begin{pmatrix} \_\_ \\ \_\_ \\ \_\_ \end{pmatrix}$; $|\vec{n_2}|$ = ______.

$\cos(\alpha)$ = ______________________________; $\alpha \approx$ ______.

c) $E_1: x_2 = 8$; $E_2: -x_1 + 2x_2 - 3 = 0$

Für die Normalenvektoren $\vec{n_1}$ von E_1 und $\vec{n_2}$ von E_2 gilt: $\vec{n_1} = \begin{pmatrix} \_\_ \\ \_\_ \\ \_\_ \end{pmatrix}$; $|\vec{n_1}|$ = ______; $\vec{n_2} = \begin{pmatrix} \_\_ \\ \_\_ \\ \_\_ \end{pmatrix}$; $|\vec{n_2}|$ = ______.

$\cos(\alpha)$ = ______________________________; $\alpha \approx$ ______.

4 a) Zwei Ebenen können parallel oder orthogonal zueinander sein oder sich in einem Winkel schneiden, der kleiner als 90° ist. Untersuchen Sie die vorgegebenen Ebenenpaare und kreuzen Sie an, welche gegenseitige Lage die beiden Ebenen haben (P ≙ parallel, O ≙ orthogonal, SW ≙ Schnittwinkel < 90°).

	P	O	SW
$E_1: 5x_1 + 2x_2 - 3x_3 - 6 = 0$ und $E_2: x_1 - x_2 + x_3 - 2 = 0$	☐	☐	☐
$E_3: \left[\vec{x} - \begin{pmatrix} -3 \\ 0 \\ 8 \end{pmatrix}\right] \circ \begin{pmatrix} 3 \\ -2 \\ 1 \end{pmatrix} = 0$ und $E_4: \left[\vec{x} - \begin{pmatrix} -8 \\ 1 \\ 4 \end{pmatrix}\right] \circ \begin{pmatrix} 6 \\ -4 \\ 2 \end{pmatrix} = 0$	☐	☐	☐
$E_5: -7x_1 + 9x_3 - 15 = 0$ und $E_6: 3x_1 + x_2 - 5x_3 - 10 = 0$	☐	☐	☐
$E_7: 6x_1 - x_2 + 4x_3 = 0$ und $E_8: -6x_1 + x_2 - 4x_3 - 3 = 0$	☐	☐	☐
$E_9: x_1 - 3x_2 + 5x_3 - 9 = 0$ und $E_{10}: \left[\vec{x} - \begin{pmatrix} 1 \\ 1 \\ 1 \end{pmatrix}\right] \circ \begin{pmatrix} 1 \\ 3 \\ 5 \end{pmatrix} = 0$	☐	☐	☐

b) Berechnen Sie für alle Ebenenpaare aus a), die sich in einem Winkel < 90° schneiden, den Schnittwinkel α.

Schnittwinkel Gerade - Ebene

Um den Schnittwinkel einer Ebene E mit dem Normalenvektor $\vec{n}$ und einer Gerade g mit dem Richtungsvektor $\vec{u}$ zu bestimmen, berechnet man den Winkel α zwischen den Vektoren $\vec{n}$ und $\vec{u}$. Es gilt:

$$\sin(\alpha) = \frac{|\vec{u} \circ \vec{n}|}{|\vec{u}| \cdot |\vec{n}|},\quad 0° \le \alpha \le 90°$$

Beispiel: Die Ebene $E: 2x_1 - x_2 + 7x_3 - 5 = 0$ und die Gerade $g: \vec{x} = \begin{pmatrix} 4 \\ 0 \\ 5 \end{pmatrix} + r \cdot \begin{pmatrix} 2 \\ -3 \\ 1 \end{pmatrix}$ schneiden sich in einem Punkt. Den Schnittwinkel der Gerade g und der Ebene E berechnet man wie folgt:

$$\sin(\alpha) = \frac{\left|\begin{pmatrix} 2 \\ -1 \\ 7 \end{pmatrix} \circ \begin{pmatrix} 2 \\ -3 \\ 1 \end{pmatrix}\right|}{\sqrt{2^2 + (-1)^2 + 7^2} \cdot \sqrt{2^2 + (-3)^2 + 1^2}} = \frac{|4 + 3 + 7|}{\sqrt{54} \cdot \sqrt{14}} = \frac{14}{\sqrt{54} \cdot \sqrt{14}};\quad \alpha \approx 30{,}6°$$

5 Die Gerade $g: \vec{x} = \begin{pmatrix} 3 \\ 4 \\ -6 \end{pmatrix} + r \cdot \begin{pmatrix} 4 \\ -2 \\ 7 \end{pmatrix}$ schneidet die Ebene $E: 3x_1 - 6x_2 - x_3 - 20 = 0$.

Bestimmen Sie die Größe des Schnittwinkels. Für den Normalenvektor von E gilt: $\vec{n_1} = \begin{pmatrix} \_\_ \\ \_\_ \\ \_\_ \end{pmatrix}$; $|\vec{n}|$ = ______;

für den Richtungsvektor von g gilt $|\vec{u}|$ = ______. $\sin(\alpha)$ = ______________________; $\alpha \approx$ ______.

6 Gegeben ist die Gerade $g: \vec{x} = \begin{pmatrix} 4 \\ 0 \\ 5 \end{pmatrix} + r \cdot \begin{pmatrix} 2 \\ -3 \\ 1 \end{pmatrix}$. Untersuchen Sie, mit welcher der Ebenen

$E_1: -x_1 - x_3 - 4 = 0$; $E_2: \left[\vec{x} - \begin{pmatrix} -1 \\ 1 \\ 5 \end{pmatrix}\right] \circ \begin{pmatrix} 1 \\ 1 \\ 1 \end{pmatrix} = 0$; $E_3: x_1 - 2x_2 - 2x_3 - 8 = 0$ die Gerade den kleinsten Schnittwinkel hat.

E_1 und g: ______________________________; $\alpha \approx$ ________.

E_2 und g: ______________________________; $\alpha \approx$ ________.

E_3 und g: ______________________________; $\alpha \approx$ ________.

Die Gerade g hat den kleinsten Schnittwinkel mit der Ebene ________.

7 a) Vervollständigen Sie den folgenden Text zur gegenseitigen Lage von Geraden und Ebenen.

„Ob eine Gerade g zu einer Ebene E parallel oder orthogonal ist, kann man erkennen, wenn man den ______________ von g und den ______________ von E betrachtet. Wenn das Skalarprodukt der beiden Vektoren Null ist, sind sie ______________. g und E sind dann ______________ zueinander. Wenn ein Vektor ein Vielfaches des anderen Vektors ist, sind sie ______________. g und E sind dann ______________ zueinander."

b) Gegeben ist die Ebene $E: 3x_1 + x_2 - 2x_3 = 0$. Geben Sie die Gleichungen zweier Geraden g und h an, so dass g parallel und h orthogonal zu E ist.

g: ______________________________; h: ______________________________

8 Alle gegebenen Geraden und Ebenen schneiden sich im Ursprung. Tragen Sie die Schnittwinkel ein.

	$F: -6x_1 + x_2 + x_3 = 0$	$h: \vec{x} = \begin{pmatrix} 5 \\ 0 \\ -5 \end{pmatrix} + r \cdot \begin{pmatrix} -1 \\ 0 \\ 1 \end{pmatrix}$	$G: \left[\vec{x} - \begin{pmatrix} 4 \\ 6 \\ 4 \end{pmatrix}\right] \circ \begin{pmatrix} -3 \\ -4 \\ 9 \end{pmatrix} = 0$	$k: \vec{x} = \begin{pmatrix} 6 \\ -3 \\ 3 \end{pmatrix} + r \cdot \begin{pmatrix} 2 \\ -1 \\ 1 \end{pmatrix}$
$E: 7x_1 + 8x_2 = 0$				
$g: \vec{x} = r \cdot \begin{pmatrix} -1 \\ 2 \\ 4 \end{pmatrix}$				

9 Die Figur zeigt eine Pyramide mit quadratischer Grundfläche und der Höhe 6 cm. Die Grundfläche der Pyramide hat die Seitenlänge 4 cm.

a) Bestimmen Sie die Größe des Winkels, den zwei benachbarte Seitenkanten an der Spitze S einschließen.

Gerade durch eine Seitenkante: $\vec{x}$ = ______________

Gerade durch eine andere Seitenkante: $\vec{x}$ = ______________

Schnittwinkel der Geraden: ______________

b) Bestimmen Sie die Größe des Winkels zwischen der Grundfläche und einer Seitenfläche der Pyramide.

Ebene, in der die Grundfläche liegt: ______________

Ebene, in der die Seitenfläche liegt: ______________

Schnittwinkel der Ebenen: ______________

c) Bestimmen Sie die Größe des Winkels zwischen der Grundfläche und einer Seitenkante.

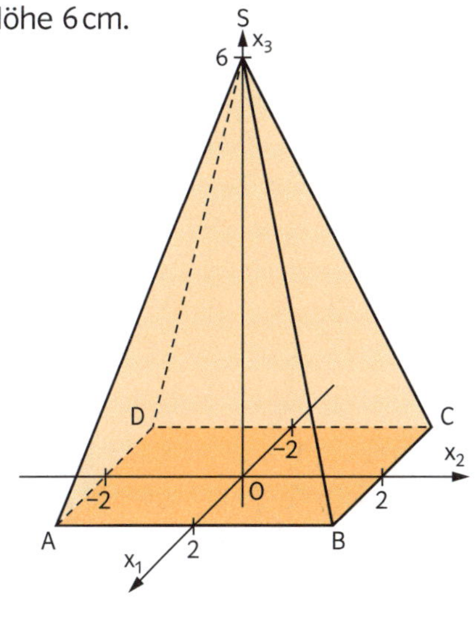

____

1 Gegeben sind die Geraden $g\colon \vec{x} = \begin{pmatrix} 3 \\ 3 \\ -5 \end{pmatrix} + t \cdot \begin{pmatrix} -1 \\ 2 \\ 2 \end{pmatrix}$ und $h\colon \vec{x} = \begin{pmatrix} -2 \\ 3 \\ 5 \end{pmatrix} + t \cdot \begin{pmatrix} 2 \\ 0 \\ -4 \end{pmatrix}$.

a) Untersuchen Sie, ob die Punkte A(6 | −3 | −11), B(0 | 9 | −9) und C(−6 | 3 | 13) auf g bzw. h liegen.
b) Bestimmen Sie den Schnittpunkt und den Schnittwinkel der beiden Geraden.
c) Die Geraden g und h liegen in einer Ebene E. Stellen Sie eine Gleichung von E in Parameterform auf.

2 a) Bestimmen Sie die Parametergleichung einer Ebene E, in der die Gerade $g\colon \vec{x} = \begin{pmatrix} -1 \\ 2 \\ -3 \end{pmatrix} + t \cdot \begin{pmatrix} 4 \\ 3 \\ 5 \end{pmatrix}$ verläuft und in der P(2 | 2 | −3) liegt.
b) Bestimmen Sie einen Normalenvektor von E und stellen Sie die Normalenform von E in Vektor- und in Koordinatendarstellung auf.

3 Bestimmen Sie jeweils eine Gleichung der gesuchten Ebene in Koordinatendarstellung.
a) Die Punkte A(3 | 2 | 2), B(0 | 0 | 1) und C(4 | −1 | −5) liegen in E.
b) S(2 | 0 | 2) ist ein Punkt und $\vec{n} = \begin{pmatrix} 2 \\ -1 \\ 6 \end{pmatrix}$ ist ein Normalenvektor der Ebene F.
c) In der Ebene G, die parallel zur x_1x_2-Ebene ist, liegt der Punkt P(2 | 3 | −1).
d) Die Ebene H verläuft so, dass die Punkte A(2 | 3 | 4) und B(6 | −1 | 10) spiegelbildlich bezüglich H liegen.

4 Untersuchen Sie die gegenseitige Lage der Geraden g und der Ebene E. Berechnen Sie den Schnittpunkt und den Schnittwinkel, falls g und E sich schneiden. Bestimmen Sie sonst den Abstand von g und E.

a) $g\colon \vec{x} = \begin{pmatrix} 1 \\ -1 \\ 2 \end{pmatrix} + t \cdot \begin{pmatrix} 3 \\ 2 \\ -1 \end{pmatrix}$; $E\colon -3x_1 - 2x_2 + x_3 - 29 = 0$

b) $g\colon \vec{x} = \begin{pmatrix} 2 \\ 2 \\ 2 \end{pmatrix} + t \cdot \begin{pmatrix} 4 \\ 1 \\ -1 \end{pmatrix}$; $E\colon x_1 - 2x_2 + 2x_3 - 14 = 0$

5 Untersuchen Sie die gegenseitige Lage der Ebenen $E\colon \vec{x} = \begin{pmatrix} 2 \\ 0 \\ 2 \end{pmatrix} + t \cdot \begin{pmatrix} 1 \\ -1 \\ -2 \end{pmatrix} + s \cdot \begin{pmatrix} 1 \\ 3 \\ 4 \end{pmatrix}$, $F\colon 4x_1 - 2x_2 + x_3 + 6 = 0$ und $G\colon \left[\vec{x} - \begin{pmatrix} 1 \\ 4 \\ -2 \end{pmatrix}\right] \circ \begin{pmatrix} 8 \\ -4 \\ 2 \end{pmatrix} = 0$ und bestimmen Sie gegebenenfalls die Schnittgerade.

6 Gegeben ist der Punkt P(3 | 0 | −1). Berechnen Sie den Abstand des Punktes P vom Punkt Q(4 | 5 | 6), von der Geraden $g\colon \vec{x} = \begin{pmatrix} 10 \\ -7 \\ 16 \end{pmatrix} + t \cdot \begin{pmatrix} 7 \\ -12 \\ 5 \end{pmatrix}$ und von der Ebene $E\colon 2x_1 - x_2 + x_3 - 11 = 0$.

7 Gegeben sind die Punkte A(−1 | −2 | −3), B(3 | 2 | −1), C(−2 | 3 | −2) und S(−2 | −1 | 6).
a) Berechnen Sie den Flächeninhalt des Dreiecks ABC.
b) Berechnen Sie den Abstand des Punktes S von der Ebene E, in der die Punkte A, B und C liegen.
c) Das Dreieck ABC ist die Grundfläche einer Pyramide. Die Spitze dieser Pyramide ist der Punkt S. Bestimmen Sie das Volumen der Pyramide.

8 Die Punkte A(2 | −2 | 0), B(2 | 2 | 0), C(−1 | 2 | 0), D(−1 | −2 | 0), E(2 | −2 | 2), F(2 | 2 | 2), G(−1 | 2 | 2) und H(−1 | −2 | 2) sind die Ecken eines Quaders. Bestimmen Sie die Größen der Schnittwinkel der Raumdiagonale $\overline{AG}$ mit der Seitendiagonale $\overline{AF}$ und mit der Grundfläche ABCD.

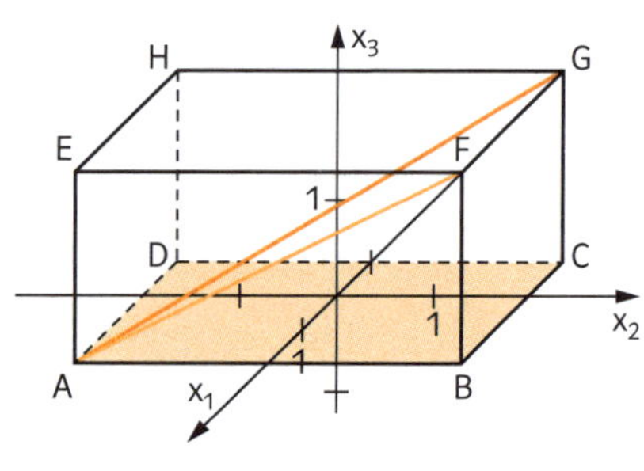

n	0	1	2	3	4	5	6
B(n)	2000	3600	6480	11664	20995	37791	68024

Die Tabelle gibt den Bestand einer Bakterienkultur an. Dabei ist B(n) die Anzahl der Bakterien zur Zeit n (in Stunden). Für jeden der Zeitschritte gilt $B(n+1) = 1{,}8 \cdot B(n)$ bzw. $\frac{B(n+1)}{B(n)} = 1{,}8$. Ein solches Wachstum nennt man **exponentielles Wachstum** mit dem Wachstumsfaktor 1,8.
Das Wachstum lässt sich durch die **Funktion f mit $f(x) = 2000 \cdot 1{,}8^x$** beschreiben.
Meist verwendet man die Basis e. Mit $e^k = 1{,}8$ erhält man $k = \ln(1{,}8) \approx 0{,}5878$, also $\mathbf{f(x) = 2000 \cdot e^{0{,}5878x}}$.
Der Bestand nach eineinhalb Stunden beträgt $f(1{,}5) = 2000 \cdot e^{0{,}5878 \cdot 1{,}5} \approx 4830$.
Falls die Bakterienkultur bereits vor Beobachtungsbeginn existierte, lässt sich der Bestand eine halbe Stunde vorher durch $f(-0{,}5) = 2000 \cdot e^{0{,}5878 \cdot (-0{,}5)} \approx 1491$ berechnen.
Allgemein: $f(x) = f(0) \cdot a^x$ oder $f(x) = f(0) \cdot e^{kx}$ $(x \in \mathbb{R})$.
Dabei ist $a = e^k$ und $k = \ln(a)$. Man nennt a **Wachstumsfaktor** und k **Wachstumskonstante**.

1 Vervollständigen Sie die Tabelle und skizzieren Sie den Graphen der Funktion f.

a) $f(x) = 30 \cdot 2{,}5^x$

k = ______

x	−2	−1	0	1	2	3	4	5
f(x)								

b) $f(x) = 4000 \cdot e^{-0{,}65x}$

k = ______

x	−2	−1	0	1	2	3	4	5
f(x)								

2 Beschreiben Sie folgende Beispiele für exponentielles Wachstum durch eine Funktion mit der Basis e. Berechnen Sie f(6).

a) Ein Bestand mit $B(0) = 45$ verdreifacht sich jeden Tag.

k = ______ f(x) = ______ f(6) = ______

b) Ein Bestand mit $B(0) = 180$ halbiert sich jede Woche.
c) Ein Schimmelpilz bedeckt eine Fläche von $1{,}5\,cm^2$. Die bedeckte Fläche wächst pro Tag um 15 %.
d) Ein Patient nimmt 500 mg eines Medikaments ein. Pro Stunde wird im Körper $\frac{1}{6}$ der vorhandenen Menge abgebaut.

Die von einer Pilzkultur bedeckte Fläche werde durch die Funktion f mit $f(x) = 4 \cdot e^{0{,}5463x}$ beschrieben (x in Stunden, f(x) in cm^2). Dann beschreibt die momentane Änderungsrate von f, also die Ableitung f′, die **Wachstumsgeschwindigkeit** der Kultur.
Es ist $f'(x) = 2{,}1852 \cdot e^{0{,}5463x}$, also ist $f'(4) = 19{,}432$. Nach vier Tagen beträgt die Wachstumsgeschwindigkeit ca. $19\,cm^2$ pro Tag.

3 Der Holzbestand eines Waldes kann durch die Funktion f mit $f(x) = 8500 \cdot e^{0{,}0415x}$ beschrieben werden (x in Jahren, f(x) in m^3).

a) Zu Beginn der Beobachtung beträgt der Holzbestand ______.

b) Nach 5 Jahren ist der Holzbestand auf ______ angewachsen.

c) Nach ______ Jahren ist er auf über $12\,000\,m^3$ angewachsen.

d) Zwei Jahre vor Beginn der Beobachtung betrug er ______.

e) Die Wachstumsgeschwindigkeit wird beschrieben durch ______ mit ______.

Zu Beginn beträgt die Wachstumsgeschwindigkeit ______ und nach 7 Jahren ______

Es gibt verschiedene Möglichkeiten, um gegebene Daten durch exponentielles Wachstum zu beschreiben.

t	0	1	2	3	4	5	6
f(t)	100	128	165	211	271	349	448

1. Möglichkeit: Berechnung der Quotienten $\frac{f(t+1)}{f(t)}$.

Es ergeben sich die Werte 1,28; 1,2891; 1,2788; 1,2844; 1,2878; 1,2837.
Mit dem Mittelwert 1,2840 beträgt die Wachstumskonstante $k = \ln(1{,}2840) = 0{,}2500$. (Alle Werte gerundet.)
Also: $f(x) = 100 \cdot e^{0{,}2500x}$.

2. Möglichkeit: Ansatz $f(x) = f(0) \cdot e^{kx}$ und Einsetzen des Anfangsbestands sowie eines Datenpunkts.
Einsetzen des Anfangsbestands $f(0) = B(0) = 100$ ergibt $f(x) = 100 \cdot e^{kx}$.
Setzt man nun einen weiteren Punkt, z. B. P(4 | 271) ein, ergibt sich $271 = 100 \cdot e^{k \cdot 4}$. Also $e^{4k} = 2{,}71$ und $4k = \ln(2{,}71)$. Damit ist $k = \frac{\ln(2{,}71)}{4} \approx 0{,}2492$. Also: $f(x) = 100 \cdot e^{0{,}2492x}$.

4 Bestimmen Sie eine natürliche Exponentialfunktion, die das exponentielle Wachstum beschreibt.

T	0	1	2	3	4	5	6
f(t)	450	242,1	130,2	70,1	37,7	20,3	11,0

1. Möglichkeit: Für den Quotienten $\frac{f(t+1)}{f(t)}$ ergeben sich die Werte ______________________________

Mit k = ______________________ = ______________________ ist f(x) = ______________________.

2. Möglichkeit: Mit f(0) = ________________ ergibt sich der Ansatz f(x) = ______________________.

Durch Einsetzen des Datenpunkts (3 | ________) ergibt sich die Gleichung ______________________.

Damit ist k = ______________________. Also f(x) = ______________________.

5 Die Tabelle zeigt das Gewicht, das ein Hefepilz auf einem Nährmedium zur Zeit t hat.

Zeit t (in h)	0	1	2	3	4	5
Gewicht (in mg)	18	28	46	69	109	165

a) Begründen Sie anhand der Daten, dass das Gewicht des Hefepilzes in diesem Zeitraum exponentiell zunimmt. Verwenden Sie dabei den Quotienten $\frac{f(t+1)}{f(t)}$.
b) Bestimmen Sie eine Wachstumsfunktion als natürliche Exponentialfunktion, welche die Messergebnisse gut beschreibt.
c) Welches Gewicht hatte der Hefepilz nach einer halben Stunde? Welches Gewicht wird der Hefepilz voraussichtlich einen Tag nach Beobachtungsbeginn haben?
d) Die Pilzkultur wurde schon vor Messbeginn angelegt. Welches Gewicht hatte der Pilz zwei Stunden vor Messbeginn?

6 Ein Land hatte im Jahr 1997 noch 12,65 Mio. Einwohner, im Jahr 2012 waren es nur noch 10,35 Mio. Einwohner.
a) Bestimmen Sie mithilfe dieser beiden Daten das Bevölkerungswachstum durch exponentielles Wachstum.
b) Wie viele Einwohner hätte das Land nach diesem Modell im Jahre 2020 noch?
c) In welchem Jahr hätte das Land nach diesem Modell erstmals weniger als 10 Mio. Einwohner?
d) In welchem Jahr hätte das Land nur noch halb so viele Einwohner wie im Jahre 1997?
e) Wie groß ist die Wachstumsgeschwindigkeit im Jahr 2000?

Bestimmung von Verdopplungs- und Halbwertszeit

Die von einer Pilzkultur bedeckte Fläche werde durch die Funktion f mit $f(x) = 4 \cdot e^{0,5463x}$ beschrieben (x in Stunden, f(x) in cm^2).

Die Zeit T_V, innerhalb derer sich die zu Beginn der Beobachtung bedeckte Fläche verdoppelt, lässt sich durch den Ansatz $f(T_V) = 4 \cdot e^{0,5463T_V} = 2 \cdot 4$ bestimmen.

Es ergibt sich die Gleichung $e^{0,5463T_V} = 2$ mit der Lösung

$T_V = \frac{\ln(2)}{0,5463} = 1,2688.$

Nicht nur der Anfangsbestand, sondern jeder Bestand verdoppelt sich in der Zeit T_V. Diese nennt man **Verdopplungszeit T_V**.

Allgemein gilt für $f(x) = f(0) \cdot e^{kx}$ die Formel: $T_V = \frac{\ln(2)}{k}$, $k > 0$.

Bei exponentieller Abnahme betrachet man die **Halbwertszeit T_H**, das ist die Zeit, in der sich der Bestand halbiert.

Mit ähnlichen Überlegungen wie bei der Verdopplungszeit ergibt sich die Formel:

$T_H = \frac{-\ln(2)}{k}$, $k < 0$.

1 Ein exponentielles Wachstum wird beschrieben durch f mit $f(x) = 1200 \cdot e^{0,1668x}$.

Die Verdopplungszeit beträgt T_V = ______________________________.

b) Eine exponentielle Abnahme wird beschrieben durch f mit $f(x) = 400 \cdot e^{-0,4447x}$.

Die Halbwertszeit beträgt T_H = ______________________________.

2 a) Herr Müller legt auf der Bank 2500 € zu einem jährlichen Zinssatz von 3 % an. Damit lässt sich

k = ln a = ln __________ = __________ berechnen. Für die Zeit, in der sich sein Anfangskapital

verdoppelt hat, gilt: T_V = __________ = __________.

b) Frau Mayer legt auf der Bank ein Kapital von 1500 € an, bereits nach 13 Jahren hat sich ihr Kapital verdoppelt. Zu welchem Zinssatz hat Frau Mayer ihr Geld angelegt?

Kennt man nun die Verdopplungszeit T_V = ______ Jahre, lässt sich mithilfe der Formel für T_V der Wert für k

bestimmen: k = __________ = __________. Mit $a = e^k$ = __________ erhält man a = ______.

Damit lässt sich nun der Zinssatz bestimmen: __________ %.

c) Herr Keller tilgt von seinem Baukredit über 10 000 € monatlich 1,3 % der noch vorhandenen Kreditsumme. Nach welcher Zeit haben sich seine Schulden halbiert?

a = __________, k = __________ und damit T___ = __________ = __________.

3 Eine Algenart vermehrt sich auf einem See. Zu Beginn bedeckt sie eine Fläche von 14 m^2, bereits drei Wochen später sind es 76 m^2. Man geht von exponentiellem Wachstum aus.

a) Bestimmen Sie die Wachstumsfunktion als natürliche Exponentialfunktion.

b) Nach welcher Zeit hat sich die zu Beginn gemessene Fläche, die von Algen bedeckt war, bereits verdoppelt?

c) Die Fläche des Sees beträgt 200 m^2. Wann wird der See vollständig mit Algen bedeckt sein?

4 Die Halbwertszeit des radioaktiven Isotops Jod 131 beträgt 8 Tage. Der Zerfall lässt sich als exponentielle Abnahme modellieren.

a) Wann ist noch ein Viertel der ursprünglichen Menge vorhanden? Wann ist es noch ein Sechzehntel?

b) Wie viel Prozent der ursprünglichen Menge ist nach 40 Tagen zerfallen?

c) Nach wie vielen Tagen ist weniger als 1 Prozent der ursprünglichen Menge vorhanden?

d) Nach 10 Tagen sind noch 2 mg vorhanden. Berechnen Sie den Anfangsbestand.

e) Wie groß ist in diesem Fall die Zerfallsgeschwindigkeit nach 16 Tagen?

In vielen Anwendungssituationen kann eine Größe von zwei Variablen abhängen. Kennt man einen Zusammenhang zwischen diesen beiden Variablen, so kann man die Größe als Funktion einer Variablen beschreiben und diese auf Extremwerte untersuchen.

1. Formel aufstellen für die Größe, die extremal werden soll.
2. Zusammenhang zwischen den beiden Variablen (**Nebenbedingung**) beschreiben.
3. Nach einer Variablen auflösen.
4. **Zielfunktion** bestimmen durch Einsetzen in die Ausgangsformel.
5. **Definitionsbereich** bestimmen.
6. **Lokale Extremstellen** bestimmen (mit dem GTR oder über die Ableitung).
7. Verhalten an den **Rändern des Definitionsbereichs** untersuchen.
8. Ergebnis formulieren.

Beispiel: Bei einem Rechteck mit dem Flächeninhalt 20 sollen die Seitenlängen so bestimmt werden, dass die Diagonale möglichst kurz wird.

1. $d = \sqrt{a^2 + b^2}$; a, b: Seitenlängen des Rechtecks
2. $a \cdot b = 20$
3. $b = \frac{20}{a}$
4. $d(a) = \sqrt{a^2 + \left(\frac{20}{a}\right)^2}$
5. $D_d = (0; +\infty)$
6. Mit GTR: Stelle des lokalen Minimums: $a_0 \approx 4{,}47$
   Lokales Minimum: 6,32
7. Für $a \to 0$ und für $a \to \infty$ gilt: $d(a) \to \infty$
8. Für die Seitenlängen $a \approx 4{,}47$ und $b = \frac{20}{4{,}47} \approx 4{,}47$ wird die Diagonale am kürzesten ($\approx 6{,}32$)

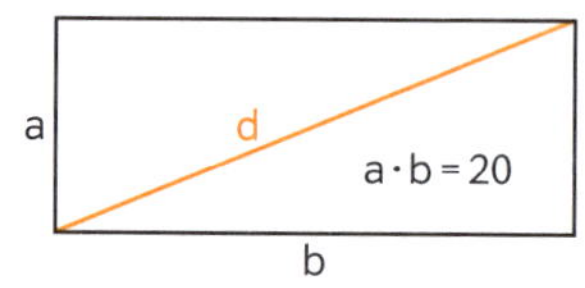

1 Gegeben sind die Funktionen f und g durch $f(x) = x^2 + 1$ und $g(x) = 2x + 4$. Für welchen Wert x wird die Summe der Funktionswerte minimal?

2 Der Eckpunkt Q(u | v) des Rechtecks liegt auf der Funktion f mit $f(x) = \frac{7}{16}x^2 + 2$; $x \in [0; 4]$.
Für welche Lage von Q wird der Flächeninhalt des Rechtecks maximal bzw. minimal?

Zielfunktion: ______________________

Lokales Minimum von A: __________; lokales Maximum von A: __________

Randextrema von A: lokales Maximum: __________; lokales Minimum: __________

Globales Maximum: __________; globales Minimum: __________

Ergebnis: ______________________

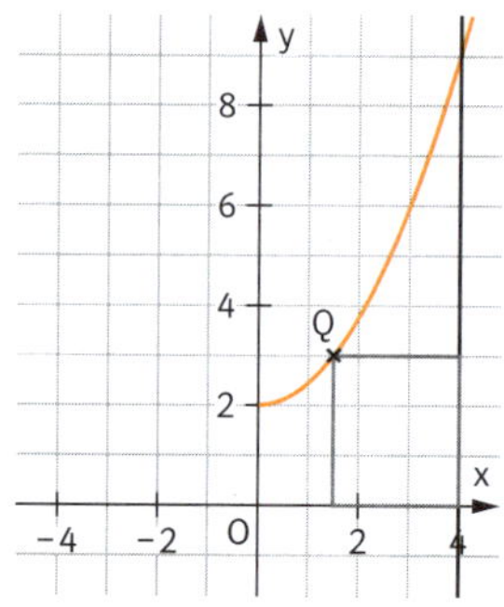

3 Es soll ein zylindrisches Blechgefäß mit Boden und Deckel und einem Fassungsvermögen von 1000 Litern hergestellt werden. Wie sind der Radius und die Höhe des Zylinders zu wählen, wenn der Blechverbrauch minimal werden soll?

4 Gegeben ist die Funktion f mit $f(x) = 4 - x^2$ sowie für alle $k > 1$ die Funktion g mit $g_k(x) = (k^2 - 1) \cdot x^2 - k$.
a) Berechnen Sie den Flächeninhalt, der von den Graphen von f und $g_{1,25}$ eingeschlossen wird.
b) Bestimmen Sie eine Funktion, die den Flächeninhalt A zwischen den Graphen der Funktionen f und g_k in Abhängigkeit von k angibt. Weisen Sie dazu erst rechnerisch nach, dass $x_{1;2} = \pm\frac{\sqrt{4+k}}{k}$ die Integrationsgrenzen sind, indem Sie die Lösungen der Gleichung $f = g_k$ berechnen.
c) Bestimmen Sie mithilfe eines Funktionsplotters k so, dass der Flächeninhalt minimal wird. Wie groß ist der minimale Flächeninhalt?

5 Eine Elektronikfirma verkauft monatlich 5000 Stück eines Bauteils zum Stückpreis von 25 €.
Die Marktforschungsabteilung dieser Firma hat festgestellt, dass sich der durchschnittliche monatliche Absatz bei einer Stückpreissenkung von 1 € um jeweils 300 Stück erhöhen würde. Bei welchem Stückpreis sind die monatlichen Einnahmen am größten?

1. Maximal mögliche Definitionsmenge D_f

a) Für ganzrationale Funktionen ist der maximal mögliche Definitionsbereich immer ganz $\mathbb{R}$.
b) Gebrochen rationale Funktionen haben ggf. Definitionslücken an den Nullstellen des Nenners.
c) Wurzelfunktionen sind nur dann definiert, wenn der Term unter der Wurzel nicht negativ ist.
d) Logarithmusfunktionen sind nur dann definiert, wenn das Argument positiv ist.

1 Bestimmen Sie die maximale Definitionsmenge folgender Funktionen.

a) $f(x) = \ln(x+3)$ b) $f(x) = \frac{5}{x^2-1}$ c) $f(x) = 2\sqrt{x-4}$ d) $f(x) = \frac{1}{\sqrt{4-x^2}}$ e) $f(x) = \frac{1}{e^{2x}}$

2. Symmetriebetrachtung:

Achsensymmetrie zur y-Achse: $f(-x) = f(x)$; Punktsymmetrie zum Ursprung: $f(-x) = -f(x)$; für alle $x \in D_f$.

2 Untersuchen Sie den Graphen von f auf Symmetrie zur y-Achse bzw. zum Ursprung.

a) $f(x) = x^5 + 4x^3 - 5x$ b) $f(x) = \frac{3+x^2}{x^2}$ c) $f(x) = 2e^{1-x^2}$ d) $f(x) = \frac{4x}{x^3-2}$

3. Schnittpunkte mit den Koordinatenachsen

Nullstellen: Für welche Werte von x ist $f(x) = 0$? Schnittpunkt mit der y-Achse: $y_s = f(0)$.
Bei Gleichungen wie z.B. $x^2 \cdot e^x = 0$ verwendet man den Satz vom Nullprodukt, nach dem ein Produkt null ist, wenn einer der Faktoren null ist. Da $e^x > 0$ ist, muss $x^2 = 0$, also $x = 0$ gelten.

4. Extremstellen

Notwendig ist $f'(x_E) = 0$. Mit f″ prüfen, ob lokales Maximum oder lokales Minimum vorliegt. Es gilt $f''(x_E) < 0$ für lokales Maximum bzw. $f''(x_E) > 0$ für lokales Minimum (oder Nachweis mit VZW der 1. Ableitung).

3 Bestimmen Sie die Nullstellen und Extremstellen von f.

a) $f(x) = x^3 - 3x$ b) $f(x) = \frac{x^2-4}{x}$ c) $f(x) = x^2 \cdot e^{2x}$ d) $f(x) = e^{2x} - 2e^x$

5. Wendestellen

Notwendig ist $f''(x_W) = 0$; Überprüfung mit $f'''(x_W) \neq 0$ (oder mit VZW der 2. Ableitung)

4 Bestimmen Sie die Wendestellen von f.

a) $f(x) = e^{4x} - 8x^2$ b) $f(x) = x^3(x-2)$ c) $f(x) = x \cdot e^x - e^x$ d) $f(x) = \frac{1}{e^x+1}$

6. Verhalten von f(x) für $x \to \pm\infty$, waagrechte Asymptoten

a) Gebrochen rationale Funktionen: Das Verhalten einer Funktion f mit $f(x) = \frac{g(x)}{h(x)}$ für $x \to \pm\infty$ wird durch den Grad z des Zählers und den Grad n des Nenners bestimmt.
Wenn $z < n$, strebt $f(x) \to 0$ und die x-Achse ist waagrechte Asymptote. Wenn $z = n$, strebt $f(x) \to c$; die Gerade $y = c$ ist waagrechte Asymptote. Wenn $z > n$, strebt $f(x) \to \pm\infty$.
b) Exponentialfunktion: Das Verhalten einer Funktion f mit $f(x) = x^n \cdot e^x$ für $x \to \pm\infty$ entspricht dem Verhalten der Teilfunktion e^x für $x \to \pm\infty$. Das Verhalten einer Funktion g mit $g(x) = x^n \cdot e^{-x}$ für $x \to \pm\infty$ entspricht dem Verhalten der Teilfunktion e^{-x} für $x \to \pm\infty$.

5 Bestimmen Sie das Verhalten von f für $x \to \pm\infty$ und geben Sie ggf. die waagrechte Asymptote an.

a) $f(x) = \frac{x}{4-x^2}$ b) $f(x) = \frac{2x+1}{3x-6}$ c) $f(x) = 2 - \frac{1}{x^2}$ d) $f(x) = e^x \cdot x^2$ e) $f(x) = \frac{e^x}{2x}$

6 Führen Sie eine vollständige Funktionsuntersuchung für die Funktion f mit $f(x) = x \cdot e^{-2x}$ durch. Ergänzen Sie alle fehlenden Stücke und zeichnen Sie den Graphen von f.

1) Durch Anwendung der Produktregel erhält man: $f'(x) =$ ____________________, $f''(x) =$ ____________________ und $f'''(x) =$ ____________________.

2) Die maximale Definitionsmenge ist ____________________.

3) Symmetrie: Der Graph der Funktion ist ______________________________, da $f(-x) =$ ____________________.

4) Schnitt mit den Koordinatenachsen: Da $f(0) =$ ________ ist der Schnittpunkt mit der __________ S(0 | ____).
Die Nullstellen werden durch die Gleichung ______________________________ berechnet. Mit dem Satz vom Nullprodukt folgt für die Nullstellen: ______________________________.

5) Extrempunkte: $f'(x) = 0$: ______________________________. Mit dem Satz vom Nullprodukt folgt: x = ______.
Da f''(_____) = ______________ hat der Graph von f bei x = ______ einen ______________punkt.
Mit f(_____) = ______________ folgt: ____ (____ | ____).

6) Wendepunkte: $f''(x) = 0$: ______________________________. Mit dem Satz vom Nullprodukt folgt x = __________.
Da f'''(_____) = __________ und f(_____) = __________ hat der Graph von f den Wendepunkt bei W(______ | ______).

7) Verhalten für $x \to \pm\infty$: Für $x \to \infty$ gilt: $f(x) \to$ ____________, für $x \to -\infty$ geht $f(x) \to$ ____________.

7 Führen Sie eine vollständige Funktionsuntersuchung wie in Aufgabe 6 durch.

a) $f(x) = -\frac{1}{2}x^2 \cdot (x + 4)$ b) $f(x) = \frac{x^2}{x^2 - 1}$ c) $f(x) = e^{2x} \cdot (x - 1)$ d) $f(x) = e^{3x} - e^x$

8 a) Lesen Sie die charakteristischen Eigenschaften der Funktion an den folgenden Funktionsgraphen ab.

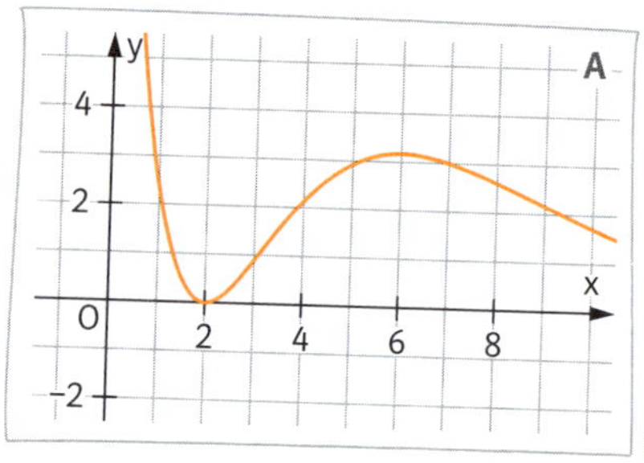

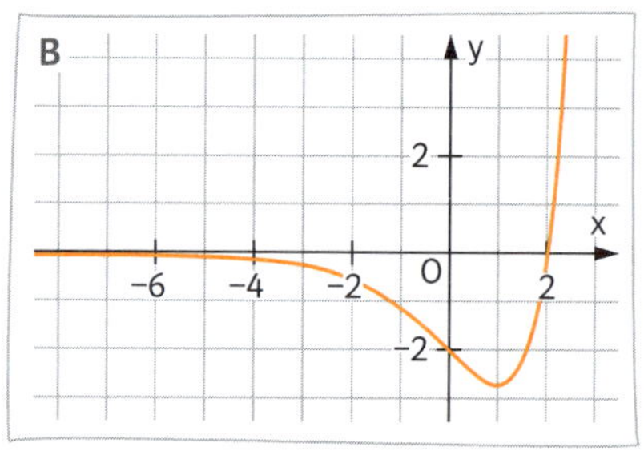

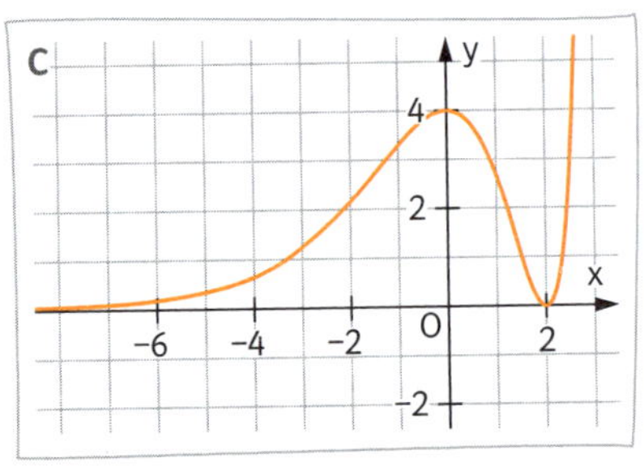

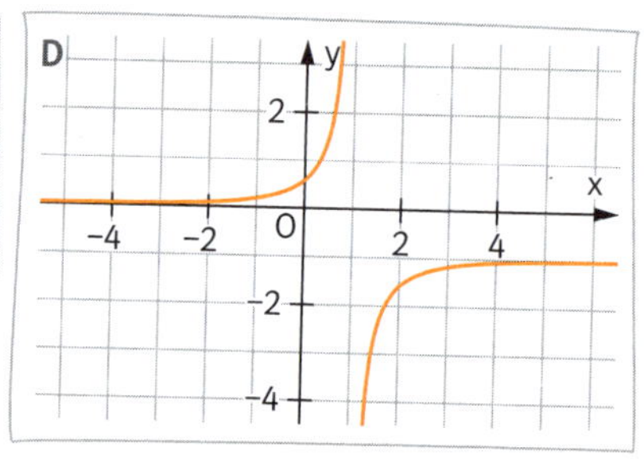

b) Ordnen Sie die Graphen aus Teilaufgabe a) den gegebenen Funktionen zu.

$f_1(x) = \frac{-1}{x - 1}$,

$f_2(x) = 4 \cdot (x - 2)^2 \cdot e^{-0,5x}$,

$f_3(x) = \frac{e^x}{e - e^x}$,

$f_4(x) = (x - 2)^2 \cdot e^x$,

$f_5(x) = (x - 2) \cdot e^x$

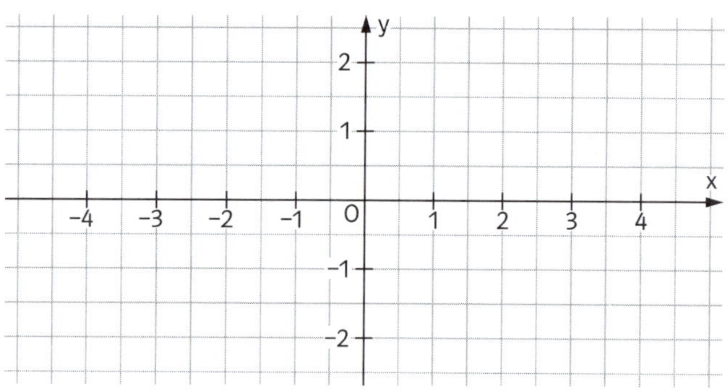

c) Skizzieren Sie den Graphen der Funktion, zu der keiner der Graphen aus Teilaufgabe a) passt.

1 Die Entwicklung einer Population von Käfern kann durch die Funktion $f(x) = 400 \cdot e^{0,0735x}$ beschrieben werden. Dabei ist f(x) die Anzahl der Tiere im Jahr x nach Beobachtungsbeginn.
a) Um welche Art von Wachstum handelt es sich?
b) Wie viele Tiere umfasst die Population nach 5 Jahren?
c) Um wie viel Prozent nimmt die Anzahl der Tiere pro Jahr zu?
d) Wie groß ist die Verdopplungszeit?
e) Wie groß ist die Wachstumsgeschwindigkeit nach 3 Jahren?

2 Gegeben ist die Funktion f mit $f(x) = \frac{1}{x}$.
a) Welche Punkte Q_1 und Q_2, die auf dem Graphen von f liegen, haben den kleinsten Abstand zum Ursprung?
b) Welcher Punkt P des Graphen von f kommt dem Punkt R(0 | 1) am nächsten?

3 Gegeben ist die Funktion f mit $f(x) = \frac{1}{6}x^3 - 3x^2 + 13{,}5x$.
a) Zeigen Sie, dass weder eine Symmetrie zum Koordinatenursprung noch zur y-Achse vorliegt.
b) Untersuchen Sie den Graphen von f auf Schnittpunkte mit den Koordinatenachsen, Extrempunkte, Wendepunkte sowie auf das Verhalten der Funktionswerte für $x \to \pm\infty$.
c) Geben Sie alle Intervalle an, in denen die Funktion monoton steigend ist.

4 Gegeben ist die Funktion f mit $f(x) = -3x \cdot e^x$.
a) Beschreiben Sie das Verhalten der Funktionswerte von f für $x \to \pm\infty$.
b) Bestimmen Sie Nullstellen, Extrem- und Wendepunkte von f.
c) Zeigen Sie, dass die Funktion F mit $F(x) = (-3x + 3) \cdot e^x$ eine Stammfunktion von f ist.
d) Der Graph von f schließt für $x \leqq 0$ mit der x-Achse eine nach links offene Fläche ein. Untersuchen Sie, ob diese Fläche einen endlichen Inhalt hat und berechnen Sie gegebenenfalls diesen Inhalt.

5 Geben Sie einen Funktionsterm an, sodass die angegebenen Bedingungen erfüllt sind.
a) Der Graph von f hat die Asymptoten $x = -1$ und $y = 3$.
b) Der Graph von f hat die senkrechten Asymptoten $x = 2$ und $x = -2$ und die x-Achse als waagrechte Asymptote.
c) Der Graph ist symmetrisch zur y-Achse und hat die Asymptoten $x = 0$ und $y = 2$.
d) f hat die Nullstellen −1 und 1 und der Graph von f ist punktsymmetrisch zum Ursprung.
e) Die Funktion hat 3 Nullstellen. Für $x \to \pm\infty$ gilt: $f(x) \to \infty$.

6 Eine Ticketagentur verkauft Karten für ein sehr begehrtes Konzert. Schon eine Stunde nach Freischaltung der Tickethotline sind die Karten fast ausverkauft. Die Funktion f mit $f(x) = x \cdot e^{4 - 0,1x}$ beschreibt näherungsweise die Anzahl der Karten, die pro Minute zu einer bestimmten Uhrzeit verkauft werden. Der Wert $x = 0$ steht für den Zeitpunkt der Freischaltung der Hotline.
a) Berechnen Sie, zu welchem Zeitpunkt die meisten Karten pro Minute verkauft werden.
b) Wann im Verlauf der ersten Stunde nach Verkaufsstart nimmt die Anzahl der verkauften Karten am schnellsten ab?
c) Weisen Sie nach, dass die Funktion F mit $F(x) = (-10x - 100) \cdot e^{4 - 0,1x}$ eine Stammfunktion von f ist.
d) Berechnen Sie, wie viele Karten 20 min (40 min; 60 min) nach Freischaltung der Tickethotline verkauft sind.
e) Wie viele Karten werden in der ersten Stunde nach Verkaufsstart durchschnittlich pro Minute verkauft?

Lambacher Schweizer

Mathematik für Gymnasien

Basistraining 12

Lösungen zum Arbeitsheft

I Integralrechnung

Lokale Änderungsrate und Gesamtänderung, Seite 3

1 a) 1 mm b) 5 mm c) 30,75 mm

2 a) 3750 kg b) 5750 kg c) 23 Tage

3 5,25 Liter

4 In 20 Stunden laufen 3,5 Liter aus, im Eimer verbleiben also 8,5 Liter.

5 a) Zug 1: 1,5 km, Zug 2: 3,0 km
b) 19 km
c) Zug 1: 31 km, 0,28 Stunden, 0,58 Stunden.
Zug 2: 47 km, 0,39 Stunden, 0,44 Stunden.
d) Die Züge begegnen sich zwischen Göppingen und Stuttgart.

Das Integral, Seite 5

1 a) $\int_{-1,5}^{2,5} x^2\,dx$
b) $f(x) = e^x$; $\int_{-1}^{1,5} e^x\,dx$
c) $f(x) = x - 1$; $\int_{2}^{5} (x - 1)\,dx$

2 a) $\int_{-2}^{4} \frac{3}{4}\,dx = 4{,}5$, Rechtecksfläche: $A = (4 - (-2)) \cdot \frac{3}{4} = 4{,}5$
b) $\int_{-1}^{3} \left(-\frac{1}{3}x + 1\right)dx = 2{,}6666666667$,
Dreiecksinhalt: $A = \frac{1}{2} \cdot f(-1) \cdot 4 = \frac{1}{2} \cdot \frac{4}{3} \cdot 4 = \frac{8}{3}$
c) $\int_{-1}^{3} \left(\frac{1}{2}x + 2\right)dx = 10$,
Trapezfläche: $A = \frac{1}{2}(f(-1) + f(3)) \cdot (3 - (-1))$
$= \frac{1}{2} \cdot (1{,}5 + 3{,}5) \cdot 4 = 10$

3 a) $\int_{-1}^{3} f(x)\,dx = 10$

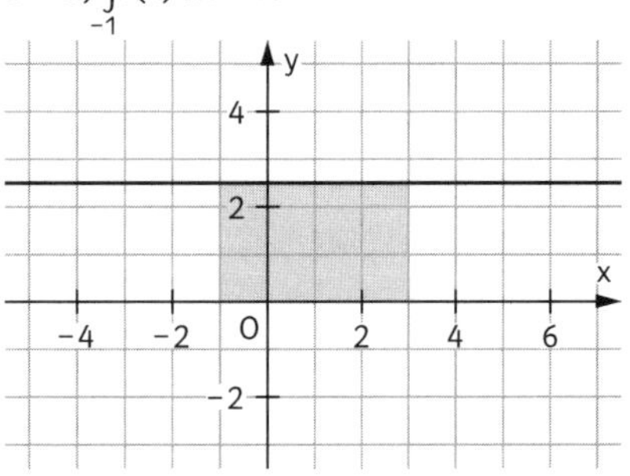

b) $\int_{-3}^{2} f(x)\,dx = 15$

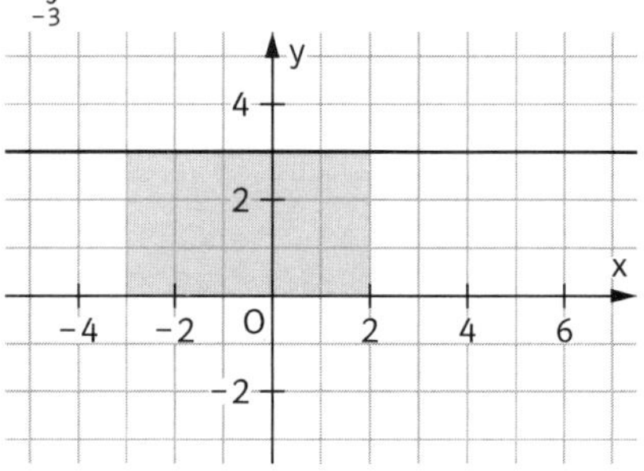

c) $\int_{0}^{5} f(x)\,dx = 12{,}5$

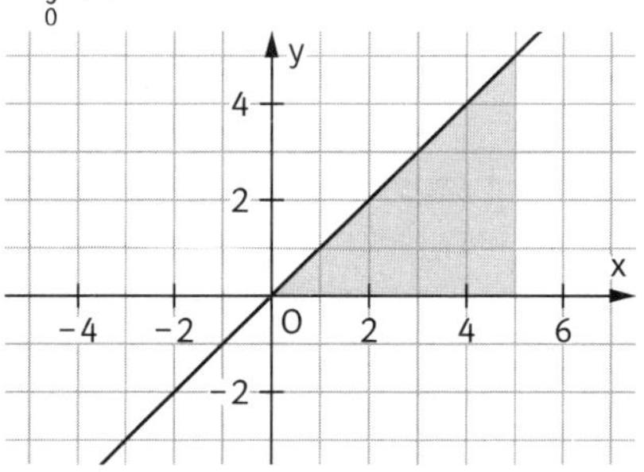

d) $\int_{-4}^{0} f(x)\,dx = 4$

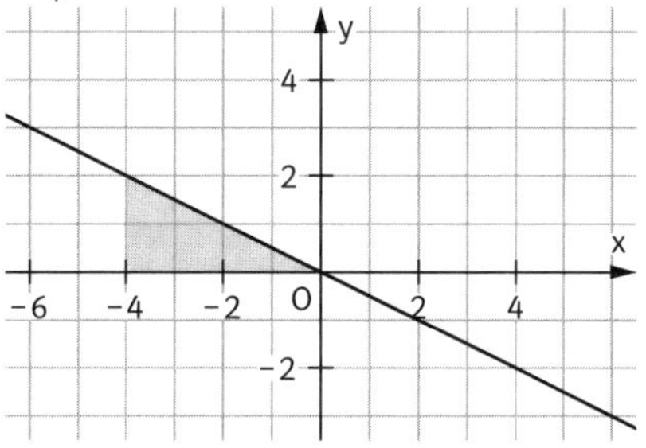

e) $\int_{2}^{4} f(x)\,dx = 8$

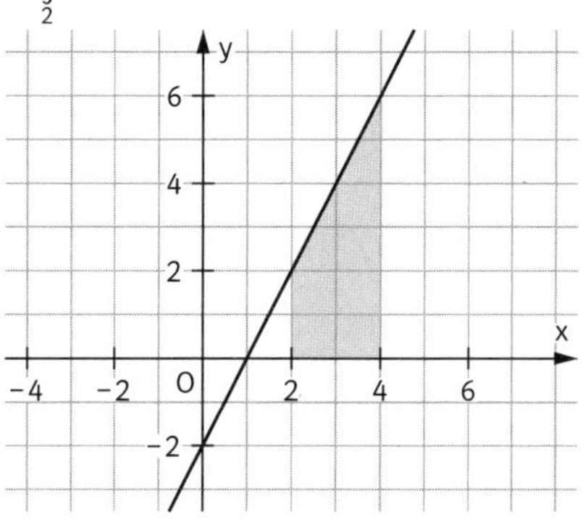

f) $\int_0^6 f(x)\,dx = 20$

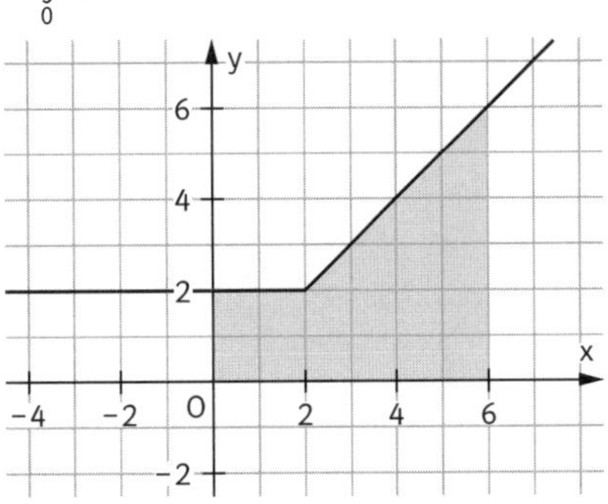

4 Fläche (1): Integral B), Ergebnis c);
Fläche (2): Integral C), Ergebnis d);
Fläche (3): Integral D), Ergebnis b);
Fläche (4): Integral A), Ergebnis a)

Das Integral als Flächenbilanz; die Integralfunktion, Seite 7

1 a) $\int_{\pi}^{2\pi} \sin(x)\,dx = -2$ b) $\int_{2\pi}^{3\pi} \sin(x)\,dx = 2$ c) $\int_{-\pi}^{2\pi} \sin(x)\,dx = -2$

2 a) $\int_{-1}^{4} f(x)\,dx = -12{,}5$ b) $\int_0^6 f(x)\,dx = 6$ c) $\int_{-2}^{6} f(x)\,dx = -9$

3 a) Aussage (1): falsch, Aussage (2): wahr, Aussage (3): falsch, Aussage (4): wahr, Aussage (5): wahr
b) (i) $|A_2|$ ist um 1 größer als $|A_1|$
(ii) beide Flächen sind gleich groß

4 a) $J_0(x) = \int_0^x 5\,dt = 5x$; $J_0(1) = 5$; $J_0(0) = 0$

b) $J_0(x) = \int_0^x -2\,dt = -2x$; $J_0(1) = -2$; $J_0(0) = 0$

c) $J_0(x) = \int_0^x t\,dt = \frac{1}{2}x^2$; $J_0(1) = \frac{1}{2}$; $J_0(0) = 0$

d) $J_0(x) = \int_0^x 2t\,dt = x^2$; $J_0(1) = 1$; $J_0(0) = 0$

e) $J_0(x) = \int_0^x \left(-\frac{1}{2}t + 1\right)dt = -\frac{1}{4}x^2 + x$; $J_0(1) = \frac{3}{4}$; $J_0(0) = 0$

f) $J_0(x) = \int_0^x \left(\frac{3}{4}t - 2\right)dt = \frac{3}{8}x^2 - 2x$; $J_0(1) = -\frac{13}{8}$; $J_0(0) = 0$

5 a) $J_{-1}(x) = \int_{-1}^{x} (t+1)\,dt = \frac{1}{2}x^2 + x + \frac{1}{2}$; $J_{-1}(-1) = 0$; $J_{-1}(0) = 0{,}5$; $J_{-1}(1) = 2$; Graph K

b) $J_0(x) = \int_0^x (t+1)\,dt = \frac{1}{2}x^2 + x$; $J_0(-1) = -0{,}5$; $J_0(0) = 0$; $J_0(1) = 1{,}5$; Graph M

c) $J_1(x) = \int_0^x (t+1)\,dt = \frac{1}{2}x^2 + x - 1{,}5$; $J_1(-1) = -2$; $J_1(0) = -1{,}5$; $J_1(1) = 0$; Graph L

6 a) falsch b) wahr c) falsch d) wahr e) wahr f) wahr

Der Hauptsatz der Differential- und Integralrechnung, Seite 9

1 a) $\int_1^3 2\,dx = [2x]_1^3 = 6 - 2 = 4$

b) $\int_3^5 x^5\,dx = \left[\frac{1}{6}x^6\right]_3^5 = \frac{15625}{6} - \frac{729}{6} = \frac{7448}{3} \approx 2482{,}7$

c) $\int_{-1}^{3} x^5\,dx = \left[\frac{1}{6}x^6\right]_{-1}^{3} = \frac{729}{6} - \frac{1}{6} = \frac{364}{3} \approx 121{,}3$

d) $\int_2^5 0{,}7x^4\,dx = \left[\frac{7}{50}x^5\right]_2^5 = \frac{21875}{50} - \frac{224}{50} = \frac{21651}{50} \approx 433{,}02$

e) $\int_{-2}^{-1} \frac{2}{5}x^3\,dx = \left[\frac{1}{10}x^4\right]_{-2}^{-1} = \frac{1}{10} - \frac{16}{10} = -1{,}5$

f) $\int_0^{\frac{\pi}{2}} \cos(x)\,dx = [\sin(x)]_0^{\frac{\pi}{2}} = 1 - 0 = 1$

g) $\int_0^{\pi} \sin(x)\,dx = [-\cos(x)]_0^{\pi} = 1 + 1 = 2$

h) $\int_{-\frac{\pi}{2}}^{\frac{\pi}{2}} \frac{1}{2}\cos(x)\,dx = \left[\frac{1}{2}\sin(x)\right]_{-\frac{\pi}{2}}^{\frac{\pi}{2}} = \frac{1}{2} - \frac{1}{2}(-1) = 1$

i) $\int_{-\pi}^{\pi} -\sin(x)\,dx = [\cos(x)]_{-\pi}^{\pi} = -1 - (-1) = 0$

j) $\int_2^4 \frac{2}{3}e^x\,dx = \left[\frac{2}{3}e^x\right]_2^4 = \frac{2}{3}e^4 - \frac{2}{3}e^2 \approx 31{,}47$

2 siehe Tabelle 1

Tabelle 1

	−2	−1	0	2	4	6	15	33	−4a	4a
a) $\int_3^5 2\,dx$					X					
b) $\int_{-5}^{-2} 2\,dx$						X				
c) $\int_0^2 2x\,dx$					X					
d) $\int_2^5 (x^2 - 2)\,dx$								X		
e) $\int_{-1}^{0} 4t^3\,dt$		X								
f) $\int_{\pi}^{2\pi} \sin(t)\,dt$	X									
g) $\int_3^3 \frac{2}{3}x^5 \cdot \cos(x)\,dx$			X							
h) $\int_{-2}^{2} a\,dx$										X

3 a) w sei die Wassermenge im Behälter: $w(1) = 100 + \int_0^1 z(t)\,dt$.
Z mit $Z(t) = 10t - t^2$ ist eine Stammfunktion von z. Damit wird das Integral $\int_0^1 z(t)\,dt = Z(1) - Z(0) = 9$ und $w(1) = 109$.

b) $w(5) = 100 + \int_0^5 z(t)\,dt$. $\int_0^5 z(t)\,dt = Z(5) - Z(0) = 25$, $w(5) = 125$.
Der Behälter läuft also über.

4 a) $f(x) = \frac{1}{3}x^3$, $a = -1{,}5$, $b = 2$,

$\int_{-1,5}^{2} x^2\,dx = \left[\frac{1}{3}x^3\right]_{-1,5}^{2} = \frac{1}{3}(8 + 3{,}375) \approx 3{,}79$

b) $F(x) = -\frac{1}{6}x^3 + 4x$, $a = -2$, $b = 1$,

$\int_{-2}^{1}\left(-\frac{1}{2}x^2 + 4\right)dx = \left[-\frac{1}{6}x^3 + 4x\right]_{-2}^{1} = -\frac{1}{6} + 4 - \left(\frac{8}{6} - 8\right) = 10{,}5$

c) $F(x) = \frac{1}{3}e^x$, $a = 0$, $b = 2{,}5$,

$\int_0^{2,5} \frac{1}{3}e^x\,dx = \left[\frac{1}{3}e^x\right]_0^{2,5} = \frac{1}{3}\left(e^{2,5} - \frac{1}{3}\right) \approx 3{,}73$

d) $F(x) = -\cos(x)$, $a = \frac{\pi}{2}$, $b = \pi$,

$\int_{\frac{\pi}{2}}^{\pi} \sin(x)\,dx = [-\cos(x)]_{\frac{\pi}{2}}^{\pi} = 1 - 0 = 1$

e) $F(x) = 5x$, $a = -3$, $b = 4$, $\int_{-3}^{4} 5\,dx = [5x]_{-3}^{4} = 20 - (-15) = 35$

f) $F(x) = \sqrt{x}$, $a = 1$, $b = 4$, $\int_1^4 \frac{1}{2\sqrt{x}}\,dx = [\sqrt{x}]_1^4 = 2 - 1 = 1$

5 a) $\int_1^3 x\,dx = \left[\frac{1}{2}x^2\right]_1^3 = \frac{9}{2} - \frac{1}{2} = 4$

(es wurde eine falsche bzw. keine Stammfunktion verwendet)

b) $\int_1^3 \frac{1}{2}x^2\,dx = \left[\frac{1}{6}x^3\right]_1^3 = \frac{1}{6}\cdot 3^3 - \frac{1}{6}\cdot 1^3 = \frac{27}{6} - \frac{1}{6} = \frac{13}{3}$

(falsche Reihenfolge beim Einsetzen der Grenzen in die Stammfunktion)

c) $\int_0^{\pi} \frac{1}{2}\sin(x)\,dx = \left[-\frac{1}{2}\cdot\cos(x)\right]_0^{\pi} = -\frac{1}{2}\cos(\pi) - \left(-\frac{1}{2}\cos(0)\right) = \frac{1}{2} + \frac{1}{2} = 1$

(vergessenes Minuszeichen)

d) $\int_0^1 \frac{1}{4}e^x\,dx = \left[\frac{1}{4}e^x\right]_0^1 = \frac{1}{4}e^1 - \frac{1}{4}e^0 = \frac{1}{4}e - \frac{1}{4}$

(falsche Stammfunktion und falscher Wert der Stammfunktion an der unteren Grenze)

6 a) $\int_1^4 x^7\,dx = \left[\frac{1}{8}x^8\right]_1^4 = \frac{1}{8}4^8 - \frac{1}{8}\cdot 1^8 = 8192 - \frac{1}{8} = 8191{,}875$

b) $\int_{\pi}^{\frac{3}{2}\pi} \sin(x)\,dx = [-\cos(x)]_{\pi}^{\frac{3}{2}\pi} = -\cos\left(\frac{3}{2}\pi\right) + \cos(\pi) = 0 - 1 = -1$

c) $\int_0^1 \frac{2}{3}\cdot e^x\,dx = \left[\frac{2}{3}\cdot e^x\right]_0^1 = \frac{2}{3}\cdot e^1 - \frac{2}{3}\cdot e^0 = \frac{2}{3}e - \frac{2}{3}$

d) $\int_{-\frac{\pi}{2}}^{0} \cos(x)\,dx = [\sin(x)]_{-\frac{\pi}{2}}^{0} = \sin(0) - \sin\left(-\frac{\pi}{2}\right) = 0 - (-1) = 1$

Stammfunktionen, Seite 12

1 a) $F(x) = -x^{-1} + C$; $0 = F(1) = -1 + C \Rightarrow C = 1$
$\Rightarrow F(x) = -x^{-1} + 1 = -\frac{1}{x} + 1$

b) $F(x) = -\ln(x) + C$; $0 = F(e) = -1 + C \Rightarrow C = 1$
$\Rightarrow F(x) = -\ln(x) + 1$

c) $F(x) = 2e^x + C$; $0 = F(0) = 2 + C \Rightarrow C = -2$
$\Rightarrow F(x) = 2e^x - 2$

d) $F(x) = x\cdot\ln(x) - x + C$; $e = F(1) = -1 + C \Rightarrow C = e + 1$
$\Rightarrow F(x) = x\cdot\ln(x) - x + e + 1$

2

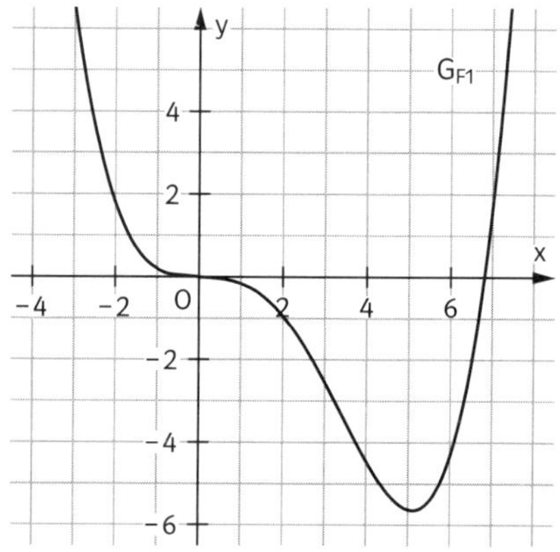

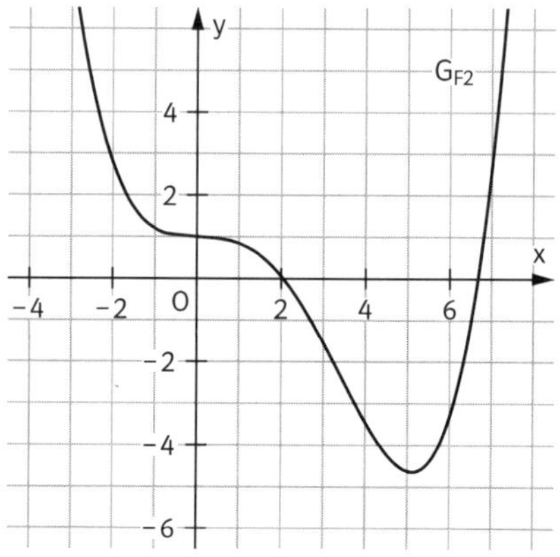

Eigenschaften von Stammfunktionen und Integralen, Seite 13

1 a) $f(x) = x^2 + \frac{1}{4}x^4$

b) $F(x) = -x^3 + \frac{1}{8}x^4$

c) $F(x) = -\frac{2}{9}x^{-3} - x^{-1}$

d) $F(x) = \frac{1}{16}x^{-4} + \frac{2}{3}x^{-3} + \frac{1}{2}x^4$

e) $F(x) = \frac{2}{3}x^{\frac{3}{2}} + \frac{1}{4}x^4$

f) $F(x) = -x^{-3} + 2x^{-1} + \frac{7}{2}x^2$

g) $F(x) = \frac{1}{3}(2x+3)^3\cdot\frac{1}{2} = \frac{1}{6}\cdot(2x+3)^3$

h) $F(x) = \frac{2}{3}\cdot(3x-4)^{\frac{3}{2}}\cdot\frac{1}{3} = \frac{2}{9}\cdot(3x-4)^{\frac{3}{2}}$

i) $F(x) = \frac{1}{3}\cdot e^{3x-2}$

2 a) Stammfunktion H b) Stammfunktion H
c) Stammfunktionen F und H

3 a) $f(x) = (x-2)^2$, $F(x) = \frac{1}{3}(x-2)^3$

b) $f(x) = \frac{1}{3}(x+3)^4$, $F(x) = \frac{1}{15}(x+3)^5$

c) $f(x) = (2x+3)^{-3}$, $F(x) = \frac{1}{-4}(2x+3)^{-2}$

d) $f(x) = 3\cdot e^{3x-4}$, $F(x) = e^{3x-4}$

e) $f(x) = \sin(2x - \pi)$, $F(x) = -\frac{1}{2}\cos(2x - \pi)$

f) $f(x) = -\cos(x+1)$, $F(x) = -\sin(x+1)$

4 a) $\int_1^e \frac{2}{x}\,dx + \int_1^e \frac{1}{x}\,dx = \int_1^e \frac{3}{x}\,dx = 3\cdot\int_1^e \frac{1}{x}\,dx = 3\cdot(\ln(e) - 0) = 3$

b) $\int_{-\frac{\pi}{2}}^{0} 2\cdot\cos(2x)\,dx + \int_0^{\frac{\pi}{2}} 2\cdot\cos(2x)\,dx = \int_{-\frac{\pi}{2}}^{\frac{\pi}{2}} 2\cdot\cos(2x)\,dx$

$= 2\cdot\int_{-\frac{\pi}{2}}^{\frac{\pi}{2}}\cos(2x)\,dx = 2\cdot\left(\frac{1}{2}\sin(\pi) - \frac{1}{2}\sin(-\pi)\right) = 0$

Flächenberechnungen mit dem Integral, Seite 14

1 a) f ist positiv in I, $A = \int_0^5 x^3\,dx = \frac{625}{4}$

b) f ist negativ in I, $A = -\int_{-2}^{1} (e^x - 5)\,dx = 15 - e + e^{-2}$

c) f ist positiv in I, $A = \int_0^{\pi} \sin(x)\,dx = 2$

d) f ist positiv in I, $A = \int_{-1}^{2} (2x^2 + 3)\,dx = 15$

2 a) $A = -\int_{-2}^{2} (3x - 6)\,dx + \int_2^6 (3x - 6)\,dx = -(-24) + 24 = 48$

b) $A = \int_0^{\pi/2} \cos(x)\,dx - \int_{\pi/2}^{3\pi/2} \cos(x)\,dx + \int_{3\pi/2}^{2\pi} \cos(x)\,dx = 1 - (-2) + 1 = 4$

3 a) $A \approx 0{,}1534$ b) $A \approx 0{,}2616$ c) $A = 1$

4

a) $f(x) = x^3 - x$, $g(x) = 3x$

$x_1 = -2$, $x_2 = 0$, $x_3 = 2$

$I_1 = [-2;\,0]$	$I_2 = [0;\,2]$
$f(x) > g(x)$	$g(x) > f(x)$
$A_1 = \int_{-2}^{0} (f(x) - g(x))\,dx$	$A_2 = \int_0^2 (g(x) - f(x))\,dx$

$A = A_1 + A_2 = 4 + 4 = 8$

b) $f(x) = x^2$, $g(x) = -x^3 + 3x^2$

$x_1 = 0$, $x_2 = 2$

$I_1 = [0;\,2]$	I_2 existiert nicht
$g(x) > f(x)$	
$A = \int_0^2 (g(x) - f(x))\,dx$	$A = \frac{4}{3}$

5 a) $A = \int_{-0{,}5}^{1} ((g(x) - f(x))\,dx + \int_1^2 (f(x) - g(x))\,dx = \frac{207}{64} + \frac{7}{4} = \frac{319}{64}$

b) $A = \int_{-2}^{-1} (g(x) - f(x))\,dx + \int_{-1}^{0} (f(x) - g(x))\,dx + \int_0^2 (g(x) - f(x))\,dx$

$= \frac{37}{12} + \frac{5}{12} + \frac{8}{3} = \frac{37}{6}$

c) $A = \int_{-1}^{0} (g(x) - f(x))\,dx + \int_0^{3{,}5} (f(x) - g(x))\,dx + \int_{3{,}5}^{5} (g(x) - f(x))\,dx$

$= \frac{25}{12} + \frac{343}{48} + \frac{243}{48} = \frac{343}{24}$

6 Die Aussagen a), c) und e) treffen auf die Fläche zu.

Ins Unendliche reichende Flächen, Seite 17

1 a) $A_c = \int_1^c \frac{3}{x^4}\,dx = [-x^{-3}]_1^c = -c^{-3} + 1$;

für $c \to \infty$ ist $c^{-3} \to 0$ und somit $A_c \to 1$

b) $A_c = \int_0^c \frac{1}{(x+1)^2}\,dx = \left[-\frac{1}{x+1}\right]_0^c = -\frac{1}{c+1} + 1$;

für $c \to \infty$ ist $\frac{1}{c+1} \to 0$ und somit $A_c \to 1$

c) $A_c = \int_c^{\frac{1}{2}} e^{2x}\,dx = \left[\frac{1}{2}e^{2x}\right]_c^{\frac{1}{2}} = \frac{1}{2}e - \frac{1}{2}e^{2c}$;

für $c \to -\infty$ ist $e^{2c} \to 0$ und somit $A_c \to \frac{1}{2}e$

2 a) $A_c = \int_1^c \frac{1}{\sqrt{x}}\,dx = \left[2x^{\frac{1}{2}}\right]_1^c = 2c^{\frac{1}{2}} - 2$; für $c \to \infty$ wächst $c^{\frac{1}{2}}$ unbegrenzt; damit existiert kein endlicher Flächeninhalt.

b) $A_c = \int_c^2 \frac{1}{x^2}\,dx = \left[-\frac{1}{x}\right]_c^2 = -\frac{1}{2} + \frac{1}{c}$; für $c \to 0$ wächst $\frac{1}{c}$ unbegrenzt; damit existiert kein endlicher Flächeninhalt.

c) $A_c = \int_c^{-1} -\frac{1}{x^2}\,dx = \left[\frac{1}{x}\right]_c^{-1} = -1 - \frac{1}{c}$; für $c \to -\infty$ ist $\frac{1}{c} \to 0$ und somit $A_c \to -1$.

d) $A_c = \int_1^c \frac{2}{(x-4)^2}\,dx = \left[-\frac{2}{x-4}\right]_1^c = -\frac{2}{c-4} - \frac{2}{3}$; für $c \to 4$ wächst $\frac{2}{c-4}$ unbegrenzt; damit existiert kein endlicher Flächeninhalt.

Test, Seite 18

1 a) $F(x) = x^3 - \frac{4}{5}x^{\frac{5}{4}}$ b) $F(x) = \frac{3}{8}(2x)^{\frac{4}{3}} + \frac{5}{16}x^{\frac{4}{5}}$

c) $F(x) = \frac{1}{36}(3x - 2)^6$ d) $F(x) = -8\left(\frac{1}{2}x + 4\right)^{-\frac{1}{2}}$

e) $F(x) = 3e^x + \frac{2}{3}e^{3x+5}$ f) $F(x) = \frac{2}{9}e^{3x-2} - \frac{3}{2}(-(x+2))^{\frac{4}{3}}$

g) $F(x) = \frac{1}{2}\sin(2x + 3)$ h) $F(x) = -\cos(\pi x - 2\pi)$

i) $F(x) = \sin\left(\frac{1}{2}x\right) - \frac{1}{9}\cos(3(x - 2))$

2 a) Der Flächeninhalt zwischen 0 s und 2 s beträgt ungefähr 22 Kästchen zu je 0,25, also 1,375.
b) Es dauert dann ungefähr eine Sekunde, bis dieses Defizit wieder ausgeglichen ist.

3 a) $A = -\int_0^1 (e^x - e)\,dx = -[e^x - ex]_0^1 = -(e - e - 1) = 1$

b) Die eingeschlossene Fläche verläuft unterhalb der x-Achse.

c) $0 = \int_0^c (e^x - e)\,dx = [e^x - ex]_0^c = e^c - ec - 1$,

GTR liefert: $c = 0$ bzw. $c \approx 1{,}7508$

4 a) $J_0(x) = \frac{3}{2}x^2 + \frac{1}{3}(2x)^{\frac{3}{2}} + \frac{1}{\pi}\sin(\pi x)$, $J_0(1) = \frac{3}{2} + \frac{1}{3} \cdot 2^{\frac{3}{2}}$

b) $J_0(3) - J_0(1) = \frac{27}{2} + \frac{1}{3} \cdot 6^{\frac{3}{2}} - \frac{3}{2} - \frac{1}{3} \cdot 2^{\frac{3}{2}} = 12 + \frac{1}{3} \cdot 6^{\frac{3}{2}} - \frac{1}{3} \cdot 2^{\frac{3}{2}} \approx 15{,}9562$

c)

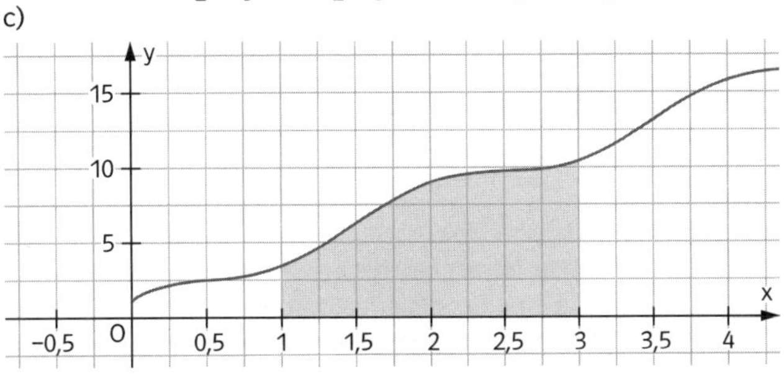

d) Es ändert sich nichts.

5 a) Nullstellen: $x_1 = -2$; $x_2 = 2$, $A = \int_{-2}^{2} (-0{,}5x^2 + 2)\,dx = \frac{16}{3}$

b) Schnittstellen: $x_1 = -3$; $x_2 = \frac{1}{3}$, $A = \int_{-3}^{\frac{1}{3}} (f(x) - g(x))\,dx \approx 9{,}2593$

c) $A = \int_{-2}^{0} (f(x) - g(x))\,dx = 7$

6 a) $A_c = \int_1^c \frac{1}{x^2}\,dx = \left[-\frac{1}{x}\right]_1^c = -\frac{1}{c} + 1$; für $c \to \infty$ ist $\frac{1}{c} \to 0$ und somit $A_c \to 1$

b) $A_c = \int_c^4 \frac{1}{x^2}\,dx = \left[-\frac{1}{x}\right]_c^4 = -\frac{1}{4} + \frac{1}{c}$; für $c \to 0$ existiert $\frac{1}{c}$ nicht und damit auch kein endlicher Flächeninhalt.

II Weitere Eigenschaften von Funktionen und deren Graphen

Die zweite Ableitung, Seite 19

1 a) $f'(x) = 6x^2 - 1$; $f''(x) = 12x$; $f'''(x) = 12$; $f^{(IV)}(x) = 0$
b) $f'(x) = -2x^3 - 4x + 4$; $f''(x) = -6x^2 - 4$;
$f'''(x) = -12x$; $f^{(IV)}(x) = -12$
c) $f'(x) = -3x^{-4}$; $f''(x) = -12x^{-5}$;
$f'''(x) = -60x^{-6}$; $f^{(IV)}(x) = -360x^{-7}$
d) $f'(x) = -2\sin(x)$; $f''(x) = -2\cos(x)$;
$f'''(x) = 2\sin(x)$; $f^{(IV)}(x) = 2\cos(x)$
e) $f'(x) = 2x + \cos(x)$; $f''(x) = 2 - \sin(x)$;
$f'''(x) = -\cos(x)$; $f^{(IV)}(x) = \sin(x)$
f) $f'(x) = nx^{n-1}$; $f''(x) = n(n-1)x^{n-2}$;
$f'''(x) = n(n-1)(n-2)x^{n-3}$; $f^{(IV)}(x) = n(n-1)(n-2)(n-3)x^{n-4}$

2 a) zusammen gehören $f_1(x), g(x), k(x), a(x)$; $f_2(x), q(x), s(x), c(x)$; $f_3(x), h(x), m(x), d(x)$; $f_4(x), n(x), e(x), t(x)$
b) übrig bleiben:
$b(x)$, Ausgangsfunktion z. B. $B(x) = -\cos(x) - 2 \cdot \sin(x)$
$v(x)$, Ausgangsfunktion z. B. $V(x) = -2 \cdot \sin(x) + 2 \cdot \cos(x)$
$p(x)$, Ausgangsfunktion z. B. $P(x) = 2e^{3x} - x^{-1}$
$u(x)$, Ausgangsfunktion z. B. $U(x) = \frac{1}{2}x^2$

3 a)

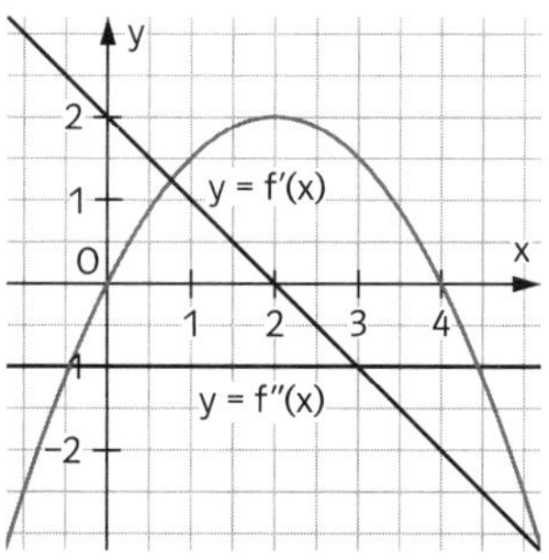

b)

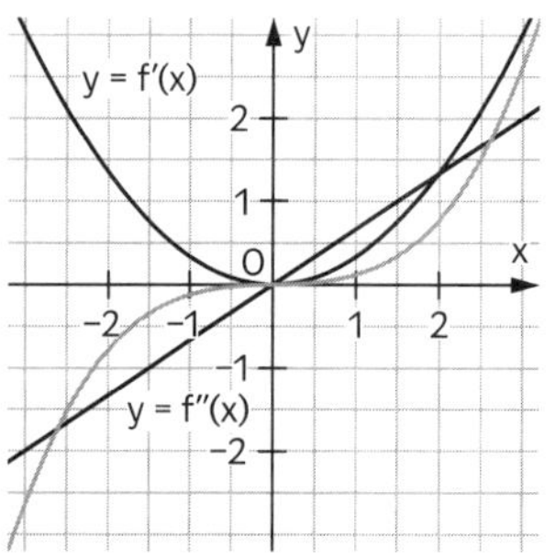

4 Richtige Behauptungen: a), b), d)

Krümmung von Graphen, Seite 20

1 a) $f(x) = -\frac{1}{3}x^3 + 2x^2 + 3$; $f'(x) = -x^2 + 4x$; $f''(x) = -2x + 4$

Der Graph von f ist eine Linkskurve, wenn $f''(x) > 0$,
d. h. $-2x + 4 > 0$. Dies ist der Fall für $x < 2$
Der Graph von f ist eine Rechtskurve, wenn $f''(x) < 0$,
d. h. $-2x + 4 < 0$. Dies ist der Fall für $x > 2$

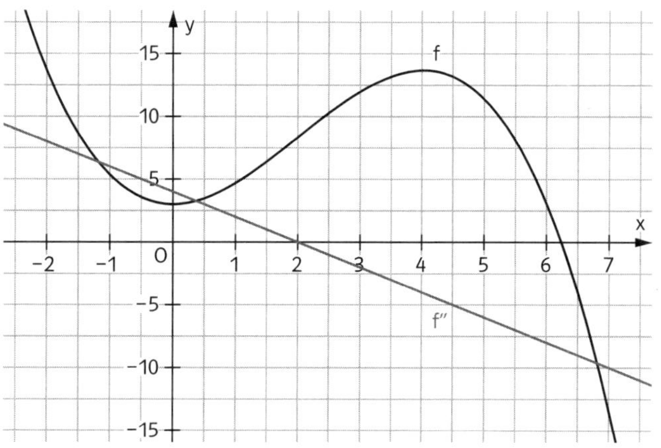

b) $f(x) = -\frac{1}{12}x^4 - 2x^2 + 4x - 3$, $f'(x) = -\frac{1}{3}x^3 - 4x + 4$; $f'' = -x^2 - 4$

Der Graph von f ist eine Linkskurve, wenn $f''(x) > 0$,
d. h. dies ist nie der Fall
Der Graph von f ist eine Rechtskurve, wenn $f''(x) < 0$,
d. h. für alle x.

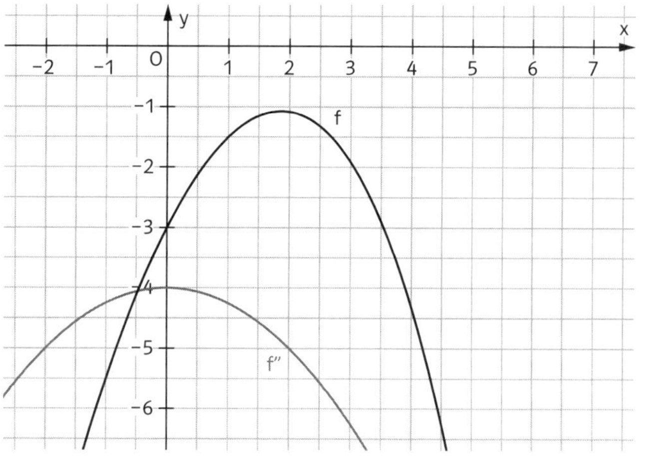

c) $f(x) = \frac{1}{x} = x^{-1}$, $f'(x) = -x^{-2} = -\frac{1}{x^2}$; $f''(x) = 2x^{-3} = \frac{2}{x^3}$

Der Graph von f ist eine Linkskurve, wenn $f''(x) > 0$,
d. h. $\frac{2}{x^3} > 0$. Dies ist der Fall für $x > 0$
Der Graph von f ist eine Rechtskurve, wenn $f''(x) < 0$,
d. h. $\frac{2}{x^3} < 0$. Dies ist der Fall für $x < 0$

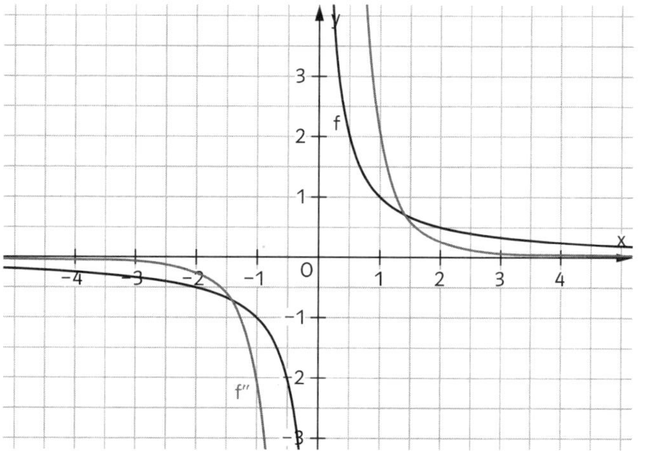

d) $f(x) = \sin(x)$, $f'(x) = \cos(x)$, $f''(x) = -\sin(x)$
Der Graph von f ist eine Linkskurve, wenn $f''(x) > 0$,
d. h. $-\sin(x) > 0$. Dies ist der Fall für $\pi < x < 2\pi$
Der Graph von f ist eine Rechtskurve, wenn $f''(x) < 0$,
d. h. $-\sin(x) < 0$. Dies ist der Fall für $0 < x < \pi$

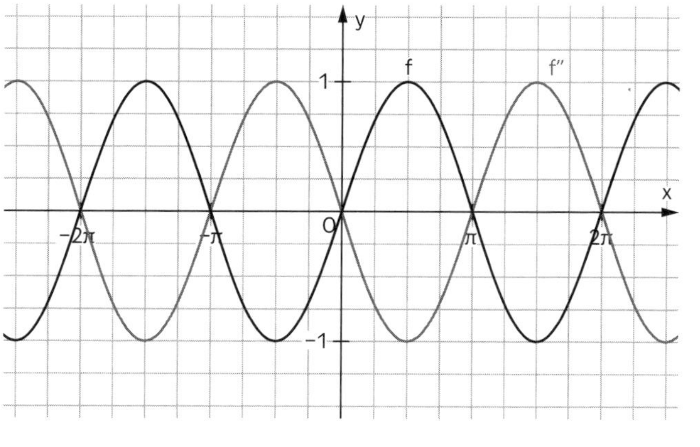

2 a) $f''(x) = -0{,}4 < 0$; daher Rechtskurve
b) $f''(x) = 6x > 0$ für $x > 0$; daher Linkskurve
c) $f''(x) = -\frac{1}{4x\sqrt{x}} < 0$ für $x \in \mathbb{R}^+$; daher Rechtskurve
d) $f''(x) = 12ax^2 > 0$ für $a > 0$, $x \in \mathbb{R}$; d.h. Linkskurve für $a > 0$

3 a) $f''(x) = -3x$; $f''(x) < 0$ für $x > 0$, also Rechtskurve;
$f''(x) >$ für $x < 0$, also Linkskurve
b) Linkskurve für $x > 1{,}5$; Rechtskurve für $x < 1{,}5$
c) Linkskurve für $[-2\pi; -1{,}5\pi)$; $(-0{,}5\pi; 0{,}5\pi)$; $(1{,}5\pi; 2\pi]$;
Rechtskurve für $(-1{,}5\pi; -0{,}5\pi)$; $(0{,}5\pi; 1{,}5\pi)$

4 a) r b) f c) r d) n.e. e) r f) n.e. g) r h) f i) n.e.

Wendepunkte, Art der Extrema, Seite 21

1 a) -1 b) $-1; 2$ c) keine Wendestelle

2 a) $W(0|1)$ b) $W(-2|6)$ c) $W_1\left(-1\middle|\frac{7}{3}\right)$; $W_2(0|0)$; $W_3\left(1\middle|-\frac{7}{3}\right)$
d) kein Wendepunkt e) $W_1(-1|-3)$; $W_2(0|-2)$
f) $W\left(2^{\frac{1}{3}}\middle|-2^{\frac{5}{3}} - 20 - 2^{\frac{2}{3}}\right)$ bzw. $W(\approx 1{,}26|\approx -28{,}57)$

3 $f''(x) = 12x^2$; einzige mögliche Wendestelle: $x_1 = 0$;
f'' hat aber an der Stelle $x_1 = 0$ keinen Vorzeichenwechsel.

4 a) falsch b) falsch c) richtig d) falsch e) richtig
f) falsch g) richtig h) falsch i) falsch j) richtig

5 a) nach 15 s b) nach ca. 28 s
c) nach ca. 15 s d) nach ca. 38 s

6 a) $x_1 \approx -0{,}83$
b) $x_1 \approx -1{,}41$; $x_2 \approx 1{,}41$
c) $x_1 \approx 0{,}25$
d) $x_1 \approx -1{,}73$; $x_2 \approx 0$; $x_3 \approx 1{,}73$
e) $x_1 \approx 1{,}07$; $x_1 \approx 2{,}64$
f) $x_1 \approx -1{,}57$; $x_1 \approx 1{,}57$

7 a) $f'(x) = 3x^2 - 12x + 12$; $f''(x) = 6x - 12$; $f'''(x) = 6$
$f''(2) = 0$; $f'''(x) \neq 0$; also ist $x_1 = 2$ eine Wendestelle von f.
$f(2) = -3$. $W(2|-3)$ ist daher ein Wendepunkt des Graphen von f.
Wegen $f'(2) = 0$ ist W ein Terrassenpunkt.
b) $f'(x) = x^3 - 4x^2 + 4x$; $f''(x) = 3x^2 - 8x + 4$; $f'''(x) = 6x - 8$
$f''(x) = 0$ hat die Lösungen $x_1 = \frac{2}{3}$ und $x_2 = 2$.
$f'''\left(\frac{2}{3}\right) = -4$; $f'''(2) = 4$, d.h. x_1 und x_2 sind Wendestellen.
$f'(2) = 0$; $f(2) = \frac{7}{3}$. Also ist $S\left(2\middle|\frac{7}{3}\right)$ der gesuchte Terrassenpunkt.

8 a) $W_t\left(-2t\middle|\frac{16}{3}t^2\right)$ b) $t_1 = -0{,}5$; $t_2 = 0{,}5$ c) $t = 0$ d) $t = 0$

9 $f'(x) = 3x^2 + 6x$; $f''(x) = 6x + 6$
Nullstellen von f': $3x(x + 2) = 0$; $x_1 = -2$; $x_2 = 0$
$f''(x_1) = -6 < 0$; also liegt bei x_1 ein lokales Maximum vor.
$f''(x_2) = 6 > 0$; also liegt bei x_2 ein lokales Minimum vor.

10 a) lokale Maximalstelle: $x_1 = 0$
b) lokale Minimalstelle: $x_1 = 1{,}5$
c) lokale Minimalstelle: $x_1 = -\frac{1}{3}$; lokale Maximalstelle: $x_2 = 1$
d) keine lokalen Extremstellen
e) lokale Minimalstellen: $x_1 = -2$; $x_2 = 2$;
lokale Maximalstelle: $x_3 = 0$
f) lokale Minimalstelle: $x_1 = 1$

11 a) $f'(0) = 0$; $f''(0) = 0$; $f'(3) = 0$; $f''(3) = 36 > 0$
b) an den Stellen x_1 und x_2 liegen waagrechte Tangenten vor; $x_2 = 3$ ist eine lokale Minimalstelle
c) $f'(x) = 4x^3 - 12x^2 = 4x^2(x - 3)$; an der Stelle $x_1 = 0$ liegt kein Vorzeichenwechsel von f' vor.

12 a) mögliche lokale Extremstellen ($f'(x) = 0$): $x_1 = 0$; $x_2 = 1{,}5$
b) $x_1 = 0$: keine lokale Extremstelle; $x_2 = 1{,}5$: lokale Maximalstelle

13 a) lokale Maximalstelle: $x_1 = 0$; lokales Maximum: $f(0) = 0$
lokale Minimalstelle: $x_2 = 2$; lokales Minimum: $f(2) = -4$
b) lokale Minimalstelle: $x_1 \approx -4{,}24$; lokales Minimum: $f(x_1) \approx -0{,}12$
lokale Maximalstelle: $x_2 \approx 0{,}24$; lokales Maximum: $f(x_2) \approx 2{,}12$
c) lokale Maximalstelle: $x_1 \approx -0{,}05$; lokales Maximum: $f(x_1) \approx 1{,}00$
lokale Minimalstelle: $x_2 \approx 6{,}72$; lokales Minimum: $f(x_2) \approx -14{,}48$
d) lokale Maximalstellen: $x_1 \approx -3{,}61$; lokales Maximum: $f(x_1) \approx 2{,}24$
$x_3 \approx 2{,}68$; lokales Maximum: $f(x_3) \approx 2{,}24$
lokale Minimalstelle: $x_2 \approx -0{,}46$; lokales Minimum: $f(x_2) \approx -2{,}24$
e) lokale Maximalstelle: $x_1 = 2$; lokales Maximum: $f(2) = 0{,}35$

Test, Seite 24

1 a) $f'(x) = 2x - 4$; $f''(x) = 2$ b) $f'(x) = -3 - 4x$; $f''(x) = -4$
c) $f'(x) = 2x - 3$; $f''(x) = 2$ d) $f'(x) = \frac{2}{x^2}$; $f''(x) = -\frac{4}{x^3}$
e) $f'(x) = \frac{1}{\sqrt{x}}$; $f''(x) = -\frac{1}{2x\sqrt{x}}$ f) $f'(x) = -\frac{2}{x^2}$; $f''(x) = \frac{4}{x^3}$
g) $f'(x) = 3a \cdot x^2$; $f''(x) = 6ax$
h) $f'(x) = 2(k + 1)x^k$; $f''(x) = 2k(k + 1)x^{k-1}$
i) $f'(x) = x^{n-2}$; $f''(x) = (n - 2)x^{n-3}$

2 a) Tiefpunkt $T(0|0)$; Hochpunkt $H(2|4)$; Wendepunkt $W(1|2)$
b) Hochpunkt $H(1|9)$; Tiefpunkt $T(2|8)$; Wendepunkt $W(1{,}5|8{,}5)$
c) Hochpunkt $H\left(-\frac{1}{3}\middle|-6\right)$ Tiefpunkt $T\left(\frac{1}{3}\middle|-6\right)$ kein Wendepunkt

3 $f(x) = -x^2 + 6x - 5$; $x \in \mathbb{R}$
a) $f'(x) = -2x + 6$
$f(2) = 3$; $f'(2) = 2$
Gleichung der Tangente in $B(2|f(2))$:
$t: y = 2 \cdot (x - 2) + 3$
$t: y = 2x - 1$
b) Gleichung der Tangente in $B(u|f(u))$:
$y = f'(u) \cdot (x - u) + f(u)$
$y = (-2u + 6) \cdot (x - u) + (-u^2 + 6u - 5)$
$y = -2ux + 2u^2 + 6x - 6u - u^2 + 6u - 5$
$y = u^2 - 2ux + 6x - 5$
Die Tangenten gehen durch $R(3|8)$:
$8 = u^2 - 6u + 18 - 5$
$u^2 - 6u + 5 = 0$; $u_1 = 1$; $u_2 = 5$
Berührungspunkte: $B_1(1|0)$; $B_2(5|0)$
Tangentengleichungen: t_1: $y = 4x - 4$; t_2: $y = -4x + 20$

4 a) richtig b) richtig c) falsch
d) falsch e) falsch f) falsch

5 a) $f(0) = 1{,}5$; b) $f'(0) = -1{,}5$ c) $f''(0)$ ist kleiner als null
d) $I = [-1; 2]$ e) $I = [0{,}5; 4]$ f) $x_0 = 2$
g) $(2|-1)$ h) $x_1 = -1$ i) $(-1|2{,}4)$
j) $x_2 = 0{,}5$ k) 5,5 l) -1

6 Die Summe zweier Zahlen beträgt 18.
$x_1 + x_2 = 18$
Produkt beider Zahlen:
$P(x) = x_1 \cdot x_2$
$P(x_1) = x_1 \cdot (18 - x_1)$

$P(x_1) = -x_1^2 + 18x_1$
$P'(x_1) = -2x_1 + 18$
Notwendige Bedingung für die Extremstelle:
$P'(x_1) = 0;\ -2x_1 + 18 = 0;\ x_1 = 9 \Rightarrow x_2 = 18 - 9 = 9$
Die gesuchten Zahlen: $x_1 = 9;\ x_2 = 9$

III Zufallsgrößen und Binomialverteilung

Zufallsgrößen und ihre Verteilung, Seite 25

1 a) S = {TTT, TTN, TNT, TNN, NTT, NTN, NNT, NNN}
b)

ω	TTT	TTN	TNT	TNN	NTT	NTN	NNT	NNN
P(ω)	34,3%	14,7%	14,7%	6,3%	14,7%	6,3%	6,3%	2,7%

c) A = {TNN, NTN, NNT}; P(A) = 18,9%
B = {TTN, TNT, NTT}; P(B) = 44,1%
C = {TTT, TTN, TNT, NTT}; P(C) = 78,4%
D = C, P(D) = P(C)

2

Ergebnisse	eee	see ese ees	sse ses ess	sss
$X = x_i$	0	1	2	3
$P(X = x_i)$	$\frac{1}{8}$	$\frac{3}{8}$	$\frac{3}{8}$	$\frac{1}{8}$

3 a)

ω	KKK	KKZ	KZK	KZZ	ZKK	ZKZ	ZZK	ZZZ
P(ω)	$\frac{1}{8}$	$\frac{1}{8}$	$\frac{1}{8}$	$\frac{1}{8}$	$\frac{1}{8}$	$\frac{1}{8}$	$\frac{1}{8}$	$\frac{1}{8}$

b)

Ereignis E	Es ist günstig, $\bar{E}$ zu betrachten.	P(E)
Es fällt mindestens einmal Kopf.	ja	$\frac{7}{8}$
Es fällt nur Kopf.	nein	$\frac{1}{8}$
Es fällt höchstens zweimal Kopf.	ja	$\frac{7}{8}$
Es fällt einmal Kopf und zweimal Zahl.	nein	$\frac{3}{8}$

4 a), b), c) jeweils $\frac{1}{7}$

5 a) $\frac{1}{12}$ b) $\frac{1}{9}$ c) $\frac{1}{12}$ d) $\frac{1}{6}$

Erwartungswert und Varianz einer Zufallsgröße, Seite 27

1 $\mu = -0{,}37$

2 a) X nimmt die Werte −1, 0 und 9 an.
b)

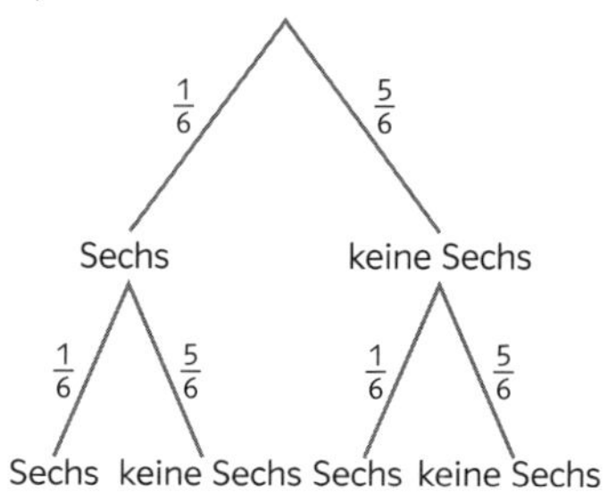

g	−1	0	9
P(X = g)	$\frac{25}{36}$	$\frac{10}{36}$	$\frac{1}{36}$

c) $\mu = -0{,}44$. Wenn man das das Spiel sehr oft spielt, wird man auf lange Sicht im Durchschnitt pro Spiel ca. 44 ct verlieren.
d) $\mu = 0{,}39$. Wenn man das Spiel sehr oft spielt, wird man auf lange Sicht im Durchschnitt pro Spiel 39 ct gewinnen.

3 a) $\mu = -0{,}5$
b) Es muss gelten: $-8 \cdot \frac{3}{8} + 0 \cdot \frac{2}{8} + 4 \cdot \frac{2}{8} + x \cdot \frac{1}{8} = 0$. Also muss $x = 16$ sein.
c) 6

4 a)

g	−0,5	0,5	2,5
P(X = g)	$\frac{9}{16}$	$\frac{6}{16}$	$\frac{1}{16}$

b) $\mu = 0{,}0625$
c) Auszahlung bei zweimal orange: 2 €, also Gewinn 1,50 €
d) Ansatz: $(0 - e) \cdot \frac{9}{16} + (1 - e) \cdot \frac{6}{16} + (3 - e) \cdot \frac{1}{16} = 0$,
Lösung: $e = \frac{9}{16} \approx 0{,}56$

5 a)

k	−1	0	1	2
P(X = k)	0,3	0,2	0,2	0,3

$\mu_X = -1 \cdot 0{,}3 + 0 \cdot 0{,}2 + 1 \cdot 0{,}2 + 2 \cdot 0{,}3 = 0{,}5$

$(k - \mu_X)$	−1,5	−0,5	0,5	1,5
$(k - \mu_X)^2$	2,25	0,25	0,25	2,25

$Var(X) = 2{,}25 \cdot 0{,}3 + 0{,}25 \cdot 0{,}2 + 0{,}25 \cdot 0{,}2 + 2{,}25 \cdot 0{,}3$
$Var(X) = 1{,}45;\ \sigma_X = \sqrt{1{,}45} \approx 1{,}204$
b)

k	−1	0	1	2
P(X = k)	0,1	0,4	0,4	0,1

$\mu_Y = -1 \cdot 0{,}1 + 0 \cdot 0{,}4 + 1 \cdot 0{,}4 + 2 \cdot 0{,}1 = 0{,}5$

$(k - \mu_Y)$	−1,5	−0,5	0,5	1,5
$(k - \mu_Y)^2$	2,25	0,25	0,25	2,25

$Var(Y) = 2{,}25 \cdot 0{,}1 + 0{,}25 \cdot 0{,}4 + 0{,}25 \cdot 0{,}4 + 2{,}25 \cdot 0{,}1$
$Var(Y) = 0{,}65;\ \sigma_Y = \sqrt{0{,}65} \approx 0{,}8062$
c) Beide Wahrscheinlichkeitsverteilungen haben den Erwartungswert $\mu = 0{,}5$; die Zufallsgröße X streut aber stärker als Y.

6 $\mu = 3{,}5;\ \sigma = 1{,}71$

7 a)

g	−8	−7	−6	−5	−4	−3	−1	0	1	2	3	4
P(X = g)	$\frac{1}{12}$	$\frac{1}{12}$	$\frac{1}{12}$	$\frac{1}{12}$	$\frac{1}{12}$	$\frac{1}{12}$	$\frac{1}{12}$	$\frac{1}{12}$	$\frac{1}{12}$	$\frac{1}{12}$	$\frac{1}{12}$	$\frac{1}{12}$

$\mu = -\frac{24}{12} = -2$

b) Der Einsatz muss 0 € betragen.

8 a)

k	3	4	5	6	7	8	9
P(X = k)	$\frac{1}{27}$	$\frac{3}{27}$	$\frac{6}{27}$	$\frac{7}{27}$	$\frac{6}{27}$	$\frac{3}{27}$	$\frac{1}{27}$

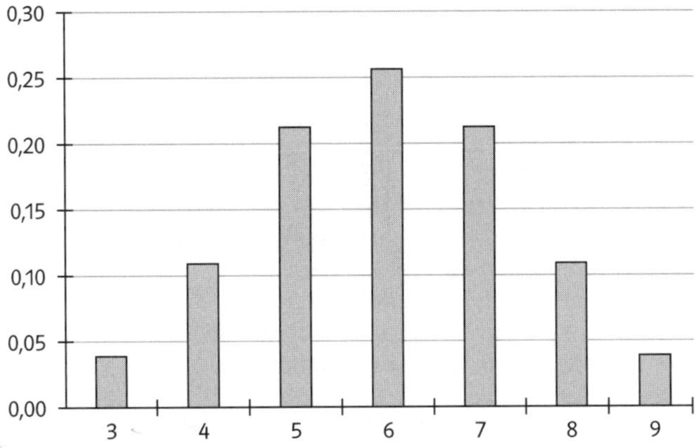

b) $\mu = 6$; Var(X) = 2

Ziehen aus einer Urne mit Beachtung der Reihenfolge, Seite 29

1 Die erste Ziffer darf keine 0 sein, da die Dualzahl dann nicht fünfstellig ist.
In der Urne befinden sich 2 Kugeln, die die Ziffern 0 und 1 repräsentieren. Es wird 4-mal mit Zurücklegen gezogen und die Ziffer notiert. Dann gibt es $2^4 = 16$ unterschiedliche fünfstellige Dualzahlen.

2 a) 5! = 120
b) 3! = 6 (Es sind noch 3 Plätze beliebig zu belegen.)
c) 3! · 8 = 48 (Es gibt 4 Möglichkeiten für 2 Plätze nebeneinander, auf denen Dirk und Julian sitzen. Bei jeder davon kann Julian links oder rechts sitzen.)
d) $\frac{4!}{5!} = \frac{1}{5}$ (wenn Julian in der Mitte sitzt, sind die restlichen 4 Plätze zu belegen.)
e) $\frac{2!}{5!} = \frac{1}{60}$ (Es sind noch 2 Plätze beliebig zu belegen.)

3 a) 5 Kugeln werden aus einer Urne mit 5 Kugeln ohne Zurücklegen gezogen. 5! = 120
b) 3 Kugeln werden aus einer Urne mit 4 Kugeln mit Zurücklegen gezogen. $4^3 = 64$
c) 3 Kugeln werden aus einer Urne mit 5 Kugeln ohne Zurücklegen gezogen. 5 · 4 · 3 = 60

Ziehen aus einer Urne mit einem Griff, Seite 30

1 a) 24 b) 362880 c) 56 d) 1
e) 4 f) 6 g) 4 h) 1

2 $\binom{18}{8} = 43758$

3 a) $\binom{18}{2} = 153$
b) $P(B) = \frac{\binom{8}{1}\cdot\binom{10}{1}}{\binom{18}{2}} \approx 0{,}523$
c) $P(C) = \frac{\binom{8}{2}\cdot\binom{10}{0}+\binom{8}{0}\cdot\binom{10}{2}}{\binom{18}{2}} \approx 0{,}477$
d) $\frac{\binom{17}{1}}{\binom{18}{2}} = \frac{1}{9} \approx 0{,}111$

Vom Bernoulliexperiment zur Binomialverteilung, Seite 31

1 Bernoulli-Ketten sind a, b, c, e und g.

2 a) $n = 50,\ p = \frac{1}{2}$ b) $n = 10,\ p = 0{,}7$
c) $n = 30,\ p = 0{,}02$ d) $n = 1000,\ p = 0{,}8$

3 a) $P(X = 2) = \binom{6}{2} \cdot 0{,}3^2 \cdot (1 - 0{,}3)^4 \approx 0{,}3241$
b) $P(X = 5) = \binom{6}{5} \cdot 0{,}3^5 \cdot (1 - 0{,}3)^1 \approx 0{,}0102$
c) $P(X = 0) = \binom{6}{0} \cdot 0{,}3^0 \cdot (1 - 0{,}3)^6 = 0{,}7^6 \approx 0{,}1176$
d) $P(X = 6) = \binom{6}{6} \cdot 0{,}3^6 \cdot (1 - 0{,}3)^0 = 0{,}3^6 \approx 0{,}0007$

4 a) $P(X = 4) = \binom{10}{4} \cdot 0{,}25^4 \cdot 0{,}75^6 \approx 0{,}1460$
b) $P(X = 0) = 0{,}75^{10} \approx 0{,}0563$
c) $P(X \le 2) = P(X = 0) + P(X = 1) + P(X = 2) = 0{,}5256$

5 a) $P(X = 0) = \binom{10}{0} \cdot 0{,}12^0 \cdot 0{,}88^{10} \approx 0{,}279$
b) $P(X = 2) = \binom{10}{2} \cdot 0{,}12^2 \cdot 0{,}88^8 \approx 0{,}233$
c) $P(X \le 2) = P(X = 0) + P(X = 1) + P(X = 2) \approx 0{,}891$
d) $P(X \ge 6) = P(X = 6) + P(X = 7) + P(X = 8) + P(X = 9) + P(X = 10)$
$\approx 0{,}0004$

6 b), e) sind mit dem Gegenereignis einfacher zu lösen:
b) $P(X \le 16) = 1 - P(X \ge 17) = 1 - P(X = 18) - P(X = 19) - P(X = 20)$
e) $P(X \ge 6) = 1 - P(X \le 5) = 1 - P(X = 0) - P(X = 1) - \ldots - P(X = 5)$

7 a) Die Bernoullikette setzt für jedes Bernoulliexperiment die gleiche Wahrscheinlichkeit voraus.
b) X ist die Anzahl schwarzer Kugeln in der Stichprobe;
$n = 50;\ p = 0{,}1$
(1) $P(X = 0)$
(2) $P(X \ge 1) = 1 - P(X = 0)$
(3) $P(X < 6) = 1 - P(X \ge 6)$
(4) $P(X = 5)$
(5) $P(X \le 1) = P(X = 0) + P(X = 1)$
(6) $P(X = 8)$
(7) $P(3 < X < 5) = P(X = 4)$
(8) $P(3 \le X \le 4) = P(X = 3) + P(X = 4)$

Modellieren mit der Binomialverteilung, Seite 33

1 $P(X \ge 5) = 1 - F_p^n(4)$
$1 - P(X \le 13) = 1 - F_p^n(13)$
$P(X > 14) = 1 - F_p^n(14)$
$P(X \le 9) - P(X \le 3) = F_p^n(9) - F_p^n(3)$
$1 - P(X \le 14) = 1 - F_p^n(14)$
$P(X < 12) = F_p^n(11)$
$1 - P(X \le 5) = 1 - F_p^n(5)$
$P(X \le 11) = F_p^n(11)$
$P(3 \le X \le 10) = F_p^n(10) - F_p^n(32)$
$P(3 < X < 10) = F_p^n(9) - F_p^n(3)$
$P(X \le 10) - P(X \le 3) = F_p^n(10) - F_p^n(3)$
$1 - P(X \le 4) = 1 - F_p^n(4)$
$P(X \le 9) - P(X \le 2) = F_p^n(9) - F_p^n(2)$
$P(X \le 10) - P(X \le 2) = F_p^n(10) - F_p^n(2)$

2 a) $P(X = 2) = \binom{50}{2} \cdot 0{,}03^2 \cdot 0{,}97^{48} \approx 0{,}256$

b) $P(X < 2) = P(X = 0) + P(X = 1) \approx 0{,}555$
c) $P(X \geq 2) = 1 - P(x < 2) \approx 0{,}445$
d) $P(1 < X \leq 3) = P(X = 2) + P(X = 3) \approx 0{,}382$

3 X ist die Anzahl der Schüler, die Latein gewählt haben; X ist binomialverteilt mit $n = 25$; $p = 0{,}12$.

a) $P(X = 3) \approx 0{,}329$ d) $P(X \geq 3) \approx 0{,}591$
b) $P(X < 3) \approx 0{,}409$ e) $P(X \leq 6) \approx 0{,}976$
c) $P(X \leq 3) \approx 0{,}648$ f) $P(X = 0) \approx 0{,}041$

4 (1) Jede Frage ist ein Bernoulliexperiment mit $n = 10$ und $p = 0{,}2$

(2) a) $P(X = 3) = \binom{10}{3} \cdot 0{,}2^3 \cdot 0{,}8^7 \approx 0{,}201$

b) $P(X \geq 3) = 1 - P(X \leq 2) = 1 - (P(X = 0) + P(X = 1) + P(X = 2))$
$\approx 0{,}322$
c) $P(X \leq 2) = P(X = 0) + P(X = 1) + P(X = 2) \approx 0{,}678$
d) $P(X > 3) = 1 - P(X \leq 3)$
$\approx 1 - (P(X = 0) + P(X = 1) + P(X = 2) + P(X = 3)) \approx 0{,}121$

5 X ist die Anzahl unbrauchbarer Schrauben in der Stichprobe mit $n = 100$ und unbekanntem p.
$P(X \geq 1) = 1 - P(X = 0) \leq 0{,}1$
$p \leq 0{,}001$

6 a) X ist die Anzahl defekter Sicherungen in der Stichprobe; binomialverteilt mit $n = 50$ und $p = 0{,}1$.
$P(A) = P(X = 3) \approx 0{,}220$; $P(B) = P(X \leq 3) \approx 0{,}760$
$P(C) = P(X = 0) \approx 0{,}077$; $P(D) = 0{,}9547 \cdot 0{,}053 \approx 1{,}12 \cdot 10^{-5}$
b) X mit $n = 2$ und $p = 0{,}05$; $P(X = 0) \approx 0{,}9025$
X mit $n = 10$ und $p = 0{,}9025$; $P(X = 10) \approx 0{,}358$

7 a) X ist die Anzahl unzufriedener Fahrgäste; binomialverteilt mit $n = 50$ und $p = 0{,}05$.
$P(X \leq 2) \approx 0{,}541$.
b) Wahrscheinlichkeit, dass von 50 befragten Fahrgästen genau zwei unzufrieden sind.
c) $1 - P(X = 0) \geq 0{,}9$; $n = 45$

8 Man legt fest X = Anzahl der tatsächlich benötigten Betten. Dann ist X binominalverteilt mit $n = 50$ und $p = 0{,}9$.
Die Wahrscheinlichkeit, dass zu viele Buchungen angenommen wurden, berechnet man wie folgt:
$P(X \geq 46) = 1 - P(P \leq 45) = 1 - F_{50;\,0{,}9}(45) = 43{,}12\,\%$
Das Risiko, Betten doppelt zu belegen, ist also sehr hoch.
Der Unternehmer sollte etwas vorsichtiger kalkulieren.

Erwartungswert und Varianz der Binomialverteilung, Seite 35

1

n	20	20	20	400	120	50	80	150
p	0,2	0,5	0,9	0,5	$\frac{1}{3}$	0,7	$\frac{1}{6}$	0,4 oder 0,6
μ	4	10	18	200	40	35	$\frac{40}{3}$	60 oder 90
σ^2	3,2	5	1,8	100	$\frac{80}{3}$	10,5	$\frac{100}{9}$	36

2 a)

n	50	100	200	400
μ	25	50	100	200
σ	3,536	5	7,071	10

b)

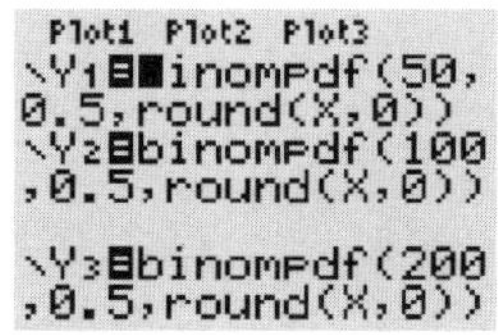

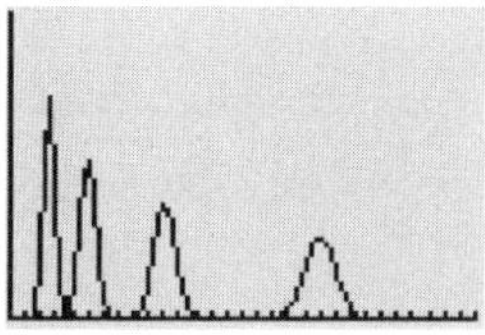

c) n verdoppelt → μ wird verdoppelt
n verdreifacht → μ wird verdreifacht
n halbiert → μ wird halbiert; μ ist proportional zu n
d) n verdoppelt → σ wird mit $\sqrt{2}$ multipliziert
n verdreifacht → σ wird mit $\sqrt{3}$ multipliziert
n halbiert → σ wird mit $\sqrt{\frac{1}{2}} = \frac{1}{\sqrt{2}}$ multipliziert

3 a)

n	p	μ	σ	σ-Intervall	2σ-Intervall	3σ-Intervall
50	0,6	30	3,464	[27; 33]	[24; 36]	[20; 40]
80	0,1	8	2,683	[6; 10]	[3; 13]	[0; 16]
100	0,65	65	4,770	[61; 69]	[56; 74]	[51; 79]
20	0,92	18,4	1,213	[18; 19]	[16; 20]	[15; 22]

IV Beurteilende Statistik

Testen von Hypothesen, Seite 36

1 a) rechtsseitig b) zweiseitig c) linksseitig

2 a) falsch b) falsch c) wahr d) wahr

Signifikanztest; Fehler 1. und 2. Art, Seite 37

1 a) linksseitiger Test mit dem Ablehnungsbereich
$K = \{0, 1, \ldots, g\}$
Aus $P(X \leq g) \leq 0{,}05$ mit $p_0 = 0{,}4$ folgt $g = 31$.
Also ist $K = \{0, 1, \ldots, 31\}$
b) rechtsseitiger Test mit dem Ablehnungsbereich
$K = \{g, g + 1, \ldots, 100\}$
Aus $P(X \geq g) \leq 0{,}05$ mit $p_0 = 0{,}4$ folgt $g = 49$.
Also ist $K = \{49, 50, \ldots, 100\}$
c) zweiseitiger Test mit dem Ablehnungsbereich
$K = \{0, 1, \ldots, g_l\} \cup \{g_r, \ldots, 100\}$
Aus $P(X \leq g_l) \leq 0{,}025$ und $P(X \geq g_r) \leq 0{,}025$ mit $p_0 = 0{,}4$ folgt
$g_l = 30$ und $g_r = 51$.
Also ist $K = \{0, 1, \ldots, 30\} \cup \{50, \ldots, 100\}$.

2 Nullhypothese H_0: $p = 0{,}04$
Gegenhypothese H_1: $p > 0{,}04$
Rechtsseitiger Ablehnungsbereich
$K = \{g, g + 1, \ldots, 150\}$
$P(X \geq g) \leq 0{,}05$ mit $n = 150$ und $p = 0{,}04$ ergibt
$g = 11$ und damit $K = \{11, 12, \ldots, 150\}$
Das Stichprobenergebnis mit 12 defekten Geräten liegt im Ablehnungsbereich. Man kann daraus schließen, dass die Firmenangabe mit einer Irrtumswahrscheinlichkeit von 5 % nicht zutrifft.

3 Der Fehler 2. Art muss kleiner gestaltet werden. Da er bereits für $P(X = 0)$ entsteht, sollte man den Stichprobenumfang deutlich erhöhen und den kritischen Wert deutlich anpassen. Für $n = 200$ und einem Fehler 2. Art von 0,01 wäre der Ablehnungsbereich für H_0 $K = \{3, \ldots, 200\}$.

4

n	$\overline{K}$	α	β; p = 0,3	β; p = 0,2
25	[6; 25]	0,029	0,8065	0,3833
50	[14; 50]	0,0280	0,6721	0,1105
100	[32; 100]	0,0399	0,3669	0,0031

Test, Seite 38

1 a)

Anzahl orange	0	1	2
Gewinn g	−0,5	0,5	2,5
P(G = g)	$\left(\frac{3}{4}\right)^2 = \frac{9}{16}$	$2 \cdot \frac{1}{4} \cdot \frac{3}{4} = \frac{6}{16}$	$\left(\frac{1}{4}\right)^2 = \frac{1}{16}$

b) $E(G) = -\frac{1}{2} \cdot \frac{9}{16} + \frac{1}{2} \cdot \frac{6}{16} + \frac{5}{2} \cdot \frac{1}{16} = \frac{1}{16}$

c) $0 = -\frac{1}{2} \cdot \frac{9}{16} + \frac{1}{2} \cdot \frac{6}{16} + x \cdot \frac{1}{16}$ $x = 1{,}5$

Auszahlung bei zweimal orange müsste 2 € sein.

d) $0 = (0 - e) \cdot \frac{9}{16} + (1 - e) \cdot \frac{6}{16} + (3 - e) \cdot \frac{1}{16}$ $e = \frac{9}{16} \approx 0{,}56$ €

2 X … Anzahl Warten mit $p = 0{,}25$ und $n = 20$

a) $P(X = 5) \approx 0{,}202$
b) $P(X \leq 5) \approx 0{,}617$
c) $P(X \geq 8) \approx 0{,}102$
d) $P(X < 6) \approx 0{,}617$
e) $P(X > 10) \approx 0{,}004$
f) $P(X = 0) \approx 0{,}003$
g) $P(5 \leq X \leq 12) \approx 0{,}585$
h) $P(6 < X < 10) \approx 0{,}200$

3 Ziehen von 4 Kugeln aus einer Urne von 6 Kugeln (Stationen)
Alle Möglichkeiten: mit Zurücklegen 6^4

a) ohne Zurücklegen $P(A) = \frac{6 \cdot 5 \cdot 4 \cdot 3}{6^4} \approx 0{,}278$

b) $P(B) = \frac{6 \cdot \binom{4}{2} \cdot 5 \cdot 4}{6^4} \approx 0{,}556$

c) $P(C) = \frac{6}{6^4} \approx 0{,}005$

d) $P(D) = \frac{6}{6^4} + \frac{6 \cdot \binom{4}{3} \cdot 5}{6^4} \approx 0{,}097$

4 a) $n = 100$, $p = 0{,}02$; $P(X \geq 1) = 86{,}74\,\%$
b) $\mu = 2$
c) $p = 0{,}015$, $k = 0$, n gesucht. Er darf höchstens 11 Kirschen nehmen.
d) $n = 100$, $k = 0$, p gesucht. Die Wahrscheinlichkeit darf höchstens 0,2229 % betragen.

5 a) H_0: $p = 0{,}5$; H_1: $p \neq 0{,}5$, X ist binomialverteilt mit Parametern $n = 25$ und $p = 0{,}5$
Ablehnungsbereich $K = \{0, 1, \ldots, g_l\} \cup \{g_r, \ldots, 25\}$
Aus $P(X \leq g_r) \leq 0{,}025$ bzw. $P(X \geq g_r) \leq 0{,}025$ folgt $g_l = 7$ und $g_r = 18$.
b) Annahmebereich [8; 17], d.h. wenn das Brot zwischen 8- und 17-mal auf die Marmeladenseite fällt, behält Katja die Nullhypothese bei.
c) $P(X < 8) + P(X > 17) = 0{,}0433$
d) $P(8 \leq X_{0,7} \leq 17) = 0{,}4881$

6 a) linksseitiger Test. Die Nullhypothese, dass 75 % für den Bau sind, soll verworfen werden, wenn es in der Umfrage nur wenig Befürworter gibt.
H_0: $p = 0{,}75$; H_1: $p < 0{,}75$
Annahmebereich [68; 100]
b) Bei höchstens 67 Befürwortern kann die Redaktion die Schlagzeile drucken.
c) $P(X \leq 67) = 0{,}0446$
d) $P(X_{0,6} \geq 68) = 0{,}0615$

V Geraden und Ebenen im Raum

Lineare Abhängigkeit und Unabhängigkeit von Vektoren, Seite 39

1 a) $\vec{a} = \begin{pmatrix} -1 \\ -2 \\ 3 \end{pmatrix}$; $\vec{b} = \begin{pmatrix} 2 \\ 4 \\ -6 \end{pmatrix}$

b) $\vec{a}$ und $\vec{b}$ können nicht linear abhängig sein.

c) $\vec{a} = \begin{pmatrix} 3 \\ 24 \\ 0 \end{pmatrix}$; $\vec{b} = \begin{pmatrix} 0{,}5 \\ 4 \\ 0 \end{pmatrix}$

d) $\vec{a} = \begin{pmatrix} 0 \\ 0 \\ 0 \end{pmatrix}$; $\vec{b} = \begin{pmatrix} 1 \\ 3 \\ 4 \end{pmatrix}$

2
a) $\vec{a} = \begin{pmatrix} 1 \\ 0 \\ 2 \end{pmatrix}$; $\vec{b} = \begin{pmatrix} 3 \\ 4 \\ 2 \end{pmatrix}$; $\vec{c} = \begin{pmatrix} 0 \\ -4 \\ 4 \end{pmatrix}$

zu lösendes LGS: $r \cdot \vec{a} + s \cdot \vec{b} + r_3 \cdot \vec{c} = \vec{0}$:

$1 \cdot r + 3 \cdot s = 0$
$0 \cdot r + 4 \cdot s = -4$
$2 \cdot r + 2 \cdot s = 4$

☒ das LGS hat unendlich viele Lösungen
☒ die drei Vektoren sind linear abhängig

b) $\vec{a} = \begin{pmatrix} 4 \\ -2 \\ 0{,}5 \end{pmatrix}$; $\vec{b} = \begin{pmatrix} 1 \\ 4 \\ 1 \end{pmatrix}$; $\vec{c} = \begin{pmatrix} 5 \\ -7 \\ 0 \end{pmatrix}$

zu lösendes LGS: $r \cdot \vec{a} + s \cdot \vec{b} + r_3 \cdot \vec{c} = \vec{0}$:

$4 \cdot r + 1 \cdot s = 5$
$-2 \cdot r + 4 \cdot s = -7$
$0{,}5 \cdot r + 1 \cdot s = 0$

☒ $r_1 = r_2 = r_3 = 0$ ist die einzige Lösung des LGS
☒ die drei Vektoren sind linear unabhängig

c) $\vec{a} = \begin{pmatrix} 0{,}5 \\ -0{,}5 \\ 2 \end{pmatrix}$; $\vec{b} = \begin{pmatrix} -3{,}5 \\ 2 \\ -1{,}5 \end{pmatrix}$; $\vec{c} = \begin{pmatrix} -1 \\ -2 \\ 21 \end{pmatrix}$

zu lösendes LGS:
$0{,}5 \cdot r - 3{,}5 \cdot s = -1$
$-0{,}5 \cdot r + 2 \cdot s = -2$
$2 \cdot r - 1{,}5 \cdot s = 21$

☒ das LGS hat unendlich viele Lösungen
☒ die drei Vektoren sind linear abhängig

3 a) Zu lösendes LGS: $\vec{a} = r \cdot \vec{b} + s \cdot \vec{c}$.

D.h. $\begin{aligned} 1 \cdot r + 2 \cdot s &= 2 \\ 2 \cdot r + 0 \cdot s &= 5 \\ -3 \cdot r + 6 \cdot s &= -9 \end{aligned}$. Es ergibt sich: $r = 2{,}5$, $s = -0{,}25$

b) Zu lösendes LGS: $\vec{a} = r \cdot \vec{b} + s \cdot \vec{c}$.

D.h. $\begin{aligned} 0{,}5 \cdot r + 1{,}5 \cdot s &= -1 \\ -0{,}5 \cdot r - 0{,}5 \cdot s &= 3 \\ -0{,}5 \cdot r + 1{,}5 \cdot s &= 7 \end{aligned}$. Es ergibt sich: $r = -8$, $s = 2$

4

	Richtig	falsch
a) Wenn zwei Vektoren linear abhängig sind, dann sind sie parallel.	☒	☐
b) Drei Vektoren sind linear abhängig, wenn die alle in einer Ebene liegen.	☒	☐
c) Sind bei drei Vektoren jeweils zwei linear unabhängig, dann sind auch alle drei Vektoren linear unabhängig.	☐	☒
d) Ist bei drei Vektoren der Nullvektor dabei, so sind alle drei Vektoren linear abhängig.	☒	☐

5

	Linear abhängig	Linear unabhängig
a) $\overrightarrow{AB}$; $\overrightarrow{JK}$	☒	☐
b) $\overrightarrow{LH}$; $\overrightarrow{EC}$	☐	☒
c) $\overrightarrow{AE}$; $\overrightarrow{GK}$	☒	☐
d) $\overrightarrow{BE}$; $\overrightarrow{BF}$; $\overrightarrow{JH}$	☒	☐
e) $\overrightarrow{AL}$; $\overrightarrow{LH}$; $\overrightarrow{HA}$	☐	☒
f) $\overrightarrow{IE}$; $\overrightarrow{KG}$; $\overrightarrow{CD}$	☐	☒

6 Das LGS $r_1 \cdot \vec{a} + r_2 \cdot \vec{b} + r_3 \cdot \vec{c} + r_4 \cdot \vec{d} = \vec{0}$ liefert unendlich viele Lösungen, die Vektoren sind also linear abhängig.

Vektorielle Darstellung von Geraden, Seite 41

1 $P(-3|8|-8)$, $Q(-7|14|-16)$, $R(11|-13|20)$

2 a) für $r = -1{,}5$ liegt $R(-1|-3{,}5|1{,}5)$ auf g

b) Für $r = 1$ liegt $R(4|5|1)$ auf der Geraden g: $\vec{X} = \begin{pmatrix} 3 \\ 1 \\ -1 \end{pmatrix} + r \cdot \begin{pmatrix} 1 \\ 4 \\ 2 \end{pmatrix}$

3 P liegt für $t = 1$ auf g, Q liegt nicht auf g, R liegt für $t = -2{,}5$ auf g

4 a) x_3-Koordinate ist Null für $t = 0{,}5$: $P(3{,}5|-3|0)$

b) x_2-Koordinate muss Null sein: ist nicht möglich, es existiert also kein derartiger Punkt.

c) x_2- und x_3-Koordinaten müssen Null sein: nicht möglich. Siehe b)

d) $x_1 = -4$ für $t = -2$: $P(-4|-3|-5)$

5 g: $\vec{X} = \vec{A} + t \cdot \overrightarrow{AB} = \begin{pmatrix} 3 \\ 0 \\ -1 \end{pmatrix} + t \cdot \begin{pmatrix} 1 \\ 6 \\ 3 \end{pmatrix}$,

g: $\vec{X} = \vec{B} + t \cdot \overrightarrow{AB} = \begin{pmatrix} 4 \\ 6 \\ 2 \end{pmatrix} + t \cdot \begin{pmatrix} 1 \\ 6 \\ 3 \end{pmatrix}$,

g: $\vec{X} = \vec{A} + t \cdot \overrightarrow{BA} = \begin{pmatrix} 3 \\ 0 \\ -1 \end{pmatrix} + t \cdot \begin{pmatrix} -1 \\ -6 \\ -3 \end{pmatrix}$

6 c: $\vec{X} = \vec{A} + t \cdot \overrightarrow{AB} = \begin{pmatrix} 2 \\ 3 \\ 0 \end{pmatrix} + t \cdot \begin{pmatrix} -3 \\ -3 \\ 3 \end{pmatrix}$

(z. B. auch möglich: c: $\vec{X} = \vec{B} + t \cdot \overrightarrow{AB} = \begin{pmatrix} -1 \\ 0 \\ 3 \end{pmatrix} + t \cdot \begin{pmatrix} -3 \\ -3 \\ 3 \end{pmatrix}$)

b: $\vec{X} = \vec{A} + t \cdot \overrightarrow{AC} = \begin{pmatrix} 2 \\ 3 \\ 0 \end{pmatrix} + t \cdot \begin{pmatrix} -2 \\ -2 \\ 4 \end{pmatrix}$

(z. B. auch möglich: b: $\vec{X} = \vec{C} + t \cdot \overrightarrow{AC} = \begin{pmatrix} 0 \\ 1 \\ 4 \end{pmatrix} + t \cdot \begin{pmatrix} -2 \\ -2 \\ 4 \end{pmatrix}$)

a: $\vec{X} = \vec{B} + t \cdot \overrightarrow{BC} = \begin{pmatrix} -1 \\ 0 \\ 3 \end{pmatrix} + t \cdot \begin{pmatrix} 1 \\ 1 \\ 1 \end{pmatrix}$

(z. B. auch möglich: a: $\vec{X} = \vec{C} + t \cdot \overrightarrow{BC} = \begin{pmatrix} 0 \\ 1 \\ 4 \end{pmatrix} + t \cdot \begin{pmatrix} 1 \\ 1 \\ 1 \end{pmatrix}$)

7 $\overrightarrow{M_1} = \frac{1}{2}(\vec{a} + \vec{b}) = \begin{pmatrix} 3 \\ 2 \\ 0{,}5 \end{pmatrix}$, $M_1(3|2|0{,}5)$, $\overrightarrow{M_1S} = \begin{pmatrix} 0 \\ 1 \\ 4{,}5 \end{pmatrix}$,

g: $\vec{X} = \begin{pmatrix} 3 \\ 2 \\ 0{,}5 \end{pmatrix} + r \cdot \begin{pmatrix} 0 \\ 1 \\ 4{,}5 \end{pmatrix}$

$M_2(1{,}5|4|0)$, $\overrightarrow{M_2S} = \begin{pmatrix} 1{,}5 \\ -1 \\ 5 \end{pmatrix}$, h: $\vec{X} = \begin{pmatrix} 1{,}5 \\ 4 \\ 0 \end{pmatrix} + r \cdot \begin{pmatrix} 1{,}5 \\ -1 \\ 5 \end{pmatrix}$

$M_3(0|6|-0{,}5)$, $\overrightarrow{M_3S} = \begin{pmatrix} 3 \\ -3 \\ 5{,}5 \end{pmatrix}$, k: $\vec{X} = \begin{pmatrix} 0 \\ 6 \\ -0{,}5 \end{pmatrix} + r \cdot \begin{pmatrix} 3 \\ -3 \\ 5{,}5 \end{pmatrix}$

$M_4(1{,}5|4|0)$, $\overrightarrow{M_4S} = \begin{pmatrix} 1{,}5 \\ -1 \\ 5 \end{pmatrix}$, l: $\vec{X} = \begin{pmatrix} 1{,}5 \\ 4 \\ 0 \end{pmatrix} + r \cdot \begin{pmatrix} 1{,}5 \\ -1 \\ 5 \end{pmatrix}$

8 a) $A(2{,}5|-2{,}5|0)$, $B(2{,}5|2{,}5|0)$, $C(-2{,}5|2{,}5|0)$, $D(-2{,}5|-2{,}5|0)$, $E(2{,}5|-2{,}5|5)$, $F(2{,}5|2{,}5|5)$, $G(-2{,}5|2{,}5|5)$, $H(-2{,}5|-2{,}5|5)$

b) g = (AG): $\vec{X} = \begin{pmatrix} 2{,}5 \\ -2{,}5 \\ 0 \end{pmatrix} + r \cdot \begin{pmatrix} -5 \\ 5 \\ 5 \end{pmatrix}$; h = (BH): $\vec{X} = \begin{pmatrix} 2{,}5 \\ 2{,}5 \\ 0 \end{pmatrix} + r \cdot \begin{pmatrix} -5 \\ -5 \\ 5 \end{pmatrix}$

Gegenseitige Lage von Geraden, Seite 43

1 a) g und h sind parallel

b) g und h schneiden sich in $(1|0|3)$

c) g und h sind windschief

d) g und h schneiden sich in $(0|4|5)$

e) g und h sind parallel

f) g und h sind windschief

2 a) g: $\overrightarrow{X} = \begin{pmatrix} a \\ 1 \\ 3 \end{pmatrix} + t \cdot \begin{pmatrix} 1 \\ 0{,}5 \\ -0{,}5 \end{pmatrix}$; h: $\overrightarrow{X} = \begin{pmatrix} 0 \\ 2 \\ 2 \end{pmatrix} + s \cdot \begin{pmatrix} 2 \\ 1 \\ -1 \end{pmatrix}$.
a beliebig.
b) g: $\overrightarrow{X} = \begin{pmatrix} 2 \\ a \\ b \end{pmatrix} + t \cdot \begin{pmatrix} 1 \\ 3 \\ 4 \end{pmatrix}$; h: $\overrightarrow{X} = \begin{pmatrix} 0 \\ 1 \\ -2 \end{pmatrix} + s \cdot \begin{pmatrix} 2 \\ 6 \\ 8 \end{pmatrix}$, a und b sind beliebig, es dürfen aber nicht gleichzeitig a = 7 und b = 6 sein.
c) a darf nicht 2 sein.
Der Richtungsvektor von h darf kein Vielfaches von $\begin{pmatrix} 2 \\ 3 \\ 0 \end{pmatrix}$ sein.

3 zu a) gehört S, zu b) gehört P, zu c) gehört Q.

R liegt auf m für t = 2. Dann ist m: $\overrightarrow{X} = \begin{pmatrix} 1 \\ 2 \\ 3 \end{pmatrix} + t \cdot \begin{pmatrix} -0{,}5 \\ -1 \\ -1{,}5 \end{pmatrix}$.

R liegt für $t = -\frac{1}{3}$ auf n. Dann wird n: $\overrightarrow{X} = \begin{pmatrix} 1 \\ \frac{1}{6} \\ 3 \end{pmatrix} + t \cdot \begin{pmatrix} 3 \\ 0{,}5 \\ 9 \end{pmatrix}$

4 a) Gleichsetzen: $\begin{pmatrix} 0 \\ 1 \\ -3 \end{pmatrix} + t \cdot \begin{pmatrix} 4 \\ 1 \\ 2 \end{pmatrix} = \begin{pmatrix} 1 \\ -2{,}5 \\ 5 \end{pmatrix} + s \cdot \begin{pmatrix} 3 \\ 2 \\ -1 \end{pmatrix}$

Umsortieren $t \cdot \begin{pmatrix} 4 \\ 1 \\ 2 \end{pmatrix} + s \cdot \begin{pmatrix} -3 \\ -2 \\ 1 \end{pmatrix} = \begin{pmatrix} 1 \\ -2{,}5 \\ 5 \end{pmatrix} - \begin{pmatrix} 0 \\ 1 \\ -3 \end{pmatrix}$

Lösung des LGS liefert t = 2,5, s = 3, Schnittpunkt: S(10 | 3,5 | 2)

b) Gleichsetzen: $\begin{pmatrix} 0{,}5 \\ -1{,}5 \\ -2{,}5 \end{pmatrix} + t \cdot \begin{pmatrix} -\frac{1}{2} \\ \frac{1}{4} \\ 1 \end{pmatrix} = \begin{pmatrix} -1 \\ \frac{3}{4} \\ 12{,}5 \end{pmatrix} + s \cdot \begin{pmatrix} 3 \\ -0{,}5 \\ 2 \end{pmatrix}$

Umsortieren: $t \cdot \begin{pmatrix} -\frac{1}{2} \\ \frac{1}{4} \\ 1 \end{pmatrix} + s \cdot \begin{pmatrix} -3 \\ 0{,}5 \\ -2 \end{pmatrix} = \begin{pmatrix} -1{,}5 \\ 2{,}25 \\ 15 \end{pmatrix}$

Lösung des LGS liefert t = 12, s = −1,5,
Schnittpunkt: S(−5,5 | 1,5 | 9,5)

5 a) g schneidet h in S(3 | −4 | −6), g und k sind parallel, h und k sind windschief
b) g schneidet h in S(4 | 2 | 2,5), g schneidet k in T(5 | 4 | 4), h und k sind windschief

6 a) Rechte Seiten der Geraden gleichsetzen und umsortieren liefert $t \cdot \begin{pmatrix} 1 \\ 1 \\ 2 \end{pmatrix} + s \cdot \begin{pmatrix} -1 \\ 0{,}4 \\ -1 \end{pmatrix} = \begin{pmatrix} -3 \\ 4 \\ -1 \end{pmatrix}$. Lösung des LGS liefert t = 2 und s = 5. S(3 | 3 | 5) ist die Spitze der Pyramide.

b) k: $\overrightarrow{X} = \begin{pmatrix} 2 \\ 7 \\ -1 \end{pmatrix} + t \cdot \begin{pmatrix} 1 \\ -4 \\ 6 \end{pmatrix}$

c) m: $\overrightarrow{X} = \begin{pmatrix} 5 \\ 3 \\ 0 \end{pmatrix} + t \cdot \begin{pmatrix} -0{,}4 \\ 0 \\ 1 \end{pmatrix}$ oder m: $\overrightarrow{X} = \begin{pmatrix} 3 \\ 3 \\ 5 \end{pmatrix} + t \cdot \begin{pmatrix} -0{,}4 \\ 0 \\ 1 \end{pmatrix}$

7 Ursprung liege in D: A(5 | 0 | 0), B(5 | 5 | 0), C(0 | 5 | 0), E(5 | 0 | 5), G(0 | 5 | 5), H(0 | 0 | 5), M_1(5 | 2,5 | 0), M_2(0 | 5 | 2,5)

g: $\overrightarrow{X} = \begin{pmatrix} 0 \\ 0 \\ 5 \end{pmatrix} + t \cdot \begin{pmatrix} 5 \\ 5 \\ -5 \end{pmatrix}$ schneidet h: $\overrightarrow{X} = \begin{pmatrix} 5 \\ 2{,}5 \\ 0 \end{pmatrix} + t \cdot \begin{pmatrix} -5 \\ 2{,}5 \\ 2{,}5 \end{pmatrix}$ nicht.

g: $\overrightarrow{X} = \begin{pmatrix} 0 \\ 0 \\ 5 \end{pmatrix} + t \cdot \begin{pmatrix} 5 \\ 5 \\ -5 \end{pmatrix}$ schneidet k: $\overrightarrow{X} = \begin{pmatrix} 5 \\ 0 \\ 5 \end{pmatrix} + t \cdot \begin{pmatrix} -5 \\ 5 \\ -2{,}5 \end{pmatrix}$ ebenfalls nicht.

8 a) Gerade g: $\overrightarrow{X} = \begin{pmatrix} -0{,}4 \\ 1{,}6 \\ 3{,}6 \end{pmatrix} + t \cdot \begin{pmatrix} 4 \\ -1 \\ -1 \end{pmatrix}$, Gerade h: $\overrightarrow{X} = \begin{pmatrix} 3 \\ -1 \\ 2 \end{pmatrix} + s \cdot \begin{pmatrix} 4 \\ 3 \\ 1 \end{pmatrix}$
b) Die Geraden sind windschief,
das LGS $t \cdot \begin{pmatrix} 4 \\ -1 \\ -1 \end{pmatrix} + s \cdot \begin{pmatrix} -4 \\ -3 \\ -1 \end{pmatrix} = \begin{pmatrix} 3{,}4 \\ -2{,}6 \\ -1{,}6 \end{pmatrix}$ hat keine Lösung
c) Trupp B muss in Richtung des Vektors $\overrightarrow{PT} = \begin{pmatrix} 0{,}2 \\ 1{,}3 \\ 0{,}5 \end{pmatrix}$ weiter bohren.
d) T liegt für t = 1 auf der Geraden g.
Nein, Trupp A muss keine Richtungsänderung vornehmen.

Vektorielle Darstellung von Ebenen, Seite 46

1 P liegt in E für s = 1 und t = 0.
(zu lösendes LGS: $s \cdot \begin{pmatrix} 1 \\ 2 \\ 5 \end{pmatrix} + t \cdot \begin{pmatrix} 0 \\ 2 \\ 1 \end{pmatrix} = \begin{pmatrix} 1 \\ 2 \\ 5 \end{pmatrix}$),
P liegt auch in F für s = 1 und t = −5.
Q liegt in E für s = −1 und t = 0 und in F für s = −3 und t = 5.
R liegt nicht in E aber in F für s = −2 und t = 0.

2 R in E: zu lösen: $\begin{pmatrix} 5 \\ 1 \\ -2 \end{pmatrix} = \begin{pmatrix} 2 \\ 5 \\ \square \end{pmatrix} + 2 \cdot \begin{pmatrix} 0 \\ 1 \\ 1 \end{pmatrix} + t \cdot \begin{pmatrix} 1 \\ \square \\ -1 \end{pmatrix}$.

Daraus $\begin{pmatrix} 3 \\ -6 \\ -4-\square \end{pmatrix} = t \cdot \begin{pmatrix} 1 \\ \square \\ -1 \end{pmatrix}$, also t = 3.

Damit wird E zu E: $\overrightarrow{X} = \begin{pmatrix} 2 \\ 5 \\ -1 \end{pmatrix} + r \cdot \begin{pmatrix} 0 \\ 1 \\ 1 \end{pmatrix} + t \cdot \begin{pmatrix} 1 \\ -2 \\ -1 \end{pmatrix}$

R in F: $\begin{pmatrix} 5 \\ 1 \\ -2 \end{pmatrix} = \begin{pmatrix} -1 \\ 4 \\ \square \end{pmatrix} + s \cdot \begin{pmatrix} \square \\ 1 \\ -1 \end{pmatrix} + 2 \cdot \begin{pmatrix} -2 \\ 3 \\ 1 \end{pmatrix}$.

Daraus $\begin{pmatrix} 10 \\ -9 \\ -4-\square \end{pmatrix} = s \cdot \begin{pmatrix} \square \\ 1 \\ -1 \end{pmatrix}$, also s = −9.

Damit wird F zu F: $\overrightarrow{X} = \begin{pmatrix} -1 \\ 4 \\ -13 \end{pmatrix} + s \cdot \begin{pmatrix} -\frac{10}{9} \\ 1 \\ -1 \end{pmatrix} + r \cdot \begin{pmatrix} -2 \\ 3 \\ 1 \end{pmatrix}$

3 Einige mögliche Parameterdarstellungen sind
E: $\overrightarrow{X} = \overrightarrow{P} + r \cdot \overrightarrow{PQ} + s \cdot \overrightarrow{PR} = \begin{pmatrix} 2 \\ 3 \\ 1 \end{pmatrix} + r \cdot \begin{pmatrix} -4 \\ -3 \\ -3 \end{pmatrix} + s \cdot \begin{pmatrix} 2 \\ 1 \\ -1 \end{pmatrix}$,

E: $\overrightarrow{X} = \overrightarrow{Q} + r \cdot \overrightarrow{QP} + s \cdot \overrightarrow{QR} = \begin{pmatrix} -2 \\ 0 \\ -2 \end{pmatrix} + r \cdot \begin{pmatrix} 4 \\ 3 \\ 3 \end{pmatrix} + s \cdot \begin{pmatrix} 6 \\ 4 \\ 2 \end{pmatrix}$,

E: $\overrightarrow{X} = \overrightarrow{Q} + r \cdot \overrightarrow{PR} + s \cdot \overrightarrow{QR} = \begin{pmatrix} -2 \\ 0 \\ -2 \end{pmatrix} + r \cdot \begin{pmatrix} 2 \\ 1 \\ -1 \end{pmatrix} + s \cdot \begin{pmatrix} 6 \\ 4 \\ 2 \end{pmatrix}$

4 $\overrightarrow{P} = \begin{pmatrix} 2 \\ 1 \\ 0 \end{pmatrix}$, $\overrightarrow{u} = \begin{pmatrix} 2 \\ 3 \\ -1 \end{pmatrix}$, $\overrightarrow{v} = \overrightarrow{R} - \overrightarrow{P} = \begin{pmatrix} 0 \\ 3 \\ 3 \end{pmatrix} - \begin{pmatrix} 2 \\ 1 \\ 0 \end{pmatrix} = \begin{pmatrix} -2 \\ 2 \\ 3 \end{pmatrix}$,
E: $\overrightarrow{X} = \begin{pmatrix} 2 \\ 1 \\ 0 \end{pmatrix} + r \cdot \begin{pmatrix} 2 \\ 3 \\ -1 \end{pmatrix} + s \cdot \begin{pmatrix} -2 \\ 2 \\ 3 \end{pmatrix}$

5 a) P liegt nicht auf g. Eine mögliche Parametergleichung ist
E: $\overrightarrow{X} = \begin{pmatrix} 4 \\ 0 \\ -1 \end{pmatrix} + t \cdot \begin{pmatrix} 3 \\ -1 \\ 1 \end{pmatrix} + s \cdot \begin{pmatrix} 2 \\ -1 \\ 2 \end{pmatrix}$.
b) Für t = 0,5 liegt P auf g. Daher lässt sich nicht eindeutig eine Ebene angeben.

6 Für r = 1 liegt S auf g, für r = 0 liegt S auf h.

Mögliche Ebenengleichung: E: $\vec{X} = \begin{pmatrix}2\\1\\0\end{pmatrix} + r\cdot\begin{pmatrix}2\\3\\-1\end{pmatrix} + s\cdot\begin{pmatrix}-2\\2\\3\end{pmatrix}$.

Bemerkung: Als Stützvektor von E kann auch der Ortsvektor von S oder der Stützvektor von h verwendet werden.

7 $\vec{P} = \begin{pmatrix}2\\1\\0\end{pmatrix}$, $\vec{u} = \begin{pmatrix}2\\3\\-1\end{pmatrix}$, $\vec{v} = \vec{Q} - \vec{P} = \begin{pmatrix}0\\3\\3\end{pmatrix} - \begin{pmatrix}2\\1\\0\end{pmatrix} = \begin{pmatrix}-2\\2\\3\end{pmatrix}$,

E: $\vec{X} = \begin{pmatrix}2\\1\\0\end{pmatrix} + r\cdot\begin{pmatrix}2\\3\\-1\end{pmatrix} + s\cdot\begin{pmatrix}-2\\2\\3\end{pmatrix}$

8 a) $\vec{P} = \vec{A} = \begin{pmatrix}3\\2\\2\end{pmatrix}$, $\vec{u} = \overrightarrow{AB} = \begin{pmatrix}-2\\0\\1\end{pmatrix}$, $\vec{v} = \overrightarrow{AC} = \begin{pmatrix}-7\\1\\1\end{pmatrix}$,

E: $\vec{X} = \begin{pmatrix}3\\2\\2\end{pmatrix} + r\cdot\begin{pmatrix}-2\\0\\1\end{pmatrix} + s\cdot\begin{pmatrix}-7\\1\\1\end{pmatrix}$

Bestimmung von r und s: $\begin{pmatrix}5\\2\\a\end{pmatrix} = \begin{pmatrix}3\\2\\2\end{pmatrix} + r\cdot\begin{pmatrix}-2\\0\\1\end{pmatrix} + s\cdot\begin{pmatrix}-7\\1\\1\end{pmatrix}$.

Daraus wird $\begin{pmatrix}2\\0\\a-2\end{pmatrix} = r\cdot\begin{pmatrix}-2\\0\\1\end{pmatrix} + s\cdot\begin{pmatrix}-7\\1\\1\end{pmatrix}$.

Die ersten beiden Zeilen liefern s = 0 und r = −1.
Damit ist a − 2 = −1, also a = 1.

b) $\vec{P} = \vec{A} = \begin{pmatrix}-1\\2\\2\end{pmatrix}$, $\vec{u} = \overrightarrow{AB} = \begin{pmatrix}4\\-3\\0\end{pmatrix}$, $\vec{v} = \overrightarrow{AC} = \begin{pmatrix}3\\0\\3\end{pmatrix}$,

E: $\vec{X} = \begin{pmatrix}-1\\2\\2\end{pmatrix} + r\cdot\begin{pmatrix}4\\-3\\0\end{pmatrix} + s\cdot\begin{pmatrix}3\\0\\3\end{pmatrix}$

Bestimmung von r und s: $\begin{pmatrix}2\\b\\1\end{pmatrix} = \begin{pmatrix}-1\\2\\2\end{pmatrix} + r\cdot\begin{pmatrix}4\\-3\\0\end{pmatrix} + s\cdot\begin{pmatrix}3\\0\\3\end{pmatrix}$.

Daraus wird $\begin{pmatrix}3\\b-2\\-1\end{pmatrix} = r\cdot\begin{pmatrix}4\\-3\\0\end{pmatrix} + s\cdot\begin{pmatrix}3\\0\\3\end{pmatrix}$.

Aus der dritten Zeile erhält man $s = -\frac{1}{3}$, aus der ersten Zeile dann r = 1. Damit wird die zweite Zeile zu b − 2 = −3, also b = −1.

Normalenformen der Ebenengleichung, Seite 48

1 a) E: $\left(\vec{X} - \begin{pmatrix}3\\1\\-2\end{pmatrix}\right) \circ \begin{pmatrix}1\\0\\3\end{pmatrix} = 0$

b) P liegt nicht in E, da $\left(\begin{pmatrix}2\\2\\2\end{pmatrix} - \begin{pmatrix}3\\1\\-2\end{pmatrix}\right) \circ \begin{pmatrix}1\\0\\3\end{pmatrix} = \begin{pmatrix}-1\\1\\4\end{pmatrix} \circ \begin{pmatrix}1\\0\\3\end{pmatrix} = 11 \neq 0$.

Q liegt in E, da $\left(\begin{pmatrix}0\\5\\-1\end{pmatrix} - \begin{pmatrix}3\\1\\-2\end{pmatrix}\right) \circ \begin{pmatrix}1\\0\\3\end{pmatrix} = \begin{pmatrix}-3\\4\\1\end{pmatrix} \circ \begin{pmatrix}1\\0\\3\end{pmatrix} = -3 + 3 = 0$

2 a) E: $\left(\vec{X} - \begin{pmatrix}1\\4\\0\end{pmatrix}\right) \circ \begin{pmatrix}2\\-2\\5\end{pmatrix} = 0$

b) P in E: $\left(\begin{pmatrix}a\\3\\2\end{pmatrix} - \begin{pmatrix}1\\4\\0\end{pmatrix}\right) \circ \begin{pmatrix}2\\-2\\5\end{pmatrix} = 0$

wird zu 0 = 2 · (a − 1) − 2 · (−1) + 5 · 2 = 2a + 10, also a = −5

Q in E: $\left(\begin{pmatrix}b\\b\\2\end{pmatrix} - \begin{pmatrix}1\\4\\0\end{pmatrix}\right) \circ \begin{pmatrix}2\\-2\\5\end{pmatrix} = 0$

wird zu 0 = 2 · (b − 1) − 2 · (b − 4) + 5 · 2 = 2b − 2 − 2b + 8 + 10 = 16.

Es existiert kein solches b.

R in E: $\left(\begin{pmatrix}c\\c\\c\end{pmatrix} - \begin{pmatrix}1\\4\\0\end{pmatrix}\right) \circ \begin{pmatrix}2\\-2\\5\end{pmatrix} = 0$

wird zu 0 = 2 · (c − 1) − 2 · (c − 4) + 5 · c = 2c − 2 − 2c + 8 + 5c

= 5c + 6, also $c = -\frac{6}{5}$

3 Der Richtungsvektor von g ist ein Normalenvektor zu E.

E: $\left(\vec{X} - \begin{pmatrix}2\\3\\3\end{pmatrix}\right) \circ \begin{pmatrix}2\\2\\3\end{pmatrix} = 0$

4 $\vec{n} = \begin{pmatrix}0\\0\\1\end{pmatrix}$ ist ein Normalenvektor von E, P(2 | 3 | 10) liegt in E.

E: $\left(\vec{X} - \begin{pmatrix}2\\3\\10\end{pmatrix}\right) \circ \begin{pmatrix}0\\0\\1\end{pmatrix} = 0$

5 $\vec{n} = \begin{pmatrix}0\\0\\1\end{pmatrix}$ ist ein Normalenvektor von E, P(2 | 3 | 0) liegt in E.

E: $\left(\vec{X} - \begin{pmatrix}2\\3\\0\end{pmatrix}\right) \circ \begin{pmatrix}0\\0\\1\end{pmatrix} = 0$

6 a) $-3 \cdot (x_1 - 0) + 1 \cdot (x_2 - 2) + 5 \cdot (x_3 - 2) = 0$.
Also E: $-3x_1 + x_2 + 5x_3 - 12 = 0$
b) $2 \cdot (x_1 + 1) - 2 \cdot (x_2 - 3) + 4 \cdot (x_3 - 4) = 0$.
Also E: $2x_1 - 2x_2 + 4x_3 - 8 = 0$
c) $1 \cdot (x_1 - 1) + 0 \cdot (x_2 + 2) + 4 \cdot (x_3 - 2) = 0$.
Also E: $x_1 + 4x_3 - 9 = 0$

7 Normalengleichung: E: $\left(\vec{X} - \begin{pmatrix}0\\0\\2\end{pmatrix}\right) \circ \begin{pmatrix}-1\\2\\1\end{pmatrix} = 0$,

Koordinatengleichung: E: $-x_1 + 2x_2 + x_3 - 2 = 0$

8 $\vec{n} = \overrightarrow{PQ} = \begin{pmatrix}4\\-6\\10\end{pmatrix}$, Mittelpunkt: $\vec{m} = \frac{1}{2}(\vec{P} + \vec{Q}) = \begin{pmatrix}5\\-1\\6\end{pmatrix}$.

Normalengleichung E: $\left(\vec{X} - \begin{pmatrix}5\\-1\\6\end{pmatrix}\right) \circ \begin{pmatrix}4\\-6\\10\end{pmatrix} = 0$.

Koordinatengleichung: E: $4x_1 - 6x_2 + 10x_3 - 86 = 0$

9 a) $\vec{n} = \begin{pmatrix}2\\3\\3\end{pmatrix}$ ist ein Normalenvektor von E, P(4 | 0 | 0) liegt in E.

Normalengleichung E: $\left(\vec{X} - \begin{pmatrix}4\\0\\0\end{pmatrix}\right) \circ \begin{pmatrix}2\\3\\3\end{pmatrix} = 0$

b) $\vec{n} = \begin{pmatrix}2\\-4\\0\end{pmatrix}$ ist ein Normalenvektor von E, P(4 | 0 | 5) liegt in E.

Normalengleichung E: $\left(\vec{X} - \begin{pmatrix}4\\0\\5\end{pmatrix}\right) \circ \begin{pmatrix}2\\-4\\0\end{pmatrix} = 0$

c) $\vec{n} = \begin{pmatrix}-4\\0\\2\end{pmatrix}$ ist ein Normalenvektor von E, P(−1 | 0 | 2) liegt in E.

Normalengleichung E: $\left(\vec{X} - \begin{pmatrix}-1\\0\\2\end{pmatrix}\right) \circ \begin{pmatrix}-4\\0\\2\end{pmatrix} = 0$

d) $\vec{n} = \begin{pmatrix}2\\0\\0\end{pmatrix}$ ist ein Normalenvektor von E, P(−1,5 | 0 | 0) liegt in E.

Normalengleichung E: $\left(\vec{X} - \begin{pmatrix}-1{,}5\\0\\0\end{pmatrix}\right) \circ \begin{pmatrix}2\\0\\0\end{pmatrix} = 0$

10 a) $\vec{n} = \begin{pmatrix} 8 \\ -1 \\ 4 \end{pmatrix}$; $|\vec{n}| = 9$; E: $\left[\vec{x} - \begin{pmatrix} 2 \\ 2 \\ -1 \end{pmatrix}\right] \circ \frac{1}{9}\begin{pmatrix} 8 \\ -1 \\ 4 \end{pmatrix} = 0$

b)

$\vec{n} = \begin{pmatrix} 0 \\ 6 \\ 3 \end{pmatrix} \cdot \begin{pmatrix} 2 \\ 0 \\ -3 \end{pmatrix} = \begin{pmatrix} 6 \cdot (-3) - 3 \cdot 0 \\ 3 \cdot \quad 2 - 0 \cdot 3 \\ 0 \cdot \quad 0 - 6 \cdot 2 \end{pmatrix} = \begin{pmatrix} -18 \\ 6 \\ -12 \end{pmatrix}$; $|\vec{n}| = 6 \cdot \sqrt{14}$;

E: $\left[\vec{x} - \begin{pmatrix} 1 \\ 5 \\ 7 \end{pmatrix}\right] \circ \frac{1}{6 \cdot \sqrt{14}}\begin{pmatrix} -18 \\ 6 \\ -12 \end{pmatrix} = 0$

11 A, B, E, F sind Hesse'sche Normalenformen in Vektordarstellungen.

A: $\frac{x_1 - 5}{1} = 0$

B: $\frac{2x_1 + 6x_2 + 9x_3 - 76}{11} = 0$

E: $\frac{-0{,}8x_1 + 0{,}6x_2 - 8}{1} = 0$

F: $\frac{x_1 - 3x_2 + 2x_3 - 1}{\sqrt{14}} = 0$

b) C: $\left[\vec{x} - \begin{pmatrix} 2 \\ 0 \\ -1 \end{pmatrix}\right] \circ \frac{1}{\sqrt{3}}\begin{pmatrix} 1 \\ 1 \\ 1 \end{pmatrix} = 0$

D: $\left[\vec{x} - \begin{pmatrix} 10 \\ -4 \\ 1 \end{pmatrix}\right] \cdot \frac{1}{\sqrt{38}}\begin{pmatrix} 2 \\ -5 \\ 3 \end{pmatrix} = 0$

12 Vektordarstellung: $\left[\vec{x} - \begin{pmatrix} 4 \\ 0 \\ 0 \end{pmatrix}\right] \circ \frac{1}{5}\begin{pmatrix} 3 \\ 0 \\ -4 \end{pmatrix} = 0$

Koordinatendarstellung: $\frac{1}{5}(3x_1 - 4x_3 - 12) = 0$

Gegenseitige Lage von Gerade und Ebene, Seite 51

1 a) $-(-1 + 2t) + 2(6 - t) + (-6 + 3t) = 5$ liefert $t = 2$.
S(3 | 4 | 0) ist der Schnittpunkt.
b) $3(2 - t) - 2(1 + 2t) = 4$ liefert $t = 0$.
S(2 | 1 | 3) ist der Schnittpunkt.

2 a) $-2(5 + 2t) + 7 + 2t + 2(3 + t) = 3$ liefert $0 = 0$. g liegt in E.
b) $-2(1 + t) + 4t + 2(2 - t) = 3$ liefert $2 = 3$. g ist also parallel zu E.

3 a) Der Sonnenstrahl g durch die Turmspitze hat die Parametergleichung g: $\vec{x} = \begin{pmatrix} -2 \\ 1 \\ 15 \end{pmatrix} + t \cdot \begin{pmatrix} 4 \\ 5 \\ 7 \end{pmatrix}$

Gleichung, die entsteht, wenn man g in E einsetzt:
$-2 + 4t + 2(1 + 5t) + 15 + 7t = -6$
Berechnung von t: $21t = -21$ liefert $t = -1$

Berechnung des Schnittpunktes T: $\vec{t} = \begin{pmatrix} -2 \\ 1 \\ 15 \end{pmatrix} - 1 \cdot \begin{pmatrix} 4 \\ 5 \\ 7 \end{pmatrix} = \begin{pmatrix} -6 \\ -4 \\ 8 \end{pmatrix}$.
T(−6 | −4 | 8)

b) Abstand von T und F:

$|\overrightarrow{TF}| = \left|\begin{pmatrix} -2 \\ 1 \\ 0 \end{pmatrix} - \begin{pmatrix} -6 \\ -4 \\ 8 \end{pmatrix}\right| = \left|\begin{pmatrix} 4 \\ 5 \\ -8 \end{pmatrix}\right| = \sqrt{16 + 25 + 64} = \sqrt{105}$

4 Gleichsetzen der rechten Seiten führt zum LGS:

$r \cdot \begin{pmatrix} -5 \\ 3 \\ -1 \end{pmatrix} + s \cdot \begin{pmatrix} 2 \\ 3 \\ 13 \end{pmatrix} + t \cdot \begin{pmatrix} -2 \\ -1 \\ 0 \end{pmatrix} = \begin{pmatrix} 3 \\ 2 \\ 5 \end{pmatrix}$. Lösung des LGS liefert $t = -1$.

In g eingesetzt ergibt dies den Ortsvektor $\vec{P} = \begin{pmatrix} 3 \\ 2 \\ 1 \end{pmatrix} + (-1) \cdot \begin{pmatrix} 2 \\ 1 \\ 0 \end{pmatrix} = \begin{pmatrix} 1 \\ 1 \\ 1 \end{pmatrix}$.
P(1 | 1 | 1)

5 Gleichsetzen der rechten Seiten: liefert das LGS

$r \cdot \begin{pmatrix} -5 \\ 3 \\ -1 \end{pmatrix} + s \cdot \begin{pmatrix} 2 \\ 3 \\ 13 \end{pmatrix} + t \cdot \begin{pmatrix} -1 \\ 1 \\ 1 \end{pmatrix} = \begin{pmatrix} 3 \\ 2 \\ 5 \end{pmatrix}$

mit einem Widerspruch in der Lösung: E und h haben also keine gemeinsamen Punkte, sie sind parallel.

```
[[1 0 .23809523...
 [0 1 .09523809...
 [0 0 0        ...
Ans▸Frac
  [[1 0 5/21 0]
   [0 1 2/21 0]
   [0 0 0    1]]
```

6 a) LGS: $r \cdot \begin{pmatrix} 1 \\ 1 \\ 2 \end{pmatrix} + s \cdot \begin{pmatrix} 3 \\ 0 \\ 1 \end{pmatrix} + t \cdot \begin{pmatrix} 1 \\ -4 \\ -3 \end{pmatrix} = \begin{pmatrix} 4 \\ 2 \\ 3 \end{pmatrix}$

liefert $r = 0$, $s = 1{,}5$ und $t = -0{,}5$. Schnittpunkt: S(5,5 | −1 | 0,5)
b) umbenennen des Parameters t der Geraden in r und gleichsetzen der rechten Seiten liefert das LGS

$s \cdot \begin{pmatrix} -1 \\ 2 \\ -1 \end{pmatrix} + t \cdot \begin{pmatrix} 0 \\ 3 \\ -2 \end{pmatrix} + r \cdot \begin{pmatrix} 1 \\ -5 \\ 3 \end{pmatrix} = \begin{pmatrix} 3 \\ 4 \\ 2 \end{pmatrix}$, das keine Lösung hat.

E und g sind also parallel.

7 a) $\vec{n} \cdot \vec{u} = \begin{pmatrix} 3 \\ -2 \\ 7 \end{pmatrix} \cdot \begin{pmatrix} 1 \\ -2 \\ -1 \end{pmatrix} = 3 + 4 - 7 = 0$, P(2 | 0 | 0) liegt nicht in E,
d.h. E und g sind parallel.

b) $\vec{n} \cdot \vec{u} = \begin{pmatrix} -2{,}5 \\ -0{,}5 \\ 2 \end{pmatrix} \cdot \begin{pmatrix} 1 \\ 1 \\ 1 \end{pmatrix} = -2{,}5 - 0{,}5 + 2 = -1 \neq 0$. g schneidet E.

c) $\vec{n} \cdot \vec{u} = \begin{pmatrix} -2{,}5 \\ -0{,}5 \\ 3 \end{pmatrix} \cdot \begin{pmatrix} 1 \\ 1 \\ 1 \end{pmatrix} = -2{,}5 - 0{,}5 + 3 = 0$, P(2 | 0 | 0) liegt in E,
d.h. g liegt in E.

d) $\vec{n} \cdot \vec{u} = \begin{pmatrix} 3 \\ -1 \\ 1 \end{pmatrix} \cdot \begin{pmatrix} 2 \\ -2 \\ 1 \end{pmatrix} = 6 - 2 + 1 = 5 \neq 0$, g schneidet E.

e) $\vec{n} \cdot \vec{u} = \begin{pmatrix} -2 \\ 1 \\ 2 \end{pmatrix} \cdot \begin{pmatrix} 2 \\ 6 \\ -1 \end{pmatrix} = -4 + 6 - 2 = 0$, P(5 | 6 | 5) liegt in E,
d.h. g liegt in E.

f) $\vec{n} \cdot \vec{u} = \begin{pmatrix} -3 \\ 1 \\ 0 \end{pmatrix} \cdot \begin{pmatrix} 2 \\ 6 \\ 6 \end{pmatrix} = -6 + 6 = 0$, P(1 | 0 | 2) liegt nicht in E,
d.h. E und g sind parallel.

Gegenseitige Lage von Ebenen, Seite 53

1 Die Normalenvektoren von E und G sind parallel, also auch die Ebenen E und G.

Schnittgerade von E und F: Das LGS $\begin{matrix} -x_1 + 2x_2 - 3x_3 = 8 \\ 2x_1 + 4x_2 + 6x_3 = 8 \end{matrix}$,

eine Stufenform wäre $\begin{matrix} -x_1 + 2x_2 - 3x_3 = 8 \\ 8x_2 = 24 \end{matrix}$.

Damit ist $x_2 = 3$ und $x_1 = -2 - 3x_3$.

Mit $x_3 = t$ ergibt sich die Schnittgerade g: $\vec{x} = \begin{pmatrix} -2 \\ 3 \\ 0 \end{pmatrix} + t \cdot \begin{pmatrix} -3 \\ 0 \\ 1 \end{pmatrix}$

Schnittgerade von F und G:

Das LGS $\begin{matrix} 2x_1 + 4x_2 + 6x_3 = 8 \\ 2x_1 - 4x_2 + 6x_3 = 4 \end{matrix}$, eine Stufenform wäre

$\begin{matrix} 2x_1 + 4x_2 + 6x_3 = 8 \\ 8x_2 = 4 \end{matrix}$. Damit ist $x_2 = 0{,}5$ und $x_1 = 3 - 3x_3$.

Mit $x_3 = t$ ergibt sich die Schnittgerade g: $\vec{x} = \begin{pmatrix} 3 \\ 0{,}5 \\ 0 \end{pmatrix} + t \cdot \begin{pmatrix} -3 \\ 0 \\ 1 \end{pmatrix}$

2 E: $-2x_1 + (-1{,}5)\,x_2 - x_3 = 4$, F: $\left(\vec{x} - \begin{pmatrix}1\\-4\\3\end{pmatrix}\right) \circ \begin{pmatrix}4\\3\\2\end{pmatrix} = 0$

3 a) $\vec{n} = \begin{pmatrix}2\\-3\\5\end{pmatrix}$; F: $2x_1 - 3x_2 + 5x_3 - 4 = 0$

b) $\vec{n} = \begin{pmatrix}4\\0\\-3\end{pmatrix}$; F: $4x_1 - 3x_3 - 11 = 0$

c) $\vec{n} = \begin{pmatrix}-2\\1\\-1\end{pmatrix} \times \begin{pmatrix}1\\-3\\-2\end{pmatrix} = \begin{pmatrix}-5\\-5\\5\end{pmatrix}$; F: $-5x_1 - 5x_2 + 5x_3 + 5 = 0$

4 a) F in E eingesetzt: $3(1 - s + t) + 2(1 - s + 2t) - (s + t) = 3$ ergibt $-6s + 6t = -2$. Damit ist $t = -\frac{1}{3} + s$.

Schnittgerade: g: $\vec{x} = \begin{pmatrix}\frac{2}{3}\\\frac{1}{3}\\-\frac{1}{3}\end{pmatrix} + s \cdot \begin{pmatrix}0\\1\\2\end{pmatrix}$

b) E in F eingesetzt: $2(-1 + 4r + t) - 2(1 + r + t) + 3(3 - 2r) = -2$ liefert die Falschaussage $0 = -7$. E und F sind parallel.

5 a) F in E eingesetzt liefert eine Gleichung, in der sowohl s als auch t vorkommen.
Damit ließe sich die Schnittgerade bestimmen.
b) g in E eingesetzt: $2(4{,}5 + r) - (4{,}5 + b \cdot r) + 3 \cdot a = 6$.
Damit ergibt sich: $(2 - b) \cdot r = 1{,}5 - 3 \cdot a$.
Die Aussage $0 = 0$ entsteht für $b = 2$ und $a = 0{,}5$.

6 F in E eingesetzt liefert
$(3 + b \cdot s) + 2(3 + 2s - 2t) - (a + 6s + ct) = 4$.
Zusammengefasst ergibt sich $(9 - a) + (b - 2) \cdot s + (-c - 4) \cdot t = 4$.
Die Koeffizienten vor s und t müssen jeweils Null sein: $b - 2 = 0$ und $-c - 4 = 0$. Damit wird $b = 2$ und $c = -4$.
Für die Zahlen muss gelten: $9 - a = 4$, also $a = 5$.

7 a) LGS mit Lösung:

```
[[2  3  -1  -1  -2...
 [-1 0  -1  2   4 ...
 [2  2  0   -2  -7...
rref([A]
 [[1 0  1   -2  0]
  [0 1  -1  1   0]
  [0 0  0   0   1]]
```

Die beiden Ebenen haben keine gemeinsamen Punkte, sie sind also parallel.
b) LGS mit Lösung in Bruchdarstellung:

```
 [[1 5  -1  -1  0]
  [2 1  -1  2   4]
  [0 0  0   -2  2]]
rref([A]▸Frac
[[1 0 -4/9 0  31...
 [0 1 -1/9 0  -8...
 [0 0 0    1  -1...
```

Der zweite Parameter der Ebene F ist also -1.
Damit ergibt sich als Schnittgerade
g: $\vec{x} = \begin{pmatrix}2\\3\\2\end{pmatrix} + t \cdot \begin{pmatrix}1\\1\\0\end{pmatrix} - 1 \cdot \begin{pmatrix}1\\-2\\2\end{pmatrix} = \begin{pmatrix}1\\5\\0\end{pmatrix} + t \cdot \begin{pmatrix}1\\1\\0\end{pmatrix}$

Abstandsbestimmungen, Seite 55

1 a) Hilfsebene E: $3x_1 + 4x_2 - 2x_3 = 26$
Schneiden von g und E:
$3(1 + 3t) + 4(-1 + 4t) - 2(1 - 2t) = 26$ liefert $t = 1$.
Einsetzen von $t = 1$ in die Gleichung von g ergibt den Lotfußpunkt F(4 | 3 | −1) von R auf g.
$|\overrightarrow{FR}| = \sqrt{(-8)^2 + 6^2} = \sqrt{100} = 10$

b) Hilfsebene E: $4x_1 - 2x_2 + 2x_3 = 54$
Schneiden von g und E:
$4(-1 + 4t) - 2(1 - 2t) + 2 \cdot 2t = 54$ liefert $t = 2{,}5$.
Einsetzen von $t = 2{,}5$ in die Gleichung von g ergibt den Lotfußpunkt F(9 | −4 | 5) von R auf g.
$|\overrightarrow{FR}| = \sqrt{3^2 + 5^2 + (-1)^2} = \sqrt{35} \approx 5{,}916$

2 Punkt B hat den kleinsten Abstand zur Geraden g, denn $d(A; g) = \sqrt{40} \approx 6{,}325$; $d(B; g) = 6$; $d(C; g) = \sqrt{75} \approx 8{,}66$.

3 Das Dreieck mit den Ecken A(1 | 0 | −5), B(1 | 4 | −2) und C(1 | −2 | 6) hat den Flächeninhalt 25.
Das Dreieck mit A(−2 | −4 | −4), B(2 | 9 | 3) und C(−2 | 11 | −1) hat den Flächeninhalt 45.
Das Dreieck mit A(−8 | 10 | 0), B(8 | −14 | 4) und C(0 | −10 | 7) hat den Flächeninhalt $12\sqrt{53}$.
Das Dreieck mit A(3 | 8 | −6), B(3 | −2 | 4) und C(−1 | −2 | −4) hat den Flächeninhalt $20\sqrt{6}$.

Abstand eines Punktes von einer Ebene, Seite 56

1 A: 12 LE B: 6 LE C: 3 LE D: 36 LE

2 $d(P; E) = \frac{17}{5} = 3{,}4$; $d(P; F) = \frac{20}{3} \approx 6{,}67$; $d(P; G) = \frac{4\sqrt{3}}{3} \approx 2{,}31$.
P hat von der Ebene G den kleinsten Abstand.

3 a) $d(P; E) = \left|\frac{-1 \cdot 3 - 2 \cdot 2 + 4 \cdot 1 - 10}{\sqrt{21}}\right| = \left|\frac{-13}{\sqrt{21}}\right| = \frac{13}{\sqrt{21}} \approx 2{,}84$

b) $d(P; E) = \left|\frac{3 \cdot (-2) + 6 \cdot 0 + 0 \cdot 5 + 8}{\sqrt{45}}\right| = \left|\frac{2}{\sqrt{45}}\right| = \frac{2}{\sqrt{45}} \approx 0{,}3$

4 Die Ebene E hat die Koordinatengleichung $-0{,}5x_1 + x_2 - x_3 - 2 = 0$.
Die Lotgerade g zu E durch den Ursprung hat die Gleichung
g: $\vec{x} = r \cdot \begin{pmatrix}-0{,}5\\1\\-1\end{pmatrix}$.
Schneiden von g und E ergibt $r = \frac{8}{9}$ und den Lotfußpunkt $F\left(-\frac{4}{9} \middle| \frac{8}{9} \middle| -\frac{8}{9}\right)$. Der Abstand von R zu E beträgt $\frac{4}{3}$ LE.

5 $4 \cdot 1 + 0{,}5 \cdot 2 - 2 \cdot 3 = 0$, also ist der Richtungsvektor von g orthogonal zum Normalenvektor von E. Damit sind g und E parallel.
$d(g; E) = \left|\frac{4 \cdot 10 + 0{,}5 \cdot (-3) - 2 \cdot (-2) - 2}{4{,}5}\right| = \left|\frac{40{,}5}{4{,}5}\right| = 9$

6 $\vec{n} = \begin{pmatrix}4\\6\\-12\end{pmatrix}$ mit $|\vec{n}| = 14$, also $\vec{n_0} = \frac{1}{14} \cdot \begin{pmatrix}4\\6\\-12\end{pmatrix}$.

$\overrightarrow{OR} = \overrightarrow{OF} + 7 \cdot \vec{n_0} = \begin{pmatrix}3\\2\\2\end{pmatrix} + 0{,}5 \cdot \begin{pmatrix}4\\6\\-12\end{pmatrix} = \begin{pmatrix}5\\5\\-4\end{pmatrix}$

$\overrightarrow{OS} = \overrightarrow{OF} - 7 \cdot \vec{n_0} = \begin{pmatrix}3\\2\\2\end{pmatrix} - 0{,}5 \cdot \begin{pmatrix}4\\6\\-12\end{pmatrix} = \begin{pmatrix}1\\-1\\8\end{pmatrix}$.

Man erhält R(5 | 5 | −4) und S(1 | −1 | 8).

7 E_1 und F_4 sind parallel mit Abstand 3 LE, E_2 und F_1 sind parallel mit Abstand 0 LE (also identisch), E_3 und F_3 sind parallel mit Abstand 5 LE, E_4 und F_2 sind parallel mit Abstand 2 LE.

8 a) $\vec{n} = \begin{pmatrix}6\\-3\\-2\end{pmatrix}$ und $|\vec{n}| = 7$; F: $6x_1 - 3x_2 - 2x_3 - 54 = 0$ und G: $6x_1 - 3x_2 - 2x_3 + 30 = 0$
b) F: $2x_1 - 10x_2 + 11x_3 - 240 = 0$ und G: $2x_1 - 10x_2 + 11x_3 + 210 = 0$

9 Aussage A ist richtig, B und C sind falsch.
Korrigierte Aussagen:
B: Zu jedem Punkt P auf einer Ebene E gibt es unendlich viele Punkte, die nicht auf E liegen und deren Lotfußpunkt auf E der Punkt P ist. Sie liegen auf der zu E orthogonalen Gerade durch P.
C: Der Punkt P(1 | 2 | 3) hat von der x_1x_2-Ebene den Abstand 3 LE. Allgemein kann man den Abstand eines Punktes von der x_1x_2-Ebene an der x_3-Koordinate ablesen.

10 a) d(g; h) = 6 LE b) $d(g; h) = \sqrt{38} \approx 6{,}164$

11 a) $d(A; g) \approx 13{,}63$; $d(B; g) \approx 15{,}38$
b) $h: \vec{X} = \begin{pmatrix} 8 \\ 5 \\ -4 \end{pmatrix} + t \cdot \begin{pmatrix} 4 \\ 3 \\ 2 \end{pmatrix}$ (zum Beispiel)
d(g; h) = 13.
c) Der Abstand einer Geraden durch zwei Punkte A und B zu einer Gerade g ist höchstens so groß wie der jeweilige Abstand der beiden Punkte A und B zur Geraden g.

12 A(2 | −2 | 0), B(2 | 2 | 0),
$g: \vec{X} = \begin{pmatrix} 2 \\ 2 \\ 0 \end{pmatrix} + s \cdot \begin{pmatrix} 0 \\ 1 \\ 0 \end{pmatrix}$ (zum Beispiel)
C(−2 | 2 | 0), S(0 | 0 | 6),
$h: \vec{X} = \begin{pmatrix} 0 \\ 0 \\ 6 \end{pmatrix} + t \cdot \begin{pmatrix} 1 \\ -1 \\ 3 \end{pmatrix}$ (zum Beispiel)
g und h sind windschief
$d(g; h) = \sqrt{14{,}4} \approx 3{,}79$

Schnittwinkel, Seite 59

1 a) $\cos(\alpha) = \frac{1}{\sqrt{21} \cdot \sqrt{30}}$; $\alpha \approx 87{,}7°$
b) $\cos(\alpha) = \frac{23}{\sqrt{17} \cdot \sqrt{58}}$; $\alpha \approx 42{,}9°$

2 $g: \vec{X} = \begin{pmatrix} 7 \\ -2 \\ -4 \end{pmatrix} + r \cdot \begin{pmatrix} 3 \\ 0 \\ -4 \end{pmatrix}$; $h: \vec{X} = \begin{pmatrix} -1 \\ 3 \\ 1 \end{pmatrix} + s \cdot \begin{pmatrix} 2 \\ -5 \\ 3 \end{pmatrix}$ schneiden sich im Punkt S(1 | −2 | 4) mit dem Schnittwinkel $\alpha \approx 78{,}8°$

$g: \vec{X} = \begin{pmatrix} 1 \\ -1 \\ 2 \end{pmatrix} + r \cdot \begin{pmatrix} 1 \\ 0 \\ 1 \end{pmatrix}$ und $h: \vec{X} = \begin{pmatrix} 5 \\ 6 \\ -2 \end{pmatrix} + s \cdot \begin{pmatrix} -3 \\ 0 \\ -3 \end{pmatrix}$ sind parallel mit Abstand 9.

$g: \vec{X} = \begin{pmatrix} -3 \\ 5 \\ 1 \end{pmatrix} + r \cdot \begin{pmatrix} 2 \\ 2 \\ 1 \end{pmatrix}$ und $h: \vec{X} = \begin{pmatrix} 2 \\ 6 \\ 4 \end{pmatrix} + s \cdot \begin{pmatrix} 4 \\ 3 \\ 1 \end{pmatrix}$ sind windschief mit Abstand 3.

$g: \vec{X} = \begin{pmatrix} 2 \\ -1 \\ 5 \end{pmatrix} + r \cdot \begin{pmatrix} 5 \\ 1 \\ -2 \end{pmatrix}$ und $h: \vec{X} = \begin{pmatrix} 3 \\ 4 \\ -5 \end{pmatrix} + s \cdot \begin{pmatrix} 1 \\ -1 \\ 2 \end{pmatrix}$ schneiden sich im Punkt S(7 | 0 | 3) mit dem Schnittwinkel $\alpha = 90°$

3 a) $\vec{n_1} = \begin{pmatrix} 3 \\ -1 \\ 8 \end{pmatrix}$; $|\vec{n_1}| = \sqrt{74}$; $\vec{n_2} = \begin{pmatrix} 1 \\ 4 \\ 2 \end{pmatrix}$; $|\vec{n_2}| = \sqrt{21}$;
$\cos(\alpha) = \frac{15}{\sqrt{74} \cdot \sqrt{21}}$; $\alpha \approx 67{,}6°$
b) $\vec{n_1} = \begin{pmatrix} -3 \\ -2 \\ 1 \end{pmatrix}$; $|\vec{n_1}| = \sqrt{14}$; $\vec{n_2} = \begin{pmatrix} 6 \\ -5 \\ 4 \end{pmatrix}$; $|\vec{n_2}| = \sqrt{77}$;
$\cos(\alpha) = \frac{4}{\sqrt{14} \cdot \sqrt{77}}$; $\alpha \approx 83{,}0°$
c) $\vec{n_1} = \begin{pmatrix} 0 \\ 1 \\ 0 \end{pmatrix}$; $|\vec{n_1}| = 1$; $\vec{n_2} = \begin{pmatrix} -1 \\ 2 \\ 0 \end{pmatrix}$; $|\vec{n_2}| = \sqrt{5}$;
$\cos(\alpha) = \frac{2}{\sqrt{5}}$; $\alpha \approx 26{,}6°$

4 a) E_1 und E_2 sind orthogonal; E_3 und E_4 sind parallel; E_5 und E_6 schneiden sich in einem Winkel < 90°; E_7 und E_8 sind parallel; E_9 und E_{10} schneiden sich in einem Winkel < 90°.
b) E_5 und E_6: $\alpha \approx 11{,}9°$; E_9 und E_{10}: $\alpha \approx 60{,}9°$.

5 $\vec{n} = \begin{pmatrix} 3 \\ -6 \\ -1 \end{pmatrix}$; $|\vec{n}| = \sqrt{46}$; $|\vec{u}| = \sqrt{69}$;
$\sin(\alpha) = \frac{17}{\sqrt{69} \cdot \sqrt{46}}$; $\alpha \approx 17{,}6°$

6 E_1 und g: $\alpha \approx 34{,}5°$; E_2 und g sind parallel (Skalarprodukt ist σ); E_3 und g: $\alpha = 32{,}3°$.
Die Gerade g hat den kleinsten Schnittwinkel mit der Ebene E_1.

7 a) Ob eine Gerade g zu einer Ebene E parallel oder orthogonal ist, kann man erkennen, wenn man den Richtungsvektor von g und dem Normalenvektor von E betrachtet. Wenn das Skalarprodukt der beiden Vektoren Null ist, sind sie orthogonal. g und E sind dann parallel zueinander. Wenn ein Vektor ein Vielfaches des anderen Vektoren ist, sind sie parallel. g und E sind dann orthogonal zueinander.
b) Mögliche Lösungen:
$g: \vec{X} = r \cdot \begin{pmatrix} 1 \\ -1 \\ 1 \end{pmatrix}$ (denn $3 \cdot 1 - 1 \cdot 1 - 1 \cdot 2 = 0$)
$h: \vec{X} = r \cdot \begin{pmatrix} 6 \\ 2 \\ -4 \end{pmatrix}$

8

	F	h	G	k
E	58,7°	27,8°	61,0°	13,3°
g	25,1°	39,5°	41,1°	90°

9 a) 1. Gerade: $\vec{X} = \begin{pmatrix} 2 \\ -2 \\ 0 \end{pmatrix} + t \cdot \begin{pmatrix} -2 \\ 2 \\ 6 \end{pmatrix}$; 2. Gerade: $\vec{X} = \begin{pmatrix} 2 \\ 2 \\ 0 \end{pmatrix} + s \cdot \begin{pmatrix} -2 \\ -2 \\ 6 \end{pmatrix}$;
Schnittwinkel: 35,1°
b) E_{Grund}: $x_3 = 0$; E_{Seiten}: $3x_1 + x_3 = 6$; Schnittwinkel: 71,6°
c) 64,8°

Test, Seite 62

1 a) Für t = −3 liegt A auf g, für t = −2 liegt C auf h, B liegt auf keiner der Geraden.
b) g und h schneiden sich in S(3 | 3 | −5); $\alpha \approx 41{,}8°$
c) $E: \vec{X} = \begin{pmatrix} 3 \\ 3 \\ -5 \end{pmatrix} + t \cdot \begin{pmatrix} -1 \\ 2 \\ 2 \end{pmatrix} + s \cdot \begin{pmatrix} 2 \\ 0 \\ -4 \end{pmatrix}$ und
$E: \vec{X} = \begin{pmatrix} -2 \\ 3 \\ 5 \end{pmatrix} + t \cdot \begin{pmatrix} -1 \\ 2 \\ 2 \end{pmatrix} + s \cdot \begin{pmatrix} 2 \\ 0 \\ -4 \end{pmatrix}$ sind mögliche Parametergleichungen.

2 a) $\vec{u} = \begin{pmatrix} -1 \\ 2 \\ -3 \end{pmatrix} - \begin{pmatrix} 2 \\ 2 \\ -3 \end{pmatrix} = \begin{pmatrix} -3 \\ 0 \\ 0 \end{pmatrix}$ ist ein möglicher zweiter Spannvektor von E.

Damit ist E: $\vec{x} = \begin{pmatrix} -1 \\ 2 \\ -3 \end{pmatrix} + t \cdot \begin{pmatrix} 4 \\ 3 \\ 5 \end{pmatrix} + r \cdot \begin{pmatrix} -3 \\ 0 \\ 0 \end{pmatrix}$

eine Parametergleichung von E.

b) $\vec{n} \cdot \begin{pmatrix} 4 \\ 3 \\ 5 \end{pmatrix} = 0$ und $\vec{n} \cdot \begin{pmatrix} -3 \\ 0 \\ 0 \end{pmatrix} = 0$ liefert $n_1 = 0$ und beispielsweise

$n_2 = -5$ und $n_3 = 3$. $\vec{n} = \begin{pmatrix} 0 \\ -5 \\ 3 \end{pmatrix}$

E: $\left(\vec{x} - \begin{pmatrix} -1 \\ 2 \\ -3 \end{pmatrix}\right) \circ \begin{pmatrix} 0 \\ -5 \\ 3 \end{pmatrix} = 0$, E: $-5x_2 + 3x_3 = -19$

3 a) Das LGS
$$\begin{aligned} 3a + 2b + 2c &= d \\ c &= d \\ 4a - b - 5c &= d \end{aligned}$$
hat z. B. die Lösung

$a = 1$, $b = -2$, $c = 1$, $d = 1$: E: $x_1 - 2x_2 + x_3 = 1$

b) F: $\left(\vec{x} - \begin{pmatrix} 2 \\ 0 \\ 2 \end{pmatrix}\right) \circ \begin{pmatrix} 2 \\ -1 \\ 6 \end{pmatrix} = 0$; $2x_1 - x_2 + 6x_3 = 14$

c) G: $x_3 = -1$

d) $\vec{n} = \overrightarrow{AB} = \begin{pmatrix} 4 \\ -4 \\ 6 \end{pmatrix}$ ist ein Normalenvektor von H, die Mitte

$M(4\,|\,1\,|\,7)$ von $\overline{AB}$ ist ein Punkt in H,

H: $\left(\vec{x} - \begin{pmatrix} 4 \\ 1 \\ 7 \end{pmatrix}\right) \cdot \begin{pmatrix} 4 \\ -4 \\ 6 \end{pmatrix} = 0$; $4x_1 - 4x_2 + 6x_3 - 54 = 0$

4 a) g und E sind orthogonal zueinander. Sie schneiden sich im Punkt $S(-5\,|\,-5\,|\,4)$ in einem Winkel von 90°.
b) g und E sind parallel. d(g; E) = 4

5 Setzt man E in F ein, ergibt sich $s = -8 - 2t$, damit ist

g: $\vec{x} = \begin{pmatrix} -6 \\ -24 \\ -30 \end{pmatrix} + t \cdot \begin{pmatrix} -1 \\ -7 \\ -10 \end{pmatrix}$ die Schnittgerade.

F und G sind identisch, damit ist g auch die Schnittgerade von E und G.

6 $d(P; Q) = \sqrt{75} \approx 8{,}66$; $d(P; g) = 13$; $d(P; E) = \sqrt{6} \approx 2{,}45$

7 a) $3\sqrt{18} = 9\sqrt{2}$
b) E: $x_1 + x_2 - 4x_3 - 9 = 0$; $d(S; E) = 2\sqrt{18} = 6\sqrt{2}$
c) 36

8 Raum- und Seitendiagonale: 33,9°
Raumdiagonale und Grundfläche: 21,8°

VI Anwendungen der Differential- und Integralrechnung

Exponentielles Wachstum, Seite 63

1 a) $k = 0{,}9163$

x	−2	−1	0	1	2	3	4	5
f(x)	4,8	12,0	30	75,0	187,5	468,8	1171,9	2929,8

b) $k = -0{,}65$

x	−2	−1	0	1	2	3	4	5
f(x)	14 677	7662,2	4000	2088,2	1090,1	569,1	297,1	155,1

2 a) $k = 1{,}0986$; $f(x) = 45 \cdot e^{1{,}0986x}$; $f(6) = 32803$
b) $k = -0{,}6931$; $f(x) = 180 \cdot e^{-0{,}6931x}$; $f(6) = 2{,}81$
c) $k = 0{,}1398$; $f(x) = 1{,}5 \cdot e^{0{,}1398x}$; $f(6) = 3{,}47$
d) $k = -0{,}1823$; $f(x) = 500 \cdot e^{-0{,}1823x}$; $f(6) = 167{,}5$

3 a) $8500\,m^3$ b) $10460\,m^3$ c) 8,31 d) $7823\,m^3$
e) f′ mit $f'(x) = 352{,}75 \cdot e^{0{,}0415x}$; $352{,}75\,m^3/\text{Jahr}$; $471{,}66\,m^3/\text{Jahr}$

4 a) 1. Möglichkeit: 0,538; 0,5378; 0,5384; 0,5378; 0,5385; 0,5419
$k = \ln(0{,}5387) = -0{,}6186$; $f(x) = 450 \cdot e^{-0{,}6186x}$
2. Möglichkeit: $f(0) = 450$; $(3\,|\,70{,}1)$; $70{,}1 = 450 \cdot e^{k \cdot 3}$; $k = -0{,}6198$;
$f(x) = 450 \cdot e^{-0{,}6198x}$
b) $f(x) = 200 \cdot e^{0{,}2231}$
c) $f(x) = 12{,}65 \cdot e^{-0{,}0134}$

5 a) Berechnet man die Quotienten $\frac{f(t+1)}{f(t)}$, erhält man die Werte 1,56; 1,64; 1,50; 1,58; 1,51. Mittelwert: 1,56.
Da die Quotienten annähernd konstant sind, kann man von exponentiellem Wachstum ausgehen.
b) Ansatz: $f(t) = 18 \cdot e^{kt}$. Mit $k = \ln(1{,}56) \approx 0{,}4447$ erhält man $f(t) = 18 \cdot e^{0{,}4447t}$.
c) $f(0{,}5) = 22{,}5$. Nach einer halben Stunde hatte der Hefepilz ein Gewicht von 22,5 mg.
$f(24) = 776\,981{,}5$. Nach einem Tag besitzt der Pilz ein Gewicht von 776 981,5 mg.
d) $f(-2) = 7{,}4$. Zwei Stunden vor Beobachtungsbeginn hatte der Pilz ein Gewicht von 7,4 mg.

6 a) Es sei t in Jahren ab 1997 und f(t) die Einwohnerzahl des Landes in Mio.
Ansatz: $f(t) = 12{,}65 \cdot e^{kt}$. Da das Land 15 Jahre nach Beobachtungsbeginn 10,35 Mio. Einwohner besitzt, erhält man die Gleichung $10{,}35 = 12{,}65 \cdot e^{15k}$. Auflösen der Gleichung nach k ergibt $k \approx -0{,}0134$. Also $f(t) = 12{,}65 \cdot e^{-0{,}0134t}$.
b) $f(23) = 9{,}29$. Im Jahre 2020 hat das Land nach diesem Modell etwa 9,29 Mio. Einwohner.
c) $\frac{12{,}65}{2} = 12{,}65 \cdot e^{-0{,}0134t}$ ist für $t = 17{,}5$ erfüllt. Während des Jahres 2015 wird die Einwohnerzahl unter 10 Millionen sinken.
d) $10 = 12{,}65 \cdot e^{-0{,}0134t}$ ist für $t = 51{,}7$. Nach ca. 52 Jahren leben in diesem Land nur noch etwa halb so viele Einwohner wie im Jahre 1997.
e) $f'(t) = -0{,}1695 \cdot e^{-0{,}0134t}$. $f'(3) = -0{,}1628$
Die Wachstumsgeschwindigkeit beträgt im Jahre 2000 etwa −0,1628 Mio. Einwohner pro Jahr.

Bestimmung von Verdopplungs- und Halbwertszeit, Seite 65

1 a) $T_V = \frac{\ln(2)}{0{,}1668} = 4{,}16$ b) $T_H = \frac{\ln(0{,}5)}{-0{,}4447} = 1{,}56$

2 a) $k = \ln a = \ln 1{,}03 = 0{,}0296$
$T_V = \frac{\ln(2)}{0{,}0296} = 23{,}42$ Jahre
b) $T_V = 13$ Jahre, $k = \frac{\ln(2)}{T_V} = 0{,}0533$. Mit $a = e^k = 1{,}055$ erhält man $a = 1{,}055$.
Damit lässt sich nun der Zinssatz bestimmen: Zinssatz von Frau Müller: 5,5 %.
c) $a = 0{,}987$, $k = -0{,}0131$ und damit $T_H = -\frac{\ln(2)}{-0{,}0131} = 52{,}9$ Monate.

3 a) $f(t) = 14\,e^{0{,}5639t}$, t in Wochen und f(t) in cm^2.
b) $T_V = 1{,}23$. Nach 1,23 Wochen hat sich die anfangs bedeckte Fläche verdoppelt.
c) Der Ansatz $200 = 14\,e^{0{,}5639t}$ liefert $t = 4{,}7$. Nach 4,7 Wochen ist der See vollständig mit Algen bedeckt.

4 a) Nach 16 Tagen bzw. nach 32 Tagen.
b) 96,9 % c) Nach 54 Tagen.
d) 4,75 mg e) −0,1029 mg/Tag

Wiederholung: Extremwertprobleme, Seite 66

1 Zielfunktion: $s(x) = f(x) + g(x) = x^2 + 2x + 5$
Für $x = -1$ ist die Summe der Funktionswerte minimal.
Minimale Summe beträgt 4.

2 Zielfunktion: $A(u) = (4 - u) \cdot f(u) = (4 - u) \cdot \left(\frac{7}{16}u^2 + 2\right)$.
Lokales Minimum von A: $A(0{,}83) = 7{,}30$; lokales Maximum von A: $A(1{,}84) = 7{,}52$.
Randextrema von A: lokales Maximum von A: $A(0) = 8$, lokales Minimum von A: $A(4) = 0$.
Globales Maximum: $A(0) = 8$; globales Minimum: $A(4) = 0$.
Der Flächeninhalt wird maximal für $u = 0$ und minimal für $u = 4$.

3 $O = 2\pi r \cdot (r + h)$; Nebenbedingung: $1\,m^3 = \pi r^2 h \rightarrow h = \frac{1}{\pi r^2}$.
Zielfunktion: $O(r) = \frac{2}{r} + 2\pi r^2$.
Für r = 5,42 dm und h = 10,84 dm wird die Oberfläche minimal.
$O_{min} = 553{,}6\,dm^2$.

4 a) $A = 12{,}83$
b) $\int_{-\frac{\sqrt{4+k}}{k}}^{\frac{\sqrt{4+k}}{k}} (4 - k^2x^2 + k)\,dx$ führt zur Zielfunktion
$A(k) = \frac{8\sqrt{4+k}}{k} + 2\sqrt{4+k} - \frac{2\sqrt{(4+k)^3}}{3k}$
c) Für k = 8 wird A(k) minimal. Wegen des Verhaltens von A(k) für $k \rightarrow 0$ und $k \rightarrow \infty$ ist diese Stelle auch ein globales Minimum.
$A_{min} = 6{,}93$.

5 $E = (5000 + 300x)(25 - x)$ wird maximal für $x = \frac{25}{6} \approx 4{,}17$
x: Stückpreissenkung in Euro. Maximale Einnahmen bei einer Stückpreissenkung von 4,17 € (neuer Stückpreis 20,83 €)

Untersuchung verknüpfter Funktionen, Seite 67

1 a) $D_f =]-3; \infty[$
b) $D_f = \mathbb{R} \setminus \{1; -1\}$
c) $D_f = [4; \infty[$
d) $D_f =]-2; 2[$
e) $D_f = \mathbb{R}$

2 a) Punktsymmetrie zum Ursprung
b) Achsensymmetrie zur y-Achse
c) Achsensymmetrie zur y-Achse
d) weder noch

3 a) Nullstellen: $-\sqrt{3}$; 0; $\sqrt{3}$; Extremstellen: −1; 1
b) Nullstellen: −2; 2; keine Extremstellen
c) $T(0\,|\,0)$; $H(-1\,|\,e^{-2})$; $N(0\,|\,0)$
d) $N(\ln(2)\,|\,0)$; $T(0\,|\,-1)$

4

a)	$e^{4x} - 8x^2$	$f'(x) = 4e^{4x} - 16x$ $f''(x) = 16e^{4x} - 16$	$x_1 = 0$	$f'''(x) = 64e^{4x}$ $f'''(0) = 64 \neq 0$	ja
b)	$x^3 \cdot (x - 2)$	$f'(x) = 4x^3 - 6x^2$ $f''(x) = 12x^2 - 12x$	$x_1 = 0$ $x_2 = 1$	$f'''(0) = -12 \neq 0$ $f'''(1) = 12 \neq 0$	ja ja
c)	$x \cdot e^x - e^x$	$f'(x) = x \cdot e^x$ $f''(x) = (x + 1)^x$	$x_1 = -1$	VZW von f″	ja

d) $W(0\,|\,0{,}5)$

5 a) $\lim_{x \to \pm\infty}(f(x) = 0$; Asymptoten: $y = 0$; $x = -2$ und $x = 2$.
b) Für $x \rightarrow \pm\infty$ geht $f(x) \rightarrow \frac{2}{3}$, $y = \frac{2}{3}$ ist waagrechte Asymptote.
c) $\lim_{x \to \pm\infty} f(x) = 2$; Asymptoten $y = 2$ und $x = 0$
d) Für $x \rightarrow \infty$ geht $f(x) \rightarrow \infty$, für $x \rightarrow -\infty$ geht $f(x) \rightarrow 0$, $y = 0$ ist waagrechte Asymptote.
e) Für $x \rightarrow -\infty$ geht $f(x) \rightarrow 0$; für $x \rightarrow +\infty$ geht $f(x) \rightarrow \infty$;
Asymptoten: $y = 0$ und $x = 0$.

6 1) Durch Anwendung der Produktregel erhält man:
$f'(x) = e^{-2x} \cdot (1 - 2x)$
$f''(x) = -2e^{-2x} \cdot (2 - 2x)$
$f'''(x) = 4e^{-2x} \cdot (3 - 2x)$.
2) Die maximale Definitionsmenge ist $\mathbb{R}$.
3) Symmetrie: Der Graph der Funktion ist weder punktsymmetrisch zum Ursprung, noch achsensymmetrisch zur y-Achse, da $f(-x) = -xe^{2x} \neq f(x)$ und $\neq -f(x)$.
4) Schnitt mit den Koordinatenachsen: Da $f(0) = 0$ ist der Schnittpunkt mit der y-Achse $S(0\,|\,0)$.
Die Nullstellen werden durch die Gleichung $0 = x \cdot e^{-2x}$ berechnet. Mit dem Satz vom Nullprodukt folgt für die Nullstellen: da e^{-2x} nie null wird ist $x = 0$ die einzige Nullstelle.
Für den Schnittpunkt mit der x-Achse gilt also: $N(0\,|\,0)$.
Extrempunkte: $f'(x) = 0$: $e^{-2x}(1 - 2x) = 0$. Mit dem Satz vom Nullprodukt folgt: $x = 0{,}5$.
Da $f''(0{,}5) = -0{,}74 < 0$ hat der Graph von f bei $x = 0{,}5$ einen Hochpunkt. Mit $f(0{,}5) = 0{,}5e^{-1} = \frac{1}{2e}$ folgt: $H(0{,}5\,|\,0{,}5e^{-1})$.
5) Wendepunkte: $f''(x) = 0$: $-2e^{-2x}(2 - 2x) = 0$. Mit dem Satz vom Nullprodukt folgt $x = 1$.
Da $f'''(1) = 4e^{-2} \neq 0$ und $f(1) = e^{-2}$ hat der Graph von f den Wendepunkt bei $W(1\,|\,e^{-2})$.
6) Verhalten für $x \rightarrow \pm\infty$: für $x \rightarrow \infty$ gilt: $f(x) \rightarrow 0$, für $x \rightarrow -\infty$ geht $f(x) \rightarrow -\infty$.
Schaubild:

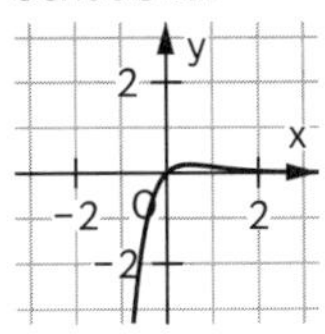

7 a) $f(x) = -\frac{1}{2}x^2 \cdot (x + 4) = -\frac{1}{2}x^3 - 2x^2$
(1) Definitionsbereich: $x \in \mathbb{R}$; Wertebereich: $y \in \mathbb{R}$
(2) gerade und ungerade Exponenten, also nicht symmetrisch zur y-Achse und zum Ursprung
(3) $y_s = 0$; Nullstellen: 0 und −4: $P_1(0\,|\,0)$; $P_2(-4\,|\,0)$
(4) $\lim_{x \to \infty} f(x) = \lim_{x \to \infty}\left(-\frac{1}{2}x^3\right) = -\infty$ und $\lim_{x \to -\infty} f(x) = \lim_{x \to -\infty}\left(-\frac{1}{2}x^3\right) = \infty$
(5) $f'(x) = -\frac{3}{2}x^2 - 4x$; $f''(x) = -3x - 4$; $f'''(x) = -3$
Extremwerte: $0 = -\frac{3}{2}x^2 - 4x = -\frac{3}{2}x \cdot \left(x + \frac{8}{3}\right) x_3 = 0$; $x_4 = -\frac{8}{3}$
$f''(0) = -4 < 0$, also Hochpunkt bei $H(0\,|\,0)$.
$f''\left(-\frac{8}{3}\right) = 4 > 0$, also ein Tiefpunkt bei $T\left(-\frac{8}{3}\,\middle|\,-\frac{128}{27}\right)$.

Wendepunkt: $f''(x) = 0$ bei $x_5 = -\frac{4}{3}$ und $f'''(x_5) = -3$, also ein Wendepunkt bei $W\left(-\frac{4}{3} \middle| -\frac{64}{27}\right)$

(6) Skizze:

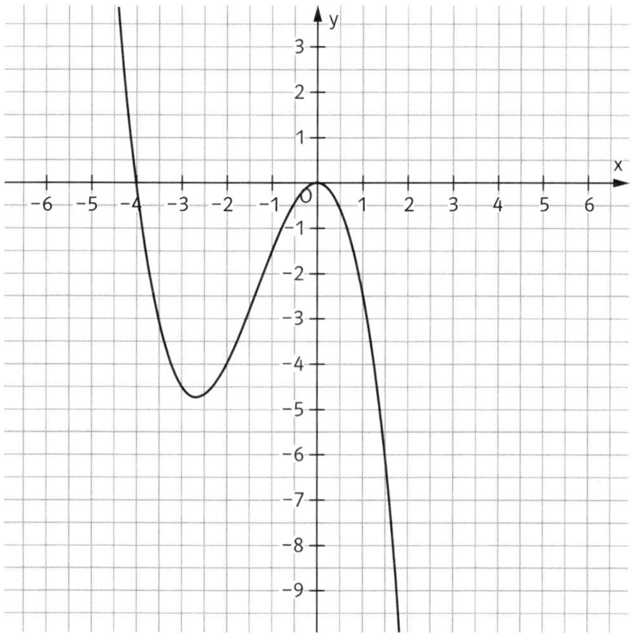

b) $m = f'\left(-\frac{4}{3}\right) = \frac{8}{3}$; die Tangente $y = \frac{8}{3}x + n$ geht durch $W\left(-\frac{4}{3} \middle| -\frac{64}{27}\right)$

Einsetzen der Koordinaten:

$-\frac{64}{27} = \frac{8}{3} \cdot \left(-\frac{4}{3}\right) + n$, also $n = \frac{32}{9} - \frac{64}{27} = \frac{32}{27}$.

Tangentengleichung: $y = \frac{8}{3}x + \frac{32}{27}$

b) $f'(x) = \frac{-2x}{(x^2-1)^2}$ $f''(x) = \frac{6x^2+2}{(x^2-1)^3}$ $f'''(x) = \frac{-24x^3-24x}{(x^2-1)^4}$

Schnittpunkte mit den Achsen: $N(0|0)$, $S(0|0)$

$D_f = \mathbb{R}\setminus\{1; -1\}$

Achsensymmetrie zur y-Achse, da $f(-x) = f(x)$.

Hochpunkt $H(0|0)$

Keine Wendepunkte

$y = 1$ ist waagrechte Asymptote; $x = 1$ und $x = -1$ sind senkrechte Asymptoten.

Schaubild:

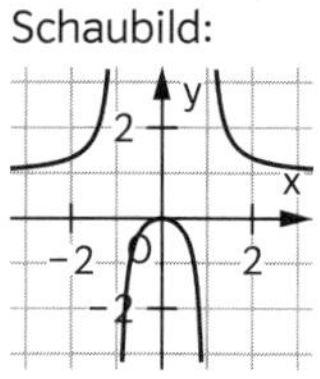

c) $f'(x) = e^{2x}(2x - 1)$

$f''(x) = 4x \cdot e^{2x}$

$f'''(x) = e^{2x}(8x + 4)$

Der Graph von f ist weder achsensymmetrisch zur y-Achse noch punktsymmetrisch zum Ursprung $D_f = \mathbb{R}$.

Schnittpunkt mit den Achsen: $N(1|0)$, $S(0|-1)$

Tiefpunkt $T(0{,}5|-0{,}5e)$

Wendepunkt $W(0|-1)$

$y = 0$ ist waagrechte Asymptote

Schaubild:

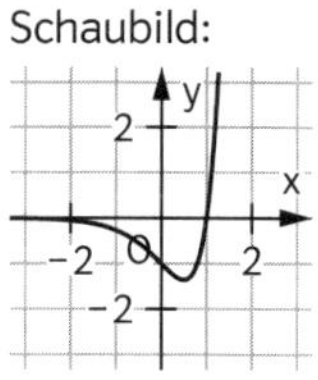

d) $f'(x) = 3e^{3x} - e^x$

$f''(x) = 9e^{3x} - e^x$

$f'''(x) = 27e^{3x} - e^x$

Der Graph von f ist weder achsensymmetrisch zur y-Achse noch punktsymmetrisch zum Ursprung $D_f = \mathbb{R}$

Schnittpunkt mit den Achsen: $N(0|0)$

Tiefpunkt $T\left(\frac{1}{2}\ln\left(\frac{1}{3}\right) \middle| \sqrt{\frac{1}{27}} - \sqrt{\frac{1}{3}}\right)$

Wendepunkt $W\left(\frac{1}{2}\ln\left(\frac{1}{9}\right) \middle| \sqrt{\frac{1}{729}} - \frac{1}{3}\right)$

$y = 0$ ist waagrechte Asymptote

Schaubild:

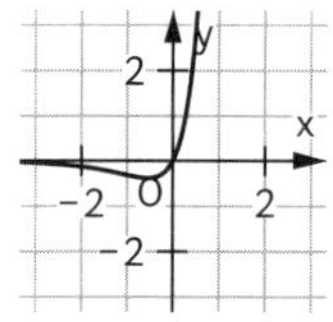

8 a)

A: Nullstelle, bzw. Minimum bei $x = 2$. Maximum bei $x = 6$.
Mindestens 1 Wendepunkt.

B: y-Achsenschnittpunkt bei $(0|-2)$.
$y = 0$ ist waagrechte Asymptote.
Nullstelle bei $x = 2$. Minimum bei $x = 1$.
1 Wendepunkt, vermutl. bei $x = 0$.

C: y-Achsenschnittpunkt, bzw. Maximum bei $(0|4)$.
$y = 0$ ist waagrechte Asymptote.
Nullstelle, bzw. Minimum bei $x = 2$.
2 Wendepunkte

D: y-Achsenschnittpunkt, $\left(0 \middle| \frac{1}{2}\right)$.
$y = 0$ ist waagrechte Asymptote für $x \to -\infty$.
$y = -1$ ist waagrechte Asymptote für $x \to +\infty$.
$x = 1$ ist senkrechte Asymptote mit VZW von + nach −.

b) f_1 gehört zu keinem der Graphen.
Gegenbeispiel: $f_1(0) = 1$ passt nicht zu A bis D.
f_2 gehört zum Graph A
(z.B. $f_2(0) = 16$ und $x = 2$ ist doppelte Nullstelle).
f_3 gehört zum Graph D
$\left(\text{z.B. } x = 1 \text{ senkrechte Asymptote und } f_3(0) = \frac{1}{e-1}\right)$.
f_4 gehört zum Graph C
(z.B. $f_4(0) = 4$ und $x = 2$ ist doppelte Nullstelle).
f_5 gehört zum Graph B.
(z.B. $f_5(0) = -2$ und $x = 2$ ist Nullstelle).

Test, Seite 69

1 a) exponentielles Wachstum
b) 583 Tiere
c) um 7,82 %
d) $T_V = 9{,}2$ Jahre
e) 37,8 Tiere pro Jahr

2 a) $d(u) = \sqrt{u^2 + \frac{1}{u^2}}$

Für $u_1 = 1$ und $u_2 = -1$ wird der Abstand minimal. Die Punkte $Q_1(1|1)$ und $Q_2(-1|-1)$ haben den kleinsten Abstand zum Ursprung: $d_{min} = \sqrt{2}$.

b) $d(u) = \sqrt{u^2 + \left(\frac{1}{u} - 1\right)^2}$

Für $u \approx 0{,}72$ wird der Abstand minimal. $d_{min} \approx 0{,}82$. Der Punkt $P(0{,}72|1{,}39)$ kommt dem Punkt $R(0|1)$ am nächsten.

3 $f(x) = \frac{1}{6}x^3 - 3x^2 + 13{,}5x$; $f'(x) = \frac{1}{2}x^2 - 6x + 13{,}5$; $f''(x) = x - 6$, $f'''(x) = 1$

(1) Symmetrie: Der Graph der Funktion f ist, weder zum Ursprung, noch zur y-Achse symmetrisch, weil f(x) sowohl gerade als auch ungerade Exponenten besitzt.

(2) Schnitt mit den Koordinatenachsen:
y-Achse: $(0|0)$; x-Achse (Nullstellen): $f(x) = \frac{1}{6}x(x^2 - 18x + 81)$, also $x_1 = 0$, $x_2 = 9$, $x_3 = 9$.

(3) Verhalten für $x \to \pm\infty$: $f(x) \to \infty$ für $x \to \infty$;
$f(x) \to -\infty$ für $x \to -\infty$

(4) Extrempunkte: $f'(x) = 0$; $\frac{1}{2}x^2 - 6x + 13{,}5 = 0$; $x_4 = 3$; $x_5 = 9$
Nachweis und Art der Extrema:
$f''(x_4) = -3$; also ein Hochpunkt bei x_4.
$f''(x_5) = 3$; also ein Tiefpunkt bei x_5.
Tiefpunkt $T(9|0)$; Hochpunkt $H(3|18)$

(5) Wendepunkt: $f''(x) = 0$; $x - 6 = 0$; $x_6 = 6$; $f'''(x_6) = 1$; $W(6|9)$

(6) Graph:

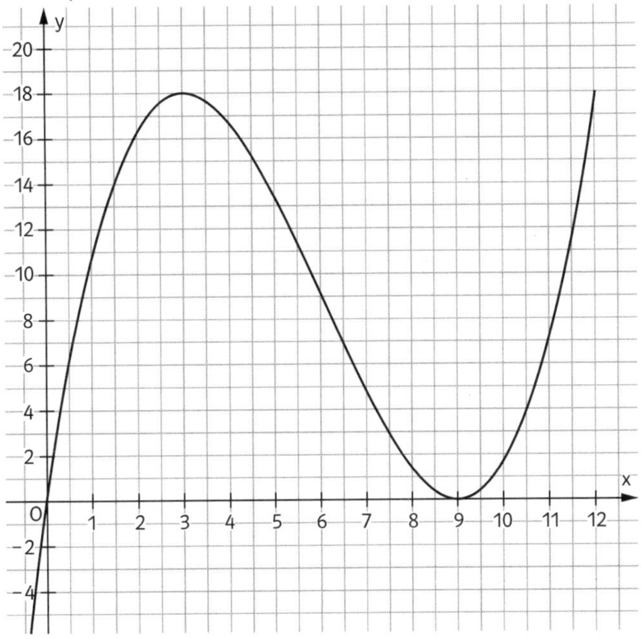

4 a) Für $x \to \infty$ gilt $f(x) \to -\infty$.
Für $x \to -\infty$ gilt $f(x) \to 0$.

b) Nullstelle $x = 0$; Hochpunkt $H(-1|3 \cdot e^{-1})$
Wendepunkt $W(-2|6 \cdot e^{-2})$

c) $F'(x) = -3 \cdot e^x + (-3x + 3) \cdot e^x = -3 \cdot e^x = f(x)$

d) $\int_{-\infty}^{0} f(x)\,dx = [(-3x + 3) \cdot e^x]_{-\infty}^{0} = 3 \cdot e^0 - 0 = 3$

5

Bedingung	möglicher Funktionsterm
Der Graph von f hat die Asymptoten $x = -1$ und $y = 3$	$\frac{3x}{x+1}$
Der Graph ist symmetrisch zur y-Achse und hat die Asymptoten $x = 0$ und $y = 2$	$\frac{2x^2 + 3}{x^2}$
f hat die Nullstellen −1 und 1 und der Graph von f ist punktsymmetrisch zum Ursprung	$\frac{(x+1) \cdot (x-1)}{x}$
Die Funktion hat 3 Nullstellen. Für $x \to \pm\infty$ gilt: $f(x) \to \infty$	$(x-1)^2(x-2)(x-3)$
Der Graph von f hat die Asymptoten $x = \pm 2$ und $y = 0$	$\frac{2}{(x+2)(x-2)}$

6 $f'(x) = 0{,}1 \cdot (10 - x) \cdot e^{4 - 0{,}1x}$
$f''(x) = 0{,}1 \cdot (0{,}1x - 2) \cdot e^{4 - 0{,}1x}$

a) f hat ein Maximum bei $x = 10$. Die meisten Tickets werden nach 10 min verkauft.

b) f hat eine Wendestelle bei $x = 20$. Nach 20 min nimmt die Verkaufszahl am schnellsten ab.

c) $\int_0^{20} f(x)\,dx = [(-10x - 100) \cdot e^{4 - 0{,}1x}]_0^{20} \approx 3243{,}1$

$\int_0^{40} f(x)\,dx = [(-10x - 100) \cdot e^{4 - 0{,}1x}]_0^{40} \approx 4959{,}8$

$\int_0^{60} f(x)\,dx = [(-10x - 100) \cdot e^{4 - 0{,}1x}]_0^{60} \approx 5365{,}1$

Nach 20 min sind 3 243 Tickets verkauft worden, nach 40 min 4 960 Tickets und nach 60 min 5 365 Tickets.

d) $\frac{1}{60}\int_0^{60} f(x)\,dx = \frac{1}{60} \cdot 5365{,}1 \approx 89{,}4$

Durchschnittlich werden 89,4 Karten pro Minute verkauft.

1. Auflage 1 8 7 6 5 | 22 21 20

Alle Drucke dieser Auflage sind unverändert und können im Unterricht nebeneinander verwendet werden.
Die letzte Zahl bezeichnet das Jahr des Druckes.

Autorinnen und Autoren: Heike Jacoby-Schäfer, Tübingen; Peter Neumann, Markkleeberg; Sven Rempe, Gauselfingen; Michaela Ruckh, Waldenbuch; Dr. Torsten Schatz, Reutlingen; Marc Zeller, Münsingen
Redaktion: Annegret Weimer, Kerstin Leidenberger
Herstellung: Renate Mönch

Umschlaggestaltung: KomaAmok, Stuttgart
Titelbilder: Getty Images (Jean-Pierre Pieuchot), München; Florian Borlein, München
Illustrationen: Da-TeX Gerd Blumenstein, Leipzig
Satz: Da-Tex Gerd Blumenstein, Leipzig
Druck: Medienhaus Plump, Rheinbreitbach

Printed in Germany
ISBN 978-3-12-735721-9

9 783127 357219